科学视角下的农场动物福利

Scientific Perspectives to Farm Animal Welfare

[澳]Deborah Cao　顾宪红　主编

中国农业大学出版社

·北京·

内 容 简 介

本书收集了 19 篇论述农场动物福利的文章,涉及猪、鸡、牛、羊等农场动物福利的科学研究成果,由来自中国、英国、法国、美国和澳大利亚的相关领域知名专家、学者撰写,可供农业学科和动物福利科学专业研究人员和研究生、大学生研读参考,也适合对动物福利感兴趣的专业人士阅览。

图书在版编目(CIP)数据

科学视角下的农场动物福利/(澳)曹菡艾(Deborah Cao),顾宪红主编 . —北京:中国农业大学出版社,2018.8
 ISBN 978-7-5655-2081-5

Ⅰ. ①科… Ⅱ. ①曹…②顾… Ⅲ. ①农场-动物福利-文集 Ⅳ. ①S815-53

中国版本图书馆 CIP 数据核字(2018)第 182550 号

书　　名	科学视角下的农场动物福利		
作　　者	Deborah Cao　顾宪红　主编		
策划编辑	梁爱荣　宋俊果	责任编辑	梁爱荣
封面设计	郑　川		
出版发行	中国农业大学出版社		
社　　址	北京市海淀区圆明园西路 2 号	邮政编码	100193
电　　话	发行部 010-62818525,8625	读者服务部	010-62732336
	编辑部 010-62732617,2618	出　版　部	010-62733440
网　　址	http://www.caupress.cn	**E-mail**	cbsszs @ cau.edu.cn
经　　销	新华书店		
印　　刷	涿州市星河印刷有限公司		
版　　次	2018 年 8 月第 1 版　　2018 年 8 月第 1 次印刷		
规　　格	787×980　16 开本　　15.75 印张　　290 千字		
定　　价	50.00 元		

图书如有质量问题本社发行部负责调换

主　编　Deborah Cao　顾宪红

顾　问　常纪文　滕小华　赵兴波

前　言

　　农场动物福利学是一个新兴课题。当今,动物福利这个词已很常见,不论在西方还是在中国。农场动物福利这一理念和实践近年来在中国也开始逐渐得到认可。2018 年 3 月,据中国媒体报道,全国人大代表、安徽省农业科学院副院长赵皖平在两会期间呼吁加快制定增进农场动物福利的措施和制度,并指出重视农场动物福利,就是重视人本身的福利,因为农场动物福利关系着每个人的切身利益和身体健康乃至生命安全①。赵皖平建议国家加快推进农场动物福利,制定更具操作性、更符合实际环境和社会现实的增进动物福利的措施与制度。他也提到,到目前为止,由于中国对农场动物福利的理念尚未普遍形成,从现阶段的生产水平、认识水平和实际状况出发,针对我国畜牧业面临的突出问题,在施策理念上,应将"促进和倡导"作为主要基调,通过激励措施,借助畜牧业经济杠杆,有效稳妥地促进农场动物福利,最大限度地释放农场动物福利创新资源的利用效率。他还建议相关制度举措应对专门适用对象、适用范围和原则、产业链环节控制、监管机制设立、进出口福利保护、法律责任等做出明确规定①。这将是中国的进步,社会人文的进步,法律的进步。

　　本论文集的上篇收集了有关农场动物福利的科学研究文章,尤其是中国科学家在这方面进行的实证研究成果,包括猪、鸡、牛、羊的福利。

　　英国剑桥大学的动物福利学教授(也是世界上首位动物福利学教授)Donald Broom 教授的文章**"未来动物生产包括动物福利之可持续性"**,论述了当今和未来与动物有关生产活动的可持续性。如果生产中不使用可持续系统,不能生产优质、可持续产品的生产厂商或国家,将会遭到抵制,从而被迫做出改变。如果生产系统涉及人的福利不佳、动物福利不佳、转基因或对环境有害等问题,动物利用系统通常被视为不可持续。大多数公众现在认为,农场和伴侣动物是有感知的生命,并对动物福利问题感到担忧。他提出,未来我们将需要使用诸如林牧复合系统这样的新的可持续系统。英国纽卡斯尔大学农业学 Sandra Edwards 教授描述了如何**"满**

---

① http://www.xinhuanet.com/food/2018-03-16/c_1122545522.htm.

足猪的需求及评估其福利"。她提出为了实现猪的福利以及生产的最佳结合,我们需要全面了解并满足猪的需求。关于猪的需求分类,我们可以使用动物福利的"五项原则"框架:免受饥渴;免于因环境温度和肢体不适而承受痛苦;免受痛苦及伤病;免受恐惧和应激;表达天性。在实际养殖条件下,是否能适度满足动物需求可以按以下方法衡量:①审计提供给动物的资源,如空间、温度和环境丰富度;②使用基于动物的方法衡量福利状况,如清洁度、良好体况条件、是否存在病变。动物福利不仅事关动物生存环境,而且事关照顾动物人员的培训和投入度,后者是提供高水平动物福利的至关重要的因素。法国国家农业研究所(INRA)的草食动物综合研究室主任,也是法国克莱蒙费朗大学教授 Isabelle Veissier 博士的文章**"精准畜牧业和动物福利:冲突还是协同?"** 提出了新兴的精准畜牧业的概念,通过应用自动化过程监测动物及其环境,精确畜牧业(PLF)技术主要用于提高盈利能力和减少工作量,并认为 PLF 技术具有广泛利用的可能性,使用动物行为指标来解决现代畜牧业中的动物福利以及与健康状况、社会关系、人畜关系相关的环境应激问题。

当代农场动物福利的一个很大的问题和挑战是集约化动物生产。东北农业大学的滕小华教授等研究人员的文章**"从动物福利角度降低集约化农场抗生素的使用以及畜产品和副产品中抗生素的残留,提高食品安全"**,提出如何降低集约化农场抗生素的使用以及畜产品和副产品中抗生素的残留。随着集约化畜牧业的发展,抗生素的大量使用导致了抗生素在畜产品和副产品中残留以及抗生素耐药病原体的出现,这对人类健康带来了潜在的威胁。本文从动物福利角度,探讨减少集约化农场抗生素的使用,减少抗生素耐药病原体的产生,降低抗生素和抗生素耐药病原体在畜产品及其副产品中的残留,避免抗生素和抗生素耐药病原体的环境扩散与传播,提高食品安全。类似的,东北农业大学的黄贺等的文章**"基于动物福利角度的非侵入性抗生素残留检测的可行途径"**,指出集约化生产使用大量的抗生素引起动物性产品药物残留超标,甚至产生超级细菌,不仅会降低动物对疾病的抵抗力,通过食物链降低消费者对疾病的免疫力,而且超级细菌给人类健康带来巨大的安全隐患。因此实时检测活体动物体内以及动物性产品中抗生素的含量非常必要。目前我国只开展了动物性产品抗生素残留检测的工作,而活体动物体内抗生素的检测还不够深入。本文探讨检测动物羽毛、鬃毛、粪便、尿液中抗生素残留的可行性、技术以及发展趋势,为进一步开展非侵入性抗生素残留检测的研究与开发提供参考。

广东海洋大学杜炳旺教授等的文章**"动物福利在中国的追溯及中国福利养鸡**

现状"，首先从动物福利的概念、五项基本原则、鸡的福利标准的制定和认证着笔；接着重点论证了关心动物福利在中国的历史源远流长，阐明了动物保护起源于中国 4 000 多年前，动物福利评估源于中国 2 500 多年前，鸡的福利评估产生于中国 1 480 多年前，以及有关系统论述鸡福利养殖的技术著作问世于中国 230 多年前；作者通过 16 个月调研考察概括出的当今中国福利养鸡的七种主要模式，即原生态山林散养模式、类原生态林地散养模式、地面平养模式（薄垫料、厚垫料、发酵床或网上）、半自动化与类原生态相结合的林地散养模式、高床竹片地面舍内平养模式、轮牧式流动鸡舍养殖模式（蛋鸡散养集成系统）、多层立体网上平养模式，并对这些模式的定义和案例做了概述。山东省生态健康产业研究所的孟祥兵研究员等的文章**"中国大健康生态福利养鸡体系概述"**，系作者在较为广泛的调研基础上，从目前中国鸡产业的养殖模式中存在的两个极端（现代集约化养殖和粗放式散养）、中国鸡文化以及传统饮食结构丧失的危机入手：①梳理出了当今我国养鸡业新的发展机遇，主要体现在大众健康消费理念的兴起，倒逼养殖主体生产生态健康的产品，国家战略的生态文明建设将为养鸡业带来更多的机会，且中国特色的鸡文化与中国传统饮食结构及鸡的现代生态福利养殖产业模式的有机结合形成的大健康产业体系将会是一个新的发展制高点；②阐述了对动物福利的理解和动物福利在中国的溯源；③提出了大健康生态福利养殖模式及其标准生产体系建立的必要性和紧迫性，以期为开发和组建第一个符合中国国情的肉鸡和蛋鸡的大健康生态福利养殖产业体系，为实现中国养鸡行业的产业结构调整和转型，为大健康生态福利养殖产业联盟的强化和高效运行奠定前期基础。

　　山西农业大学动物科技学院的秦鑫等研究人员的文章**"饲养方式和饲养密度对肉鸡生产性能、肉品质及应激的影响"**，记录论证了研究不同饲养方式和饲养密度对肉鸡生产性能、肉品质及应激影响的试验。试验结果表明，饲养方式与饲养密度对肉鸡的耗料增重比有互作效应；网上平养在生长性能、产肉性能方面优于笼养，而笼养在肉品质、抗氧化、免疫应激方面优于网上平养。东北农业大学苏莹莹和包军教授的文章**"早期间歇式冷刺激对 AA 肉鸡细胞因子和抗氧化功能的影响"**，描述了探究早期间歇性冷刺激对肉鸡抗氧化功能和免疫功能影响的试验，并探索了有利于肉鸡免疫和抗氧化功能的冷刺激方案。试验结果表明，对肉鸡进行早期适宜的间歇式冷刺激不但不会影响其抗氧化功能，而且有增强其免疫功能趋势。山西农业大学动物科技学院候林岳等研究人员的论文**"放养密度和日龄对地方鸡屠宰性能和肌肉品质的影响"**，试验研究了不同放养密度和放养日龄对地方鸡屠宰性能、肌肉品质及营养成分的影响，旨在确定适宜的放养密度和日龄，为生态养鸡提供理论依据。佳木斯大学生命科学学院王长平教授的文章**"不同低温冷刺激对商品肉鸡行为指标的影响"**,试验涉及三个因素(间隔天数、降低温度和刺激时间),三个水平(间隔0 d、间隔1 d、间隔2 d;比对照组降低温度3℃、比对照组降低温度5℃、比对照组降低温度7℃;刺激时间1 h、刺激时间3 h、刺激时间6 h)。结果表明,冷刺激间隔天数对采食和趴卧行为次数有显著的影响($P<0.05$),而其他的无显著影响。中国农业大学的杜晓冬博士和滕光辉的文章**"一种用于蛋鸡发声类型识别的方法"**,提出声音技术是监测动物行为的有效方法,受环境等外界因素所影响的蛋鸡发声可以作为一种动物福利的评价指标,并介绍了一种无接触式的、基于蛋鸡声音的监测手段,可为饲养员提供一种连续监测蛋鸡发声行为、蛋鸡福利状况的有效工具。东北农业大学的矫婉莹等研究者的文章**"猪福利问题及其改进措施"**,指出随着集约化养猪的发展,从仔猪出生到屠宰的不同阶段,出现了许多动物福利问题,给食品安全也带来了安全隐患,已引起社会广泛关注。本文探讨了集约化农场中哺乳仔猪、生长育肥猪、妊娠母猪、哺乳母猪饲养环节以及装卸、运输、屠宰环节存在的动物福利问题及其改进措施,以期为提高我国集约化农场猪只福利水平提供参考。内蒙古农业大学的张玉教授等的文章**"肉羊运输福利问题的成因及对策研究"**,借鉴前人对家畜运输应激的研究经验,从运输条件、肉羊机体、运输环境和运输时间等着手,深入分析了肉羊运输应激及其危害,系统研究了肉羊运输环节中的福利问题,并针对这些问题提出了减少肉羊运输应激的相应措施;以期将肉羊运输应激造成的损失降到最低点,确保肉羊的运输安全和肉羊产品的品质,提高养羊业的经济效益。中国农业科学院北京畜牧兽医研究所的靳爽、顾宪红研究员的文章**"规模化奶牛场主要动物福利问题及解决对策"**,指出规模化奶牛养殖在提升生产效率的同时,也对奶牛福利造成了很多不利影响。本文围绕奶牛养殖生产过程中出现的一些福利问题进行论述,并提出了解决对策,以期引起行业内的重视,为奶牛生产创造良好的条件,以提高奶牛的福利和生产水平,促进奶牛业的健康发展。

本论文集的下篇包含了农场动物福利科学普通课题的文章。

中国社会科学院法学研究所的常纪文教授等的文章**"中国农场动物福利保护的舆情分析"**,指出目前我国大陆地区农场动物福利的保护取得了很大的成就,但是也确实存在观念滞后、保护力度不足等问题。本文记录了2017年对中国大陆地区问卷调查,结果显示多数公众对农场动物福利的了解并不充分,对农场动物福利的保护现状印象有好有坏,普遍希望尽快立法提高农场动物的福利。中国农业科学院北京畜牧兽医研究所李淯、顾宪红研究员的文章**"动物福利的哲学基础研究"**,

提出近年来,中国社会对动物福利的关注越来越多,但由于文化差距,对动物福利的理解、认同程度还有待提高。"动物福利"这个词背后蕴藏着深刻的哲学内涵,包括基督教哲学、功利主义、道义论、生命中心主义等。如果不对此加以深刻阐释,以及对东西方文化进行比较研究,动物福利难为社会所认同,动物福利更易表现为一种文化冲突。本文从历史角度,回顾了动物福利发展过程中的各个阶段,以及各阶段哲学思想的变迁。本文还比较了东西方文化差异和动物福利的发展经验,以探讨当前的中国动物福利的发展方式。

在中国的动物福利科学研究日益深入的同时,这些研究的成果需要流通,让更多人了解和知晓农场动物福利的相关事宜,不仅在中国,而且在国际上,在学术界和学术界以外的普通民众中都急需加强相关知识的交流和宣传。为此,国际动物与社会研究学会会长同时担任国际学术期刊——*Society & Animals* 和 *Journal of Applied Animal Welfare Science* 总编的 Kenneth Shapiro 博士的文章**"动物福利科学学术期刊文章发表之注意事项与指南"**,很实用、很及时,文章探讨了在国际上用英文发表与动物福利科学研究论文相关的实际问题。文章指出,选择在该领域期刊投稿涉及诸多因素,例如期刊的影响因子和拒绝率以及特定考虑因素;还需要特别注意在研究中如何对待动物——动物是否遭受痛苦、应激或伤害;用于描述动物的语言,如使用普通代词或非人格代词;以及讨论研究结果对相关现行动物福利政策和实践的影响。本文简要讨论动物福利研究领域的范围、历史和当前发展趋势,并提供研究课题选题以及如何撰写研究论文投稿给期刊的实用指导意见。

最后一篇文章**"素食、农场动物福利及人体健康"**,澳大利亚格里菲斯大学的 Deborah Cao 教授从一个不同的视角论述了农场动物福利的问题。素食主义在中国文化中具有悠久的传统。佛教和道教都提倡素食和不杀生,两者都有历史悠久的素食烹饪文化,素食烹饪不但是生活方式的一部分,而且其烹调中很多做法也被视为艺术。文章首先通过 2017 年进行的有关中国素食文化的问卷调查数据来探讨当代中国素食的状况和特点。鉴于动物福利是当今素食的重要原因,文章描述了西方素食主义的发展历史和动物福利的关系。当今不论在西方还是在中国,素食的另一个主要原因是出于对身体健康的考虑,因此文章最后总结了当今医学界有关食肉对健康不利的研究成果,这对中国近年来食肉消费增长的趋势可能是一个警示,也同时说明了素食的健康益处。值得一提的是,在研究人员日益重视动物福利,对动物生态、繁殖、喂养等进行科学研究的同时,也应提醒世人,动物福利研究不完全相同于诸如物理数学的纯科学,也不同于农业科学中的谷物粮食生产。归根结底,动物福利更是道德伦理问题,涉及人道、人文、法律、哲学伦理和道德等诸多层面,也涉及动物学和农业科学。研究农场动物福利,最终目的不应只是因为食品健康或是增加肉类生产从而让更多人吃上肉,因为毕竟农场动物是感知动物,是生命。

本书收集的部分文章曾于2017年在北京召开的"农场动物福利与畜牧业可持续发展国际研讨会"上宣读。研讨会连同本书的出版,得到了会议主办方中国地质大学(北京)、澳大利亚格里菲斯大学,特别是 Silicon Valley Community Foundation、Open Philanthropy Project 等方面的人力和财力支持,在此一并表示诚挚感谢。

为更有利于宣传动物福利理念,呼吁大家重视动物福利,尊重动物福利学科领域研究人员久已达成的共识,书中用于描述动物的称谓,使用人称代词"他们"。

Deborah Cao

顾宪红

2018 年 6 月

Introduction

Farm animal welfare science is an emerging area. Today, the term 'animal welfare' has become commonplace, both in the West and in China. The concept and methods for improving farm animal welfare have gradually begun to gain acceptance in China in recent years. According to Chinese media reports, in March 2018 during the annual congress, Zhao Wanping, a deputy to the National People's Congress (the Chinese national parliament) and the vice president of the Anhui Province Academy of Agricultural Sciences, called for speeding up the development of measures and systems for improving the welfare of farm animals in China[①]. He pointed out that paying attention to farm animal welfare actually means paying attention to the welfare of humans as well because farm animal welfare concerns everyone's vital interests and the physical health, safety and life of humans. Zhao Wanping proposed to accelerate the advancement of farm animal welfare and formulate measures and systems to improve animal welfare that can be readily put into practice and in line with the actual environment and social reality in China. He also stated that so far, the concept of farm animal welfare has not yet been universally established and accepted in China, and against such a backdrop and in view of the current levels of agricultural production, popular understanding of the concept, and actual conditions in China, and with an eye on the more pronounced problems faced by China's animal husbandry, the current strategy in terms of policy formulation and implementation should be to take 'promoting and advocating' farm animal welfare as the key starting point, effectively and steadily promoting farm animal welfare through incentive measures and using the economic leverage of the animal husbandry industry, and maximizing efficiency by utilizing the innovation resources associated with

---

① http://www.xinhuanet.com/food/2018-03/16/c_1122545522.htm.

farm animal welfare. He also suggested that the relevant measures and systems concerning farm animal welfare should be backed up by clear regulations in terms of the targeted application of such regulations, scope of application and principles, control of the industrial chains, establishment of supervision mechanisms, protection of farm animal welfare for import and export, and legal liability[①]. This would be a progress for China, a social and humanistic progress, and also a legal advancement.

The first part of this collection focuses on scientific research on the farm animal welfare, especially the empirical research conducted by Chinese scientists concerning the welfare of pigs, chickens, dairy cows and sheep in China.

First, Professor Donald Broom, professor of animal welfare at the University of Cambridge in the UK (who was also the world's first professor in animal welfare science), wrote in his paper, 'Sustainability, including Animal Welfare, in Future Animal Production', consumers now demand that systems used in food production and all other activities be sustainable. If they are not, retail companies, production companies and countries that do not produce good quality, sustainable products are likely to be boycotted and hence forced to change. Animal usage systems are most often considered unsustainable because of poor welfare of people, poor welfare of non-human animals, genetic modification, or harmful environmental effects. Most of the public now think of farm and companion animals as sentient beings and have concerns about their welfare. New sustainable systems, such as semi-intensive silvopastoral systems, are needed for the future. Professor Sandra Edwards of Newcastle University, UK, argues in her paper, 'Meeting the Needs of Pigs and Assessing their Welfare', to achieve best welfare for pigs, and the associated benefits in production performance, it is important to fully understand and meet their needs. These can be categorized using the framework of the 'Five Freedoms' which specifies (1) Freedom from hunger and thirst, (2) Freedom from thermal and physical discomfort, (3) Freedom from pain, injury and disease, (4) Freedom from fear and stress, and (5) Freedom to express normal behaviour. Under practical farm conditions, the extent to which needs are adequately met can be assessed by (1) auditing the resources provided for the animals, such as space, temperature and environmental enrichment, and (2) using animal-based measures of good welfare outcomes, such as cleanliness, good body condition and absence of lesions. It is not just the physical environment, but also the training and dedication of the people caring for the animals which is of paramount importance in delivering good welfare. In **'Precision Livestock Farming and Animal Welfare: Contradictions or Synergies'**, by Dr Isabelle Veissier, of the French National Institute for Agricultural Research and Université Clermont Auvergne, France, proposed that Precision Livestock Farming (PLF) techniques have been developed to increase profitability and reduce workload by applying automatic processes to monitor animals and their environment. It is suggested that PLF techniques offer a wide range of possibilities to use animal behavioural signs to address animal welfare in modern livestock farming, be the welfare related to health status, social relations, human-animal relationship or more general effects of a stressful environment.

One of the serious problems and challenges of animal welfare in contemporary farming is intensive animal production. Professor TENG Xiaohua and other scientists from Northeast China Agricultural University present their research results in **'Reducing Antibiotic Use in Intensive Farming and Antibiotic Residues in Livestock Products and By-products from Animal Welfare Perspective for Improved Food Safety'**. They pointed out that with the development of intensive animal husbandry, extensive use of antibiotics has led to the residues of antibiotics in livestock products and by-products and the emergence of antibiotic-resistant pathogens, which is a potential threat to human health. The paper discusses the following from welfare perspectives: reducing the use of antibiotics in intensive farming, preventing the development of antibiotic-resistant pathogens, reducing the residues of antibiotics and antibiotic-resistant pathogens in livestock products and their by-products, and avoiding their diffusion and spread of environment in order to increase food safety. Similarly, **'A Feasible Approach to Non-invasive Antibiotic Residue Detection Based on Animal Welfare'**, by HUANG He and others also from Northeast China Agricultural University, pointed out that intensive use of antibiotics results in excessive drug residues in animal products, and even produced super bacteria. This not only reduces the resistance of animals to diseases, but also reduces consumer immunity to diseases through the food chain, and super bacteria bring huge security risks to human health. So real-time detection of antibiotics in live animals or animal products is imperative. At present, China has only carried out the work of antibiotic residue detection in animal products, and there is not enough sophisticated research into vivo detection of antibiotics. This paper discusses the feasibility, technology and development trend of antibiotic residue detection in feathers, mane, feces and urine of animals, and provides a reference for further development of non-invasive antibiotic residue detection.

'Origin of Chinese Animal Welfare and Current Chicken Welfare in China' by Professor DU Bingwang of Poultry Breeding Centre of Guangdong Ocean University and others, starts with discussions of the concept of animal welfare, the Five Freedom principles, and describes the establishment of chicken welfare standards and certification. It also argues that concern about animal welfare originates from ancient China, and that animal protection started about 4 000 years ago, animal welfare evaluation started 2 500 years ago, chicken welfare evaluation started 1 480 years ago, and a systematic narration of chicken welfare breeding technologies started about 230 years ago. The paper also showcases seven chicken welfare breeding models, which the authors summarized after 16 months of research and field studies, namely natural mountain forest free-range breeding, simulated natural forest free-range breeding, ground coop breeding (on thin litter, thick litter, fermentation bed), semi-automatic and simulated natural forest free-range breeding, in-door elevated bamboo coop breeding model, mobile coop rotational breeding (egg and chicken integrated free-range breeding system), the multi-level and vertical coop breeding. The paper, 'Chicken-raising System and Mega Health Ecological Welfare for Chickens in China', by Professor Meng Xiangbing, Eco-health Industry Research Institute, and other scholars, is based on the extensive investigation, proceeding from two extreme modes (modern intensive farming and low level free-range) of the poultry industry in present China, Chinese chicken culture, and the crisis of losing the traditional diet structure in China. The paper has three major sections: (1) a new development opportunity of the poultry industry in China has been identified; (2) the meaning of animal welfare and the origin of animal welfare concerns in China are explained;

(3) the following ideas are proposed: the necessity and urgency of establishing a mega healthy ecological welfare breeding model, and the establishment of its standard production system in order to lay the foundation for the following objectives: developing and setting up the first mega health ecological welfare standard system for broilers and laying hens in line with the actual conditions in China; realizing the adjustment and transformation of the industrial structure of the poultry industry in China; and strengthening and the efficient operation of the mega health ecological welfare farming industry alliance.

The paper 'Effects of the Rearing System and Stocking Density on Growth Performance, Meat Quality and Stress of Broilers' by QIN Xin and other scholars from Shanxi Agricultural University, documented their investigation of the effects of different rearing system and stocking density on growth performance, meat quality and stress of broilers. The test results show that rearing system and stocking density had great significant effect on the feed to gain ratio, and that rearing system and stocking density are interactive on feed to gain ratio; net rearing is better than floor rearing in growth performance, meat performance and floor rearing is better than net rearing in meat quality, antioxidant, and immune stress. 'Effects of Early Intermittent Cold Stimulation on Cytokines and Antioxidant Function of Broilers' by SU Yingying and Professor BAO Jun from Northeast Agricultural University, described their investigation into the effects of the early intermittent cold stimuli on cytokines and antioxidant function of broilers, and explore appropriate cold stimuli which is beneficial to immunity and antioxidant function of broilers. The results of their study suggest that appropriate cold stimulation such as early intermittent cold exposure would enhance immunity of broilers and not affect their antioxidant function. 'Effects of Free-Range Density and Age on the Slaughter Performance, Meat Quality and Nutrition Components of Chinese Native Chickens' by HOU Linyue and other scientists from Shanxi Agricultural University recorded their experiment to determine an appropriate free-range density and age, providing a theoretical basis for the ecological chicken raising by researching the effects of different density and ages on the slaughter performance, meat quality and nutrition components of native chickens. 'Effects of Different Cold Stimulation on the Behaviour Index of Commercial Broilers' by Professor WANG Chang-ping of College of Life Science, Jiamusi University, documented repeat experiments concerning broilers on three factors (interval days, decrease of temperature and stimulation time) and three levels (interval of 0 day, interval of 1 day, interval of 2 days; with temperature decreasing 3℃, temperature decreasing 5℃, and temperature decreasing 7℃ respectively in different tested groups; and stimulating time of 1h, stimulating time of 3h, stimulating time of 6 h). The results show that the interval days of cold stimuli had great effects on feeding and lying of broilers($P < 0.05$), while had no impact on the times of grooming, drinking, standing and walking ($P > 0.05$), and the decrease of temperature of cold stimuli and the time of cold stimuli had no impact on the times of feeding, lying, grooming, drinking, standing and walking of broilers ($P > 0.05$). 'A **Method for Call Type Recognition in Laying Hens**' by Dr DU Xiaodong and TENG Guanghui from China Agricultural University, suggests that sound technique is a valid method for monitoring animal behaviour and can be regarded as an assessment index of animal welfare. This study introduces a non-invasive, vocal-based method for monitoring laying hens as well as put forward a Timbre-ANN model involving formant characteristic for recognizing different kinds of animal behaviour through different call types. The method can provide the farmer with a useful tool for monitoring laying hens' welfare. '**Pig Welfare Problems and Improvement Measures**' by JIAO Wanying and others from Northeast Agricultural University, pointed out that with the development of intensively raised pigs, various animal welfare problems arose at the different stages from the birth of piglets to the slaughter of pigs. Such welfare issues have impact on international trade, economic growth, food safety, and the sustainable development of the pig industry. The paper discusses the welfare problems concerning pregnant sows, lactating sows, suckling piglets, and growing-finishing pigs in intensive farms, and also loading and unloading, transportation and slaughter of pigs, to provide insight and reference for improving the welfare level of pigs raised under the intensive management system. The paper, '**Study on the Causes and Countermeasures of Transportation Welfare of Mutton Sheep**' by Professor ZHANG Yu and other researchers from Inner Mongolia Agricultural University, draws on the experience of previous studies on pigs, cattle, poultry transport stress, proceeding from the transportation condition, sheep body, transport environment and transportation time for mutton sheep. They carried out an in-depth analysis of the livestock transport stress and harms to the welfare of sheep during transportation. The paper proposes corresponding measures to these questions for the purpose of reducing transport stress in sheep in order to bring sheep losses due to stress to the lowest level, to ensure the safe transport of sheep and sheep product quality, and to improve the economic benefits for the sheep industry. '**Major Animal Welfare Problems and Their Solutions in Large-Scale Dairy Farm**' by JIN Shuang and Professor GU Xianhong from Institute of Animal Science, stated that while the large-scale dairy farming improves the production efficiency, it also has a negative impact on the dairy cows' welfare. Their paper discusses some of welfare problems in the process of dairy cows and suggests some solutions for the purposes of drawing attention to animal welfare, creating good production conditions for dairy cows, improving the welfare level and production performances of dairy cows and promoting the sound development of the dairy industry.

The second part of this collection contains papers on general issues associated with farm animal welfare.

'**Analysis of the Public Opinions on Farm Animal Welfare Protection in China**' by Professor CHANG Jiwen from China Law Institute and his team of researchers pointed out that the protection of farm animal welfare in China has made great achievements in recent years, but some problems still remain, including the lack of understanding of the concept of farm animal welfare and insufficient protection. Their paper documented their survey conducted in China in 2017 on farm animal welfare. The survey results show that most of the Chinese public have an insufficient understanding of farm animal welfare. Their impressions on the welfare of farm animals are both positive and negative, and they hope law will be enacted as soon as possible to improve the welfare of farm animals. The paper, '**Research on the Philosophical Basis of Animal Welfare**' by LI Gan and GU Xian-hong of Institute of Animal Science pointed out that the Chinese people are increasingly concerned with animal welfare, but animal welfare is not an indigenous notion in China. Due to cultural differences, it is difficult for the Chinese society to completely accept animal welfare because of the lack of understanding of its philosophical basis. Thus, it is essential to explain these ideas to the Chinese population to reduce misunderstandings. Both the history and the evolution of the philosophy concerning animal welfare is reviewed in this article. The development mode of Chinese animal welfare is also discussed based on the comparison of eastern and western cultures.

While the scientific research on animal welfare in China is moving forward, the results of these studies need to be disseminated making more people aware of the issues involved, not only in China, but internationally, and to both the academic and general communities. To this end, '**Researching Animal Welfare and How to Get Published**' by Dr Kenneth Shapiro, who is the President of the Animals and Society Institute and Editor-in-Chief of *Society & Animals* and *Journal of Applied Animal Welfare Science*, is practical and timely. It identifies and addresses practical issues related to the publication of research in animal welfare science. For example, the choice of journals involves general considerations such as impact factor and rejection rate as well as specific considerations. Other issues peculiar to animal welfare science research include the treatment of the animals in research - whether pain, distress or harm is involved; language used to describe animals - use of personal or impersonal pronouns; and discussion of the welfare implications of the results of research for relevant policies and practices. The paper includes a brief discussion of the scope, history, and current trends in the field as background and further guidance in the choice of research topics and preparation of articles for publication.

The last paper is '**Vegetarianism, Farm Animal Welfare and Human Health**' by Professor Deborah Cao of Griffith University, Australia. It explores farm animal welfare from a very different angle - vegetarianism. Vegetarianism has a long tradition in Chinese culture. Both Buddhism and Daoism promote vegetarian food and the notion of not taking life (both human and non-human), and both have had a long and fine vegetarian cuisine culture that has been passed on as a healthy lifestyle and an art form. This paper first discusses the vegetarian situation in contemporary China through the survey data collected in 2017. Given the major reasons for vegetarianism today are animal welfare and human health, the paper then outlines a brief history of vegetarianism in Western culture in relation to ethical consideration for animals. It lastly highlights the latest medical research findings in the world specifically related to meat diet and vegetarian diet, that is, the harmful effects of meat and the health benefits of vegetarian diet. Given the growing meat consumption by the Chinese in recent times, these findings may provide some sobering lessons health-wise for the Chinese population.

Finally, it is worth noting that while researchers are increasingly paying attention to farm animal welfare, and conducting research into such animals, their reproductive health, growth, feeding and other related areas, it is imperative to remind ourselves and others that animal welfare studies is not the same as pure sciences such as physics and mathematics, and is also different from other areas in agricultural sciences such as grain production. Ultimately, animal welfare is more of a moral and ethical issue involving diverse areas including humanities, law, philosophy, ethics as well as animal science and agricultural science. To study farm animal welfare, the ultimate goal should not be simply for the sake of food safety or the increase in meat production so that more people can eat meat. After all, farm animals are sentient beings. They are lives.

Some of the papers in this collection were presented at the International Symposium on Farm Animal Welfare and Sustainable Development of Animal Husbandry held in Beijing in 2017. We would like to express our sincere thanks to the organizers of the symposium, China University of Geosciences (Beijing) and Griffith University, Australia. In particular, we would like to record our profound gratitude to Silicon Valley Community Foundation and Open Philanthropy Project for their generous support, making these possible.

For the purpose of promoting the notion of animal welfare and drawing people's attention to animal welfare, and in view of the consensus in the animal welfare scientific community, the pronouns referring to animals in the book are the same pronouns used for humans.

Deborah Cao
Gu Xianhong
June 2018

目　　录

上篇　农场动物福利实证研究

未来动物生产包括动物福利之可持续性 ·················· Donald M. Broom/3

满足猪的需求及评估其福利·························· Sandra Edwards/16

精准畜牧业和动物福利:冲突还是协同 ·············· Isabelle Veissier/21

从动物福利角度降低集约化农场抗生素的使用以及畜产品和副产品中

　　抗生素的残留,提高食品安全

　　·············· 滕小华　黄贺　矫婉莹　陈俭清　Syed Waqas Shah/26

基于动物福利角度的非侵入性抗生素残留检测的可行途径

　　·············· 黄贺　矫婉莹　徐延敏　司兴格　滕小华/37

动物福利在中国的追溯及中国福利养鸡现状

　　·············· 杜炳旺　孟祥兵　徐廷生　滕小华　王知彬　王光琴/47

中国大健康生态福利养鸡体系概述

　　·············· 孟祥兵　杜炳旺　滕小华　徐廷生　刘华贵/60

饲养方式和饲养密度对肉鸡生产性能、肉品质及应激的影响

　　·············· 秦鑫　苗志强　张雪　张可可　杨玉　田文霞　李建慧/71

早期间歇式冷刺激对 AA 肉鸡细胞因子和抗氧化功能的影响

　　·············· 苏莹莹　包军/87

放养密度和日龄对地方鸡屠宰性能和肌肉品质的影响

　　·············· 侯林岳　孙宝盛　孙煜　卢营杰　杨玉/105

不同低温冷刺激对商品肉鸡行为指标的影响 ·············· 王长平/121

一种用于蛋鸡发声类型识别的方法 ·············· 杜晓冬　滕光辉/139

猪福利问题及其改进措施 ·············· 矫婉莹　王京晗　韩齐　黄贺　滕小华/152

肉羊运输福利问题的成因及对策研究 ·············· 张玉　赵硕　张国平/164

规模化奶牛场主要动物福利问题及解决对策 ·············· 靳爽　顾宪红/172

下篇　农场动物福利科学普通课题

中国农场动物福利保护的舆情分析
　　……… 王梦雅　李苏阳　常杰中　孙畅　段啸安　王胜男　常纪文/183
动物福利的哲学基础研究 ……………………………………… 李淦　顾宪红/194
动物福利科学学术期刊文章发表之注意事项与指南 ……… Kenneth Shapiro/207
素食、农场动物福利及人体健康 ………………………………… Deborah Cao/215

上　篇

农场动物福利实证研究

未来动物生产包括动物福利之可持续性

Donald M. Broom[*]

摘要：如今消费者要求在所有生产和其他活动使用可持续系统。如果不使用可持续系统，不能生产优质和可持续产品的零售商、生产厂商或国家，将会遭到抵制，从而被迫做出改变。如果生产系统涉及人的福利不佳、动物福利不佳、转基因或对环境有害等问题，动物利用系统通常被视为是不可持续的。生产系统有关动物的词汇应加以改变；如果所涉及的产品现在或今后不被公众接受，那么就不应该再说其生产得到了改进或是高效的。现在大多数公众认为农场和伴侣动物是有感知的生命，并对动物福利问题感到担忧。个体的福利是其应对环境的各类尝试，即个体对环境的所有应对机制，包括健康和感受，如疼痛。有很多种评估福利状况好坏的方法，如行为、生理、临床、脑功能等测定。"一个健康"和"一个福利"的概念强调在福利状态评估中大多数机制和评估方法对于人类和非人类动物都是同一个概念。兽医和其他检验人员以及使用动物的人员可以利用动物福利结果指标。未来我们将需要使用诸如林牧复合系统这样的新的可持续系统。

关键词：农场动物福利；未来动物生产；可持续性

Sustainability，including Animal Welfare，in Future Animal Production

Donald M. Broom

Abstract：Consumers now demand that systems used in food production and all other activities be sustainable. If they are not，retail companies，production companies and countries that do not produce good quality，sustainable products are likely to be boycotted and hence forced to change. Animal usage systems

---

* 英国剑桥大学兽医科学系布鲁姆教授。Professor Donald Broom，Department of Veterinary Medicine，University of Cambridge，Madingley Road，Cambridge CB3 0ES，U.K.

are most often considered unsustainable because of poor welfare of people, poor welfare of non-human animals, genetic modification, or harmful environmental effects. Animal production terminology should be changed to stop saying that production is improved or efficient if the product is not, or will not be, accepted by the public. Most of the public now think of farm and companion animals as sentient beings and have concerns about their welfare. The welfare of an individual is its state as regards its attempts to cope with its environment. This refers to all coping systems and includes health and feelings such as pain and fear. Both good and poor welfare can be assessed using a wide variety of behavioural, physiological, clinical, brain function and other measures. The concepts of "one health" and "one welfare" emphasise that most of the mechanisms involved and measures to be used in evaluation are the same in humans and non-humans. Welfare outcome indicators can be used by veterinary and other inspectors, as well as by those who use animals. New sustainable systems, such as semi-intensive silvopastoral systems, are needed for the future.

Key words:farm animal welfare;future animal production;sustainability

1 我们的义务

对于环境、其他的人类和非人类的个体,我们应该做什么? 不应该做什么? 对此,我们应该如何描述说明。

首先,我们需要说明的是行为人的义务,而不是主张的权利。主张权利和自由会引发问题。

我们每个人都有义务不伤害他人,因此有义务在关键方面保护环境①。当我们养动物或以其他方式同动物接触互动时,我们就有义务关心动物福利。除了保证良好福利外,其他义务包括照顾动物、不得无故杀害动物以及保护野生动物和整个环境。

---

① Broom D M. *The Evolution of Morality and Religion*. Cambridge:Cambridge University Press, 2003.

2　可持续性和产品质量

　　任何生产系统的一个关键问题均为该系统是否可持续。在过去,当一个系统无法再使用耗竭的资源,或当系统产物积累到一定程度影响到系统的运转,该系统被视为是不可持续的。如今,可持续性这个概念具有更广泛的意义,一个生产系统对人类福利、动物福利或环境产生负面影响即被视为不可持续。可持续的定义如下:一个系统或程序的可持续是现在被认可且其预期未来影响也被认可,尤其是在与资源可用性、运作结果以及行为道德相关诸方面[①]。至关重要的是有必要将目前的一些农作物和动物生产实践开发成新型、可持续的系统。

　　20 年前,公众需要购买农产品,但是由农场主决定农产品的生产方式。现在在食品生产乃至其他形式的生产中,消费者在生产体系的很多方面发挥主导作用。推动型经济已转变为拉动型经济。消费者现在要求商业和政府活动透明化,并在评估产品质量时考虑食品生产的伦理道德程度[②]。他们拒绝购买某类产品或某些公司的产品或某些国家的产品,因为他们认为其生产方式不道德并因此而认为产品质量不佳。

　　是什么使食品生产系统不可持续且导致产品质量被判定为不良? 现在简单论述以下一些重要因素。目前,生产的各方面均可采用客观科学的方式进行评量。

2.1　对人类健康等人类福利有副作用

　　如今,食品产品并不仅仅依据味道和价格来评定。如果食品使人患病,此食品即被视为质量不佳。有些食品因为其中所含或未含有的营养成分而被认为对消费者健康是否有益。现在很多人拒绝含饱和脂肪的食品,有些人拒绝高糖分的食品以降低肥胖的风险。近几年人们健康膳食在动物生产中的主要表现是养殖鱼产量上升,部分原因是鱼含有多元不饱和脂肪[③]。人类和动物的另一项健康影响则是因为相关的立法规定,大多数国家在农业各方面将需要减少使用抗生素。这是因

　　① Broom D M. *Sentience and Animal Welfare*. Wallingford:CABI,2014.

　　② Broom D M. Animal welfare:an aspect of care,sustainability,and food quality required by the public. *Journal of Veterinary Medical Education*,2010(37):83-88,doi:10.3138/jvme.37.1.83;Broom D M. *Animal Welfare in the European Union*. Brussels:European Parliament Policy Department,Citizen's Rights and Constitutional Affairs,Study for the PETI Committee,2017. ISBN 978-92-846-0543-9,doi:10-2861/891355.

　　③ Wall R,Ross R P,Fitzgerald,G F,et al. Fatty acids from fish:the anti-inflammatory potential of long-chain omega-3 fatty acids. *Nutrition Reviews*,2010(68):280-289.

为出现抗生素耐药性(AMR)的大部分原因是人类医疗中滥用抗生素,也有部分原因是在畜牧业中将抗生素作为生长促进剂和预防用药,而不仅作为治疗用药[①]。

2.2 不良动物福利

很多人拒绝购买封闭圈养农场动物、对于猪牛等群居动物进行孤立单独饲养以及其他以不满足动物需求方式进行圈养和管理出产的动物产品。结果是越来越多的人成为素食者或纯素食者。其他的消费者则决定不购买某些动物产品。因此,一些广泛使用的动物圈舍系统就属于不可持续类的系统[②]。动物福利是可持续性和产品质量的关键方面,我们将在下面进一步讨论。

2.3 不接受转基因

世界上很多消费者不接受转基因植物,更不接受转基因或克隆动物。所有农场动物的克隆都存在不良动物福利的问题,因此欧盟禁止克隆养殖动物[③]。公众对转基因和克隆反感,一方面原因是不喜欢对天然的进行改造;另一方面是改造后的生物体可能含有过敏性蛋白,公众大多认为现在没有适当的方式检测出这些可能性[④]。转基因动物可能因为改造而直接产生福利问题,因此在使用这类动物之前应采用各类福利指标进行检测[⑤]。

2.4 有害环境的影响

很多农场主和部分公众将除草剂和杀虫剂的广泛使用视为常态。但是,这些行为会严重减少养殖地区的生物多样性。对大多数人而言,养殖区是环境的主要部分,如果鸟、蝴蝶和其他动植物减少,对每个人来说都是重大的有害的改变。这

---

① Ungemach F R, Müller-Bahrdt D, Abraham G. Guidelines for prudent use of antimicrobials and their implications on antibiotic usage in veterinary medicine. *International Journal of Medical Microbiology*,2006(296):33-38.

② Broom D M. *Animal Welfare in the European Union*. Brussels: European Parliament Policy Department, Citizen's Rights and Constitutional Affairs, Study for the PETI Committee, 2017. doi: 10-2861/891355.

③ Broom D M. *Sentience and Animal Welfare*. Wallingford: CABI,2014.

④ Lassen J, Madsen K H, Sandøe P. Ethics and genetic engineering-lessons to be learned from GM foods. *Bioprocess and Biosystems Engineering*,2002(24):263-271.

⑤ Broom D M. Consequences of biological engineering for resource allocation and welfare. In *Resource Allocation Theory Applied to Farm Animal Production*, ed. W. M. Rauw, 2008:261-275. Wallingford: CABI;Broom D M. *Sentience and Animal Welfare*. Wallingford: CABI,2014.

一改变并非不可避免。现在越来越多的农场采用能促进生物多样性的农业系统。畜牧生产也会导致局部或全球污染,例如产生温室气体。可以通过改良喂养和土地管理系统,减少温室气体的产生及减弱其造成的主要后果——全球气候改变。维护资源,例如良好的土壤结构以及避免土壤水分流失以及最大限度减少使用碳基能源和外来化肥都是重要的目标。耕耘通常会破坏土壤,释放温室气体[①]。所有开放水体里的鱼类和鲸均存在过度捕捞的情况,种群大规模快速灭绝正在发生。有些物种灭绝是因为某些具体用途,例如羽毛、象牙、犀牛角,但整个栖息地的消失是因为人类的活动。在印度有一起严重影响环境的畜牧案,因为使用兽药双氯芬酸导致秃鹰大量死亡[②]。秃鹰数量减少至只有原来的3%。印度立法之后,秃鹰数量开始有所恢复。

2.5 全球食品资源的低效利用

目前全球的食品资源和能源的利用效率相当低。越来越多的人认为这不道德,政府及商业公司应采取措施阻止这种情况。家里食用、餐厅以及商店出售的食品存在大量浪费的情况。养殖动物的饲料也存在浪费情形。几乎所有这些浪费现象都是可避免的,经疾病传播预防处理后的人类食品可喂养猪、家禽或养殖鱼[③]。此外,人类的食品,尤其是谷物和豆类,先用于饲养动物,然后再将动物给人类食用。这与人类直接食用这些食物相比,是一个低效的过程。动物生产中采用什么样的措施才可以更好地利用现有资源[④]?食品生产中最重要的动物是那些吃人类不能吃的食品的动物。因此吃饲料作物而非谷物的食草动物比那些与人类竞食的猪或家禽更为重要[⑤]。同样,草食性鱼类比吞食其他鱼类的鱼类更为重要。农业用地会因为管理不良而出现劣化,例如,反复耕作和播种同一作物,都属于低效利用。饲料和产品种植和运输过多使用了石化燃料资源,化肥和其他物料设备的生

---

① Pagliai M, Vignozzi N, Pellegrini S, Soil structure and the effect of management practices. *Soil and Tillage Research*, 2004(79): 131-143.

② Green R E, Newton I, Schultz S, et al. Diclofenac poisoning as a cause of vulture population declines across the Indian subcontinent. *Journal of Applied Ecology*, 2004(41): 793-800.

③ Ermgassen E K H J zu, Phalan B, Green R E, et al. Reducing the land use of EU pork production: where there's swill, there's a way. *Food Policy*, 2016(58): 35-48.

④ Herrero M, Thornton P K, Notenbaert A M, et al. Smart investments in sustainable food production: revisiting mixed crop-livestock systems. *Science*, 2010, 327: 822-825.

⑤ Broom D M, Galindo F A, Murgueitio E. Sustainable, efficient livestock production with high biodiversity and good welfare for animals. *Proceedings of the Royal Society B*, 2013: 280. 20132025, doi. org/10.1098/rspb.2013.2025.

产过程中也过多使用了此类燃料能源。

2.6 贫穷国家的生产者无法获得公平报酬,由此产生不公平交易产品

很多国家的消费者发现,贫穷国家的生产者往往无法对其劳动获得公平报酬。一些基础产品的销售利润主要流向经销商品的大型公司。多数消费者认为这并不符合道德。在公众了解此类不公平情况后,咖啡、可可和水果等产品开始被独立检查并标上"公平交易"的标签①。这样一来,这些物品的生产者可以获得较大部分的销售所得。

2.7 不保护乡村社区

小规模乡村农业通常无法与大规模生产竞争,随之而来的结果是当地社区消失。公众通常不愿意接受这一现象,因此政府制定各种计划以保留这些社区。消费者也会购买本地出产的产品,并将其视为产品质量的构成元素。在欧盟,保护乡村社区的补贴阻止了乡村居民向城市移民,并从而防止大城市变得更大②。

3 动物生产术语的后果

人们对于道德采购、可持续性以及产品质量的态度对于动物生产的术语意味着什么呢?我们需要重新考虑动物生产研究的目的和研究中使用的术语。如果我们问有效率生产的含义,饲料转换效率仍然指动物摄入饲料能量与产品能量的关系。但是,有效率生产仅指消费者愿意购买的产品。如果消费者不愿意购买,则非有效率生产。表1列举了一些动物福利案例。

表1　目前被消费者认为不可持续且产品质量不良的生产实例

— 非人道屠宰或运输的动物
— 窄小牛棚单独圈养的小牛肉
— 被窄栏圈养的母猪肉
— 多层式鸡笼出产的蛋
— 走动困难或有皮肤炎的鸡
— 跛脚的高产奶牛

① Nicholls A,Opal C. *Fair Trade*. Thousand Oaks,CA:Sage Publications,2005.

② Gray J. The common agricultural policy and the re-invention of the rural in the European Community. *Sociologia Ruralis*,2000(40):30-52;Broom D M. Animal welfare:an aspect of care,sustainability,and food quality required by the public. *Journal of Veterinary Medical Education*,2010,37:83-88. doi:10.3138/jvme.37.1.83.

还有一个进一步的问题：什么是基因改良动物？如果由于基因选择的结果，每个动物和每个单位食品的产量增加，这是不是改良？如果这一基因修改存在其他负面作用，则答案是否定的。例如，肉品、牛奶或其他产品产出率提高，但是由于动物福利不良、负面环境影响或使用牛生长激素等不被认可的产品、转基因、克隆或对贫穷农户的不良影响而导致消费者和其他公众不接受该产品，这一基因修改就不属于改良。近年来，为了提高肉鸡产肉率和奶肉产奶率而进行的基因修改不属于基因改良，因为这对动物福利造成严重的负面影响。由于公众对不良动物福利反应激烈，这些基因修改现在正在损害整个养鸡和乳品业。

4　动物福利

福利一词适用于所有动物，但不可用于植物或无生命之物。个体福利是指其应对环境的状态[①]，因此，福利情况有好有坏，从特别好到特别差，可以采用科学方式计量。这种状态包括所有的应对机制，包括行为和生理身体调控、免疫系统以及主要受大脑控制的其他系统。这些系统能够应对疾病，使动物保持健康，是福利的重要部分。正面和负面情感属于适应机制，是福利的主要方面。世界动物卫生组织（OIE）采用上述定义，但是在其陆生动物规则中的用词目前在修订中。人类和兽类医学广泛采用生活质量这个词，即指福利，但不适用于短期时间范畴[②]。

健康的概念和福利的概念对于人类和非人类动物都是相同的。"一个健康"和"一个福利"的理念恰恰强调了这一点[③]。对人类和非人类进行评量的很多方式也相同。安乐死这一用词同样适用于人类和非人类，是指为某一个体的利益而且以人道的方式终止该个体的生命。如果是为了其他个体的利益，则应称为杀害或人道杀害，而不是安乐死。

福利评量包括行为、生理、免疫系统功能、临床状态和身体损害等方面的福利评估[④]。肾上腺应激反应可见于受惊的人、绵羊或是离水的鱼，都有同样的反应。

①　Broom D M. Indicators of poor welfare. *British Veterinary Journal*, 1986, 142: 524-526.

②　Broom D M. Quality of life means welfare: how is it related to other concepts and assessed? *Animal Welfare*, 2007(16 suppl): 45-53.

③　Pinillos G R, Appleby M C, Manteca X, et al. One welfare-a platform for improving human and animal welfare. *Veterinary Record*, 2016, 179, 412-413.

④　Blokhuis H J, Veissier I, Miele M, The Welfare quality project and beyond: safeguarding farm animal well-being. *Acta Agriculturae Scandinavica*, *Section A*, *Animal Science*, 2010, 60, 129-140; Broom D M. Welfare assessment and relevant ethical decisions: key concepts. *Annual Review of Biomedical Science*, 2008, 10: T79-T90; Broom D M. *Sentience and Animal Welfare*. Wallingford: CABI, 2014; Broom D M, Fraser A F. *Domestic Animal Behaviour and Welfare*, 5th edn. Wallingford: CABI, 2015.

这些都会导致免疫抑制。人对疼痛的一个反应是痛苦的表情,眼睛半闭,嘴动,脸颊肌肉抽紧。同样的疼痛反应亦见于绵羊、山羊、马和老鼠,因此设制出了表情量表用于对这些物种进行疼痛评估。

感知(sentience)一词指一个个体具有一定的意识以及可能产生正面和负面情感的相关大脑功能[1]。感知涵括一系列的能力,但由于个体可能有感知但不一定产生情感,因此感知不代表实际产生情感。动物具备感知所涉及的能力包括:评估其他个体与其和第三方相关的行为,记住一些其本身的行为及其后果,评估风险和利益,具有情感和一定程度的意识[2]。不是所有的人都有感知。在受精卵发育后,人类胚胎和胎儿到一定的阶段开始有感知。大脑受损至一定程度导致感知所需的特质无法表现,该人即不会再有感知。现在我们认为,感知生物包括所有的脊椎动物、头足纲动物以及十足目甲壳类。自然选择促进了感知的发展,因为感知具有优势,能够帮助个体应对周围环境。

经过很多动物福利科学方面的研究,现在我们掌握了有关主流畜牧品种需求的相关信息,因此考虑这些需求是评估动物饲养和管理系统的第一步。对于动物福利科学家和立法机构来说,这一方法很大程度上取代了相对不太精确的"五项原则"(也称为五大自由)评估法。最重要的动物福利问题涉及所有的农业养殖动物:肉鸡福利、奶牛福利、蛋鸡福利、猪福利以及养殖鱼福利。目前有关所有这些类动物在各类生产系统中的福利有很多的科学论文出版物[3]。当法律或行业规范有动物福利要求时,第一步就是获得由无偏见科学家撰写的报告。获得客观的科学报告后,与利益关系人(即在该领域有经济利益的人员)以及其他利益方探讨报告中的结论和意见。然后,由立法机构制定法律,非政府组织和生产销售食品的公司可制定行业规范。在动物福利方面,欧盟由欧洲食品安全局动物健康与福利委员会编写科学报告,并在互联网上公布。由于欧盟各项相关政策和法律的实施,成千上

---

[1] DeGrazia D. *Taking Animals Seriously*. Cambridge: Cambridge University Press, 1996; Kirkwood J K. The distribution of the capacity for sentience in the animal kingdom. *Animals, Ethics and Trade: The Challenge of Animal Sentience*. Turner J. and D'Silva J, eds. Petersfield: Compassion in World Farming Trust, 2006: 12-26.

[2] Broom D M. The evolution of morality. *Applied Animal Behaviour Science*, 2006, 100: 20-28; Broom D M. *Sentience and Animal Welfare*. Wallingford: CABI, 2014.

[3] Fraser D. *Understanding animal welfare: the science in its cultural context*. Chichester: Wiley Blackwell, 2008; Broom D M, Fraser A F. *Domestic Animal Behaviour and Welfare*. 5th edn. Wallingford: CABI, 2015; Broom D M. *Animal Welfare in the European Union*. Brussels: European Parliament Policy Department, Citizen's Rights and Constitutional Affairs, Study for the PETI Committee, 2017. doi: 10-2861/891355.

亿动物的福利得到改善。

经过多年试验,我们已经有可用的福利指标,尤其是不良福利的指标。欧盟福利质量和动物福利指标(AWIN)项目已确定多项正负福利指标。有些指标的使用方为动物福利科学家,而有些福利结果的指标则可为农场主或兽医检验员所用。福利结果指标能够对之前的福利进行评估,包括瘀伤、断骨、肉质不佳以及明显行走困难。针对主流农场动物种类的福利已建立相应的评步骤。动物福利教育的相关信息见相关网站(www.animalwelfarehub.com)。

这些研究考虑的一个问题是,当动物患有不同程度的临床疾病时,福利究竟差到什么程度?例如,猫狗患上关节炎或牛患上蹄底溃疡时,情况有多严重?可以通过对福利进行生理和行为评量,尤其是疼痛评量,来回答这个问题。疼痛是一种厌恶性感觉和情绪,伴有实际或潜在组织损伤[①]。当绵羊靠腿关节而不是蹄脚站立时,就非常有可能脚疼。AWIN项目在剑桥大学的研究包括评测绵羊在发生腐蹄、乳腺炎和妊娠毒血症时的疼痛指标。这些指标包括评估组织损伤的临床检查、提示腹痛的征兆、面部表情量表及体温测量[②]。

我们如何测定良好的福利范围?好的福利指没有出现不良福利,或是正值大于负值。嬉戏等特定行为以及催产素增加等生理变化都是良好福利的指标。至于不良福利,有些相关应对机制涉及情绪,但并非都是这种情形,一个个体可能具有正面情绪,但是因为疾病、疼痛、受伤、缺少刺激或其他方面未获满足而导致其他方面的福利不佳,这种情况下,总体福利评定为不良。健康是良好福利的重要组成部分。其他组成部分包括舒适、快乐、兴趣和自信。

5　未来的农业系统

世界农业的未来在哪里?越来越多国家的消费者开始关心生物多样化和动物福利。在环境保护和生物多样化方面,政策是否需要遵循以保护为方向的土地节约方式,好像相对贫瘠的农业世界中的自然植被小岛屿?或者,最佳的土地节约方式是否能在该环境中进行有效食品生产的同时还能满足动物需求,从而为所出产的动物提供良好福利,允许各种各样的原生动物、植物、微型植物和微型动物共生,

---

① Broom D M. The use of the concept animal welfare in European conventions, regulations and directives. In *Food Chain*, 2001:148-151, Uppsala: SLU Services.

② McLennan K M, Rebelo C J B, Corke M J, et al. Development of a facial expression scale using footrot and mastitis as models of pain in sheep. *Applied Animal Behaviour Science*, 2016:701, doi: 10. 1016/j.applanim.2016.01.007.

以及为在该环境工作的人员提供良好的生活方式①。这一问题的答案可能是两种方式的结合。为保护一些物种和栖息地，只能单独设立自然保护区才能保证他们的生存。但是，多数人喜欢的环境是具有一定程度的生物多样性，而不是充斥除草剂和杀虫剂的贫瘠土地，这种土地近年在英国和中国等国家大量出现。

由于越来越多的人意识到，我们必须满足农场动物的需求，以及我们必须更有效地利用世界上的资源，因此我们应吃更多的植物，吃更少的动物。生产谷物时，更有效的方式是，人们直接食用谷物，而不是用谷物饲养动物（这一过程很多能量被损耗浪费），然后人们再消费动物。消费肉类时，应选择主要食用人不吃的食物的动物。因此我们应该重点生产草食性哺乳动物、鸟、鱼等。从树叶中摄取营养的反刍动物，比与人类竞食谷物和豆类的猪或家禽更为重要。

多年来，我们一直讨论放牧系统。关键植物均是牧场植物。树木和灌木大部分情况下被认为是牧场植物的竞争者。但是草、灌木和树混植的种植产率远高于单层牧草系统。有些灌木和树木为反刍动物和草食性鱼类及其他动物提供更好的食物。多年来，银合欢（*Leucaena*）等灌木一直被用作反刍动物的饲料。但是，大部分动物生产还仅采用牧草喂养。

哥伦比亚、墨西哥和巴西等地对半密集型三层旋转式林牧复合系统的研究已足以展开新一轮革命性的变更。这是因为半密集型林牧复合系统混合了草、银合欢或其他富含蛋白质的灌木和树木，大部分是可食用树叶，相比单一栽培牧草系统而言，饲草和动物产品的产出率更高②。此外，可以提供更好的动物福利，包括减少疾病（详见下文）；生物多样性更佳；工人满意度更高；土壤质量（包括保水力）也大为增加；地表径流少；水的用量比围栏地系统节省六倍；每千克肉的温室气体产量减少 30%；碳封存能力更佳；牛肉生产所需用地面积是围栏地的 42%③。

半密集林牧复合系统中采用的植物物种见表 2 和表 3。一些树木的功能是

① Balmford A，Green R，Phalan B. What conservationists need to know about farming，*Proceedings of the Royal Society B*，2012，279；2714-2724，doi：10.1098/rspb.2012.0515；Broom D M. The evolution of morality. *Applied Animal Behaviour Science*，2006，100；20-28；Galindo F，Olea R，Suzán G. Animal welfare and sustainability. *International Workshop on Farm Animal Welfare*，São Pedro_SP，Brazil，2013. http：//www.workshopdebemestaranimal.com.br/indexen.html。

② Murgueitio E，Cuartas C A，Naranjo J F. *Ganadería del Futuro*，Fundación CIPAV，Cali Colombia，2008.Calle M E，Uribe Z，Calle F，et al. Native trees and shrubs for the productive rehabilitation of cattle ranching lands. *Forest Ecology Management*，2011，261；1654-1663，doi：10.1016/j.foreco.2010. 09.027.

③ Broom D M，Galindo F A，Murgueitio E. Sustainable，efficient livestock production with high biodiversity and good welfare for animals. *Proceedings of the Royal Society B*，2013；280. 20132025，doi. org/10.1098/rspb.2013.2025.

"活篱笆"①。干旱期草和灌木产量低时,可以砍伐面包树(ramoón Brosimum alicastrum)喂养牲畜。所有动物无法够到的过高灌木和树木可以砍伐下来喂养反刍动物、猪或鱼。目前世界上很多地方都可以采用林牧复合系统,尤其是针对反刍动物的养殖。未来还有一个方法是收集和食用以树叶为食的可食用昆虫,即种植森林用于昆虫养殖。

表 2　南美洲和中美州绵羊、山羊和牛食用的热带和亚热带灌木和树木

欧洲栗(*Castanea sativa*,sweet chestnut)

燕山板栗(*Castanea mollissima*,Chinese chestnut)

比利牛斯栎(*Quercus pyrenaica*,Pyrenean oak)

冬青栎(*Quercus ilex*,evergreen oak)

欧洲栓皮栎(*Quercus suber*,cork oak)

橄榄(*Olea europea*,olive)

旱冬瓜(*Alnus nepalensis*,Nepalese alder)

印度田菁(*Sesbania sesban*,sesban)

树苜蓿(*Chamaecytisus prolifer*,tagasaste)

黑洋槐(*Robinia pseudoacacia*,black locust/frisia)

黑接骨木(*Sambucus canadiensis*,American elder)

菊芋(*Helianthus tuberosu*)

表 3　温带国家反刍动物和猪饲料使用的灌木和树木

南洋樱(*Gliricidia sepium*,quick-stick,mata ratoón)

榆叶梧桐(*Guazuma ulmifolia*,bay cedar,guaácimo)

白桑树(*Morus alba*,white mulberry,morera)

银合欢(*Leucaena leucocephala*,leucaen)

面包树(*Brosimum alicastrum*,Maya nut,ramoón)

王爷葵(*Tithonia diversifolia*,tree marigold,botoón de or)、

　　　　Trichanthera gigantea(tricanthera,nacedero)

纳塔尔刺桐(*Erythrina edulis E. poeppigiana*,poroto,búcaro)

青苎麻(*Boehmeria nivea*,ramie,ramio)

克拉豆(*Cratylia argentea*,veranera)

垂花悬铃花(*Malvaviscus penduliflorus*,mazapan)

---

① Nahed-Toral J, Valdivieso-Pérez A, Aguilar-Jiménez R, et al. Silvopastoral systems with traditional management in southeastern Mexico: a prototype of livestock agroforestry for cleaner production. *Journal of Cleaner Production*,2013,57:266-279;Villanueva-López G, Martínez-Zurimendi P, Ramírez-Avilés L, et al. Influence of livestock systems with live fences of Gliricidia sepium on several soil properties in Tabasco, Mexico. *Ciencia e Investigación Agraria*,2014,41:175-186.

　　无论哪一方面，林牧复合系统中的动物福利比单一牧草系统更佳[①]。树阴的遮阳效果在炎热天气时尤为重要，牛的体表温度会比单一牧草系统中低 4℃。完全经受阳光曝晒的小围栏中，高温会增加水和能量消耗，减少进食次数[②]。减少阳光曝晒会降低晒伤、癌症和感光过敏症的发生率[③]。部分遮挡可以降低动物的焦虑和恐惧，包括对人类的恐惧感。这可以使人和动物之间的交流更顺畅，更便于移动[④]。林牧复合系统提供的多种食物选择可让个体动物更好地掌控环境，从而使动物的社会行为更趋于正常[⑤]。

　　林牧复合系统中食肉动物数量的增加会降低蜱虫和角蝇等害虫的数量，因此降低蜱虫病等疾病的发病率，该疾病发病率已从 25% 降低至小于 5%[⑥]。降低发病率也同时降低了抗生素的使用率。银合欢等固氮灌木的存在加强了动物的营养，与良好的土壤保水力相结合，降低动物出现饥渴状况的可能性。林牧复合系统能改善动物在高温高湿条件下的取食行为[⑦]。这可能是因为饮食选择多样带来的

　　① Broom D M. New directions for sustainable animal production systems and the role of animal welfare. In 3° *Congreso Nacional de Sistemas Silvopastoriles y* Ⅶ *Congreso Internacional Sistemas Agroforestales*，Montecarlo，Argentina：INTA，2015：385-388. Broom D M. Sentience，animal welfare and sustainable livestock production. In *Indigenous*. Reddy K S，Prasad R M V. Roa K A，eds. New Delhi：Excel India Publishers，2016：61-68.

　　② Améndola L，Solorio F J，González-Rebeles C，et al. Behavioural indicators of cattle welfare in silvopastoral systems in the tropics of México. *Proceedings of 47ᵗʰ Congress of International Society for Applied Ethology*，*Florianópolis*，Wageningen Academic Publishers，Wageningen，2013：150；Améndola L，Solorio F J，Ku-Vera J C，et al. Social behaviour of cattle in tropical silvopastoral and monoculture systems. *Animal*，2016，10：863-867，doi：10.1017/S1751731115002475.

　　③ Rowe L D，Photosensitization problems in livestock. *Veterinary Clinics of North America：Food Animal Practice*，1989(5)：301-323.

　　④ Mancera A K，Galindo，F. Evaluation of some sustainability indicators in extensive bovine stockbreeding systems in the state of Veracruz. *VI Reunión Nacional de Innovación Forestal*，León Guanajauato，México，2011：31；Cardozo O A.，Tarazona A，Ceballos A，et al. La investigación participativa en bienestar y comportamiento animal en el trópico de América：oportunidades para nuevo conocimiento aplicada. *Revista Colombiana Ciencias Pecuarias*，2011，24：332-346.

　　⑤ Améndola L，Solorio F J，Ku-Vera J C，et al. Social behaviour of cattle in tropical silvopastoral and monoculture systems. *Animal*，2016，10：863-867，doi：10.1017/S1751731115002475.

　　⑥ Murgueitio E，Giraldo C. Sistemas silvopastoriles y control de parasitos. *Revista Carta Fedegán*，2009，115：60-63.

　　⑦ Ceballos M C，Cuartas C A，Naranjo J F，et al. Efecto de la temperatura y la humedad ambiental sobre el comportamiento de consumo en sistemas silvopastoriles intensivos y posibles implicaciones en el confort térmico. *Revista Colombiana de Ciencias Pecuarias*，2011，24：368.

良好效应[①]。

6 综合结论

①感知指具有产生情感所需的意识和认知能力。

②动物福利作为一门科学学科正在迅速发展。

③在世界范围内,消费者对可持续系统和高品质产品的需求日益增长。

④行业需快速修改与动物福利及可持续性其他方面相关的政策,态度应积极。

⑤对于热带和温带畜牧生产,应考虑采用半密集三层林牧复合系统(内有灌木、树木和可食用树叶)。相比单一牧草系统,这些系统具有更高的生产率,与围栏地相比,生物多样性更好、污染更少、水用量更节约、用地面积更少、温室气体排放更少。

⑥林牧复合系统提供的动物福利包括:因摄入灌木和树木而强化营养,更多的遮阳面积在高温时能提供舒适环境,因遮挡而减少恐惧心理,因更多的蜱虫和苍蝇会被吃掉而使动物更健康,减少因过多直接日晒而发生癌症或其他疾病的风险;更好的营养、遮阳条件以及疾病更少;食物选择更多,食物摄入更优化,动物的社会行为更佳,与人类交流更好,从而使动物的身体状况得到改善。

---

① Manteca X,Villalba J J,Atwood S B,et al. Is dietary choice important to animal welfare? *Journal of Veterinary Behavior:Clinical Applications and Research*,2008(3):229-239.

满足猪的需求及评估其福利

Sandra Edwards[*]

摘要：为了实现猪的福利以及生产的最佳结合,我们需要全面了解并满足猪的需求。关于猪的需求分类,我们可以使用动物福利的"五项原则"框架:免受饥渴;免于因环境温度和肢体不适而承受痛苦;免受痛苦及伤病;免受恐惧和应激;正常表达天性。在实际养殖条件下,是否能适度满足动物需求可以按以下方法衡量:(1)审计提供给动物的资源,如空间、温度和环境丰富度;(2)使用基于动物的方法衡量福利状况,如清洁度、良好体况条件、是否存在病变。动物福利不仅事关动物生存环境,而且事关照顾动物人员的培训和投入度,后者是提供高水平动物福利的至关重要的因素。

关键词:猪福利;农场动物福利;评估

Meeting the Needs of Pigs and
Assessing their Welfare

Sandra Edwards

Abstract: To achieve best welfare for pigs, and the associated benefits in production performance, it is important to fully understand and meet their needs. These can be categorized using the framework of the 'Five Freedoms' which specifies (1) Freedom from hunger and thirst, (2) Freedom from thermal and physical discomfort, (3) Freedom from pain, injury and disease, (4) Freedom from fear and stress, and (5) Freedom to express normal behaviour. Under practical farm conditions, the extent to which needs are adequately met can be

---

* Sandra Edwards 英国纽卡斯尔大学环境及生物科学学院教授 Professor at Newcastle University, UK. Email:sandra.edwards@ncl.ac.uk.

assessed by（1）auditing the resources provided for the animals，such as space，temperature and environmental enrichment，and（2）using animal-based measures of good welfare outcomes，such as cleanliness，good body condition and absence of lesions. It is not just the physical environment，but also the training and dedication of the people caring for the animals which is of paramount importance in delivering good welfare.

Key words：pig welfare；farm animal welfare；assessment

1　满足福利需求的重要性

为给动物提供良好的福利，首先必须了解相关动物的需求和喜好[①]。可以用不同的方式获得此类信息，包括了解动物的进化生物学，观测动物在不同环境下的行为和生理反应，观察其在选择试验中的喜好以及衡量动物在获得和逃避不同事物时的努力程度。了解上述内容后，才能在日常饲养动物时正确满足其需求。为了评估提供良好福利的措施是否有效，必须测量农场中动物的实际情况。虽然科学测量需要面临不少困难[②]，但是这对动物饲养人了解动物的情况非常重要，从而可以避免一些问题及改善生产，而且让整个社会中希望了解实情的人知道动物并没有被虐待，其购买的肉类的出产方式也合乎道德标准。良好的动物福利是高效率生产的重要因素，这是因为动物与应激相关的生理反应，例如交感神经系统的激活以及肾上腺皮质类固醇的升高，都会对采食量、瘦肉组织的生长、肉类质量、生殖功能以及疾病侵袭时的免疫反应造成不良影响。此外，欧洲和北美目前正在制定越来越多的第三方农场动物福利的正式检验标准，从而加入政府、行业组织和动物福利非政府组织操作下的"农产品放心计划"（farm assurance schemes），出品有认证、有标签的产品[③]。

[①]　Dawkins M S. The science of animal suffering. *Ethology*，2008，114：937-945.

[②]　Edwards S A. Experimental welfare assessment and on-farm application. *Animal Welfare*，2007，16：111-115.

[③]　Edwards S A. On-farm animal welfare audits. Proc 8th London Swine Conference. London，Ontario，1-2 April 2008. J. M. Murphy ed. CFM de Lange，2008：145-155.

2 动物福利评估框架和冲突

动物福利评估中广泛采用的框架是"五项原则"（或称五大自由）[①]，即动物免受饥渴；免于因环境温度和肢体不适而承受痛苦；免受痛苦及伤病；免受恐惧和应激；表达天性。事实上，这些不同需求之间可能存在冲突[②]。例如，为妊娠母猪设置的猪狭栏能确保其能享用足够的食物而无需竞食，但会限制其很多正常行动，例如行动、社交和探索。相比之下，成群饲养体系能更好地满足需求，但也可能因为打斗和竞食，导致低等地位动物的福利减少。同样的冲突也可能发生在分娩和哺乳阶段。已有研究表明，将母猪置于分娩圈舍中会严重限制其行动自由并增加其出现沮丧情绪的可能，这是因为他们无法表现出正常的营巢行为。但是，非圈养分娩体系没有圈舍的物理保护，会严重威胁仔猪的福利和存活[③]。生长猪的主要福利问题则与所提供的空间、合适的地面和丰富圈养环境相关。猪群过于拥挤将导致应激反应并减缓生长，而贫瘠的环境则会限制其行为需求。因此，欧盟法规（第2001/93/EC 号指令文件）规定："……猪必须长期接触足量的杂物以保持其适当的探究和操纵行为，例如稻草、干草、木头、木屑、蘑菇堆肥、泥煤或各类混合物……"。但是，在某些情况下用稻草等物铺垫又会增加热应激反应和不良卫生状况的风险。因此，能够提供猪福利的良好猪圈可以平衡需求，并在最大限度内满足"五项原则"的要求。但是，还有重要的一点是，必须知晓任何圈舍都可能会发生福利不良的情况，即使是提供良好的物质条件，除非同时维持良好的管理标准和饲养管理员素质。

3 进行农场现场福利评估的不同方法

在农场现场评估动物福利时，可尝试采用不同方法[④]。对圈舍/环境进行测定，确定是否已充分满足已知的动物需求。这些"资源评量"（或"输入评量"）在降低不良福利风险方面十分重要，但是其自身不能保证良好福利。这些只能通过"结

---

① Farm Animal Welfare Council. Second report on priorities for research and development in farm animal welfare. Tolworth，UK：Ministry of Agriculture，Fisheries and Food，1993.

② Edwards S A，English P R，Fraser D. *Animal Welfare*. *Diseases of Swine*（9th edition）. Straw B E，Zimmerman J J，D'Allaire S. Ames，Iowa：Blackwall Publishing，2006：1065-1073.

③ Edwards S A. Balancing sow and piglet welfare with production efficiency. Proc 8th London Swine Conference. London，Ontario，1-2 April 2008. Murphy J M. CFM de Lange，2008：17-30.

④ Webster J. The assessment and implementation of animal welfare：theory into practice. *Revue Scientifique et Technique-OIE*，2005，24：723-734.

果评量"来实现,这是对动物自身进行结果指标评估。在农场记录中可以查看企业评量表,比如死亡率、生长率和饲料效率,但是这些评量不一定十分精准和灵敏。因此,直接对动物进行的结果评量是动物福利状态的最佳指标,但是获得这些数据的过程往往困难且耗时。例如,评估"免受发热和身体不适"时,资源(输入)评量的对象就可能是室温度、空间容量和地面铺设质量。结果指标记录包括生长率和饲料效率,一旦补给不足就会出现下降。但是,更灵敏的评量则是观察猪的躺卧行为,环境过热过冷时都会不同,以及观察皮损和黏液囊炎,这表示地面铺设不佳,过糙、过滑或过硬。与之类似,"免受饥渴"也可以通过资源指标评量来进行评估,例如正确配合的饲料、充分的饲槽间隔以及提供合适流量的饮水器。结果指标记录也包括生长率和饲料效率,但是最灵敏的指标则是单个动物的身体状态,尤其是在猪群中地位较低的个体。评估"免受疼痛、受伤或疾病"时,资源评量包括良好的生物安全保障和卫生状况,没有会导致疼痛的管理程序,例如有没有在无疼痛状态下进行阉割和断尾,以及有没有导致好斗的身体和社会风险因素。结果记录包括死亡率和抗生素的使用,同时直接观察疾病和受伤的临床症状是最敏感的动物自身评量。评估动物精神状态比评估身体状态更难。但是,"免受恐惧和应激"的评估可以采用资源评量的方法,例如社交群体的稳定性,充分的空间和设施以避免社会竞争,以及经良好训练的员工,从而提高处理时的仔细程度以及促进猪与人类之间的正面互动。在其他大部分情形下,结果记录包括表现,但是更灵敏的动物自身指标则是没有因好斗的社交导致的皮损以及不惧怕人类。"五项原则"评估中最具有挑战性的就是"正常表达天性",这是因为从某种程度上说,是否"正常表达天性"取决于动物的情况。但是,所有的物种均具有在其演化史中形成的已知行为需求,并受其生理状态的支配,例如饥饿时的觅食行为或围产期母猪的营巢行为。因此,利用资源评量进行评估的基础是了解动物的这些行为需求以及检查在行动自由和丰富圈养环境方面是否已经充分满足上述需求。这一评估并没有可靠的企业记录,但是进行动物自身评量时,好斗等异常行为、咬尾等伤害行为以及刻板行为的重复发生都可以说明某些重要的行为需求并未获得满足。

4 基于结果进行评估的实例

欧洲最近倡议将基于结果的福利评估方法进行实践。欧盟福利质量项目已制订一套综合方案[①],用于对猪和其他物种进行动物自身评量,并定义了动物福利所

---

① Blokhuis H J, Jones R B, Geers R, et al. Measuring and monitoring animal welfare: transparency in the food product quality chain. *Animal Welfare*,2003,12:445-455.

有方面的评量方法。但是,这一评量方法非常详细具体,因此,全面执行需要相当长的时间,这就限制了大规模的实际执行。为解决这个问题,实践操作的方法以一些"冰山"指标为基础。这些简化的评量可以对福利进行全面评估,好比利用冰山高出海面尖端部分,即可以可靠预测水面下的真实质量[①]。英国的养猪业已经制订及落实一项以冰山指标为依据的评估方案,这个方案需评量5项关键福利结果,这5项结果也是猪肥育畜群的基准[②]。这一"实际福利"方案记录了(i)被移至猪栏而获益的猪、(ii)瘸脚猪、(iii)尾巴有伤的猪、(iv)有皮损的猪以及(v)丰富圈养环境提供和利用的比率。评量在兽医季度巡视时进行,通过比较与其他农场的结果,查看长期趋势,这能够帮助农户和兽医把重心放在问题区域上并制定改良措施。在本方案的前3年,英国农场超过500万头猪接受评估,评量成果的全国平均值表明动物福利结果在不断改善。

5 人类-动物互动的重要性

在评价农场实地动物福利时,必须注意,在良好福利中重要的不仅仅是建筑物、营养和动物健康,还有一个关键要素是饲养管理员的素质[③]。事实已证明,粗暴地和不小心地对待猪会导致慢性应激反应,降低生长率和减弱繁殖能力。因此,英国的猪福利规则规定:"饲养管理员是关键因素,这是因为一个系统无论在其他方面多么符合原则规定,但是如果没有合格尽心的饲养管理员,猪的福利需求就无法得到充分满足"。

6 结论

总而言之,(i)无论是出于生产还是营销原因,动物福利均十分重要,(ii)结合资源和结果评量可以对福利状态进行最有效的评估;(iii)福利结果的基准化有助于不断改良,以及(iv)好的员工培训和态度是关键。

---

① Farm Animal Welfare Council. Farm animal welfare in Great Britain:past,present and future. FAWC,London,UK,2009.

② Pandolfi F,Stoddart K,Wainwright N,et al. The "Real Welfare" Scheme:benchmarking welfare outcomes for commercially farmed pigs. *Animal*,2007,11:1816-1824.

③ Coleman G J,Hensworth P H. Training to improve stockperson beliefs and behaviour towards livestock enhances welfare and productivity. Revue Scientifique et Technique-OIE,2014,33:131-137.

精准畜牧业和动物福利:冲突还是协同

Isabelle Veissier[*]

摘要:通过应用自动化过程监测动物及其环境,精准畜牧业(PLF)技术主要用于提高盈利能力和减少工作量。例如检测发情允许及时授精,同时在早期检测跛足或营养状态不平衡,甚至谷仓异常环境参数也可以帮助迅速采取补救措施。PLF通常被视为动物产品的过度工业化,因为动物作为一个有意识的生物与其环境(包括农民)相互作用的空间很小。然而,PLF传感器生成的数据可以支持动物福利。检测健康问题(例如乳腺炎、奶牛酮血症)的系统可以是福利管理的一部分。另外,也许更重要的是,一些PLF设备是基于直接动物行为检测,或间接地通过动物的位置:喂食、反刍、休息、行走时间等。微妙的行为变化可以表明动物的精神状态。受压迫的动物可能会变得过度反应,或者相反冷漠。生病的动物通常比健康的动物花更少的时间吃食(吃得更少),他们也可能想离群独自待着。活动日常节奏的变化似乎是适应环境或疾病的难点。玩耍和梳舔可能会受到疼痛或发烧的影响。动物之间的距离及其社会互动可以反映群体的结构,特别是其凝聚力。作者提出,PLF技术提供了广泛的可能性,使用动物行为指标来解决现代畜牧业中的动物福利以及与健康状况、社会关系、人畜关系或普通的福利有关的环境应激问题。目前,这些可能性的探索很少,值得更多研究。

关键词:精确畜牧业;农场动物行为;动物福利

* Isabelle Veissier 博士,法国国家农业科学研究所草食动物综合研究室主任、法国克莱蒙奥弗涅大学研究员、VetAgro Sup、UMR Herbivores。通讯地址: Université Clermont Auvergne, INRA, VetAgro Sup, UMR Herbivores,F-63122 Saint-Genès-Champanelle, France.

Precision Livestock Farming and Animal Welfare: Contradictions or Synergies

Isabelle Veissier*

Abstract: Precision Livestock Farming (PLF) techniques have been developed essentially to increase profitability and reduce workload by applying automatic processes to monitor animals and their environment. For instance, detecting oestrus allows timely insemination, while detecting lameness at an early stage or imbalance in the nutritional status or even abnormal ambiance parameters in the barn can help taking remedial actions quickly. PLF is often seen as an over-industrialisation of animal productions, leaving little room for the animal as a sentient being interacting with its environment including the farmer. However, the data generated by PLF sensors can support animal welfare. A system detecting health problems (e. g. mastitis, ketosis in dairy cows) can be part of welfare management. In addition and maybe more importantly, some PLF devices are based on animal behaviour detection directly, or indirectly through the position of animals: time spent feeding, ruminating, resting, walking. Subtle changes in behaviour can indicate the mental state of an animal. Stressed animals may become hyper-reactive or on the contrary apathetic. Sick animals generally spend less time eating (and eat less) than healthy ones, they may also look for isolation. Changes in the daily rhythm of activity seem subtle signs of difficulties to adapt to the environment or of illness. Play behaviour and grooming may be affected by pain or fever. The proximity between animals and their social interactions can reflect the structure of the group, specially its cohesiveness. The author argues that PLF techniques offer a wide range of possibilities to use animal behavioural signs to address animal welfare in modern livestock farming, be the welfare related to health status, social relations, human-animal relationship or more general effects of a stressful environment. At the moment, these possibilities have been little explored and deserve more research.

Key words: Precision Livestock Farming; farm animal behaviour; farm animal welfare

在 20 世纪的后半叶,绿色革命席卷改变包括畜牧业在内的整个农业行业。动物饲喂、圈舍以及管理都出现极大变化和合理化重塑,即根据当前科技知识进行改良。但是同时忽略了对动物的合理化,导致出现不符合动物行为和福利的极端情况:全部以板条铺设的地板减少休息的舒适性,压抑自然行为表现的食物(例如仅给小肉牛喂食液体食物),按照生产潜力定期混养动物导致社群不稳定和好斗。这种密集或称之为工业化畜牧做法招致大量批评,例如,哈里森 1964 年出版的《动物机器》,布兰布尔 1965 年的报告中对此均有抨击①。之后在这些批评的基础上引出了要求满足动物需求及提高其福利的建议②。

我们现在正在参与协助另一场农业革命,即数字革命。牧场、畜棚和动物身上均装有传感器以监控各类数据,从而实现对农场管理的精准调整③。精准畜牧(PLF)技术开发的主要目的是利用自动化程序监控乃至有时控制动物及其环境,用来增加盈利及减少工作量③。例如,监测发情迹象可以及时进行人工授精,而监测到早期跛行现象或营养不均衡甚至牲棚环境异常参数有助于迅速采取补救措施。精准畜牧通常被视为动物生产的过于工业化现象,导致动物作为感知动物与包括养殖工人在内的周围环境互动极少。但是如果运用得当,精准畜牧传感器产生的数据能提供与动物福利相关的关键信息。

首先,采用多个精准畜牧系统监测健康疾病问题,这些有巨大的经济影响④。健康疾病问题也是动物福利中存在的主要问题。可以将疾病(例如奶牛乳腺炎和酮血病)的早期检测纳入福利管理。更重要的是,这些精准畜牧设备通常直接监测动物行为或间接监测动物位置:进食、反刍、休息和走动时间。行为的细微变化能反映动物的精神状态。实际上,存在精神压力的动物可能表现亢奋或漠然。生病动物比健康动物的进食时间更短,同时可能会远离其他动物。日常生活节奏的改

① Brambell R. Report of the Technical Committee to Enquire into the Welfare of Animals Kept Under Intensive Livestock Husbandry Systems. London: Command Paper 2836, Her Majesty's Stationery Office, 1965.

② Veissier I, Butterworth A, Bock B, et al. European approaches to ensure animal welfare. *Applied Animal Behaviour Science*, 2008, 113: 279-297.

③ Guarino M, Berckmans D. Precision Livestock Farming 15. *EC-PLF*, 2015.

④ Steensels M, Antler A, Bahr C, et al. A decision-tree model to detect post-calving diseases based on rumination, activity, milk yield, BW and voluntary visits to the milking robot. *Animal*, 2016, 10: 1493-1500.

变也可能是不适应环境或生病的微弱信号①。疼痛和发热会影响嬉戏和梳舔行为②。这些变化反映出疾病造成的不适状态③。因此,除监测疾病外,由于基于精准畜牧的判定系统可观测到这些细微行为,因此也可将精准畜牧用于评估由该疾病导致的不良福利④。

精准畜牧系统除了被用于检测疾病,还能用于其他动物行为。精准畜牧系统能提供动物社群运作功能的信息,因此潜力很大。农场动物属于群居动物。动物之间的交往属于主导-从属关系,而且由动物之间的喜好关系而决定。在不稳定的群体中,先到者通常具有优势,从而导致动物之间打斗行为增加。精准畜牧系统可以监测到这些打斗行为。例如,猪群中,图像分析可以监测到相互撞头和追赶⑤。关系较好的动物之间会相当亲密,且会共同行动⑥。好斗和适当交流之间的平衡、亲密程度以及一致行动的现象说明动物社群的凝聚力。目前,由于评估的困难,农场养殖并没有考虑这一因素。但是,精准畜牧系统能够连续监测动物交流、位置和行为,这些功能使养殖人员可以评估社群的功能结构并将该信息纳入农场管理。

最后,人们关心动物福利是因为认识到动物是感知动物⑦。这意味着动物是有情感的。人类的面部表情能表达情感,动物也可能如此⑧。疼痛会导致动物的姿态和表情出现细微变化。目前,这些都没有被纳入动物管理中,除非养殖人员根据自己在动物方面的经验并在特别了解自己所养动物的情况下,自己发现这些表

① Veissier I,Mialon M-M,Sloth K H,Short communication:Early modification of the circadian organization of cow activity in relation to disease or estrus. *Journal of Dairy Science*,2017,100:3969-3974.

② Mintline E M,Stewart M,Rogers A R,et al. Play behavior as an indicator of animal welfare:Disbudding in dairy calves. *Applied Animal Behaviour Science*,2013,144:22-30;Mandel R,Nicol C J,Whay H R,et al. Detection and monitoring of metritis in dairy cows using an automated grooming device. *Journal of Dairy Science*,2017,100:5724-5728.

③ Aubert A. Sickness and behaviour in animals:a motivational perspective. *Neuroscience and Biobehavioral Reviews*,1999,23:1029-1036.

④ Meunier B,Pradel P,Sloth K H,et al. Image analysis to refine measurements of dairy cow behaviour from a real-time location system. *Biosystems Engineering*,2017(in press).

⑤ Lee J,Jin L,Park D,et al. Automatic recognition of aggressive behavior in pigs using a kinect depth sensor. *Sensors*,2016,16:631.

⑥ Veissier I,Lamy D,Le Neindre P,Social behaviour in domestic beef cattle when yearling calves are left with the cows for the next calving. *Applied Animal Behaviour Science*,1990,27:193-200.

⑦ Anonyme. Traité d'Amsterdam modifiant le traité sur l'Union européenne,les traités instituant les communautés européennes et certains actes connexes. Journal officiel n°C 340 du 10 Novembre 1997 http://europa.eu.int/eur-lex/fr/treaties/dat/amsterdam.html#0001010001.

⑧ Veissier I,Boissy A,Désiré L,et al. Animals' emotions:studies in sheep using appraisal theories. *Animal Wefare*,2009,18:347-354.

现。最近,研究人员研发出用于监测羊疼痛表情的算式,开辟了一条管理养殖动物疼痛和其他负面情感的蹊径[①]。

因此,我们认为精准养殖技术可以在很多方面利用动物行为信号解决现代养殖农场的动物福利问题,提供与健康状态、社会关系、人-动物关系或常见应激环境的普通影响相关的福利。现在这些可能性相关的信息非常少,需要更大的研究力度。

———————

① Lu Y,Mahmoud M,Robinson P. Estimating sheep pain level using facial action unit detection. IEEE International Conference on Automatic Face and Gesture Recognition,2017.

从动物福利角度降低集约化农场抗生素的使用以及畜产品和副产品中抗生素的残留,提高食品安全[*]

滕小华^{**}　黄贺　矫婉莹　陈俭清　Syed Waqas Shah

摘要:集约化畜牧业为了满足全球人类动物源食品(肉、蛋、奶)的需求做出了巨大贡献,但是随着集约化畜牧业的发展,抗生素的大量使用导致了抗生素在畜产品和副产品中残留以及抗生素耐药病原体的出现,这给人类健康带来了潜在的威胁。本文从动物福利角度,探讨减少集约化农场抗生素的使用,减少抗生素耐药病原体的产生,降低抗生素和抗生素耐药病原体在畜产品及其副产品中的残留,避免抗生素和抗生素耐药病原体的环境扩散与传播,提高食品安全。

关键词:抗生素残留;集约化农场;动物福利;食品安全

Reducing Antibiotic Use in Intensive Farming and Antibiotic Residues in Livestock Products and By-products from Animal Welfare Perspective for Improving Food Safety

TENG Xiaohua[*], HUANG He, JIAO Wanying,
CHEN Jianqing, Syed Waqas Shan

Abstract: Intensive animal husbandry made a great contribution to meeting global human demands for "animal-source food" (such as meat, eggs and milk). However, with the development of intensive animal husbandry,

---

* 基金项目:养猪环境控制技术与应用(国家生猪产业技术体系子课题)(CARS-35-×××)。

** 通讯作者:滕小华,东北农业大学动物科学技术学院,中国,哈尔滨 150030。

Corresponding author: Professor Teng Xiaohua, College of Animal Science and Technology, Northeast Agricultural University, Harbin, 150030.

extensive use of antibiotics has led to the residues of antibiotics in livestock products and by-products and the emergence of antibiotic-resistant pathogens，which is a potential threat to human health. This paper aims to discuss the following areas from a welfare perspective：reducing the use of antibiotics in intensive farming， preventing the development of antibiotic-resistant pathogens， reducing the residues of antibiotics and antibiotic-resistant pathogens in livestock products and their by-products， and avoiding their diffusion and spread of environment in order to increase food safety.

Key words：antibiotic residues；intensive farming；animal welfare；food safety

0　前言

几十年来,许多猪、鸡和其他农场动物的饲养者使用抗生素不仅是为了保护他们的畜禽远离疾病,还为了提高畜禽的生长速度和饲料转化效率,导致过度使用和滥用抗生素。抗生素的用量和种类都达到了惊人的程度,以中国为例,2013 年畜禽用抗生素的使用量为 8.4 万 t,比人用抗生素的使用量(7.8 万 t)超出 0.6 万 t[①]。用于鸡和猪的抗生素有 13 类 49 种之多,包括 β-内酰胺类、氨基糖苷类、四环素类、林可胺类、多肽类、喹诺酮类、磺胺类、抗结核菌类、呋喃类、大环内酯类、酰胺醇类、多烯类以及截短侧耳素类,其中发现 18 种抗生素有残留。抗生素的滥用带来了一定的副作用,如动物内源性感染或二重感染、畜禽细胞免疫和体液免疫功能下降、抗生素在畜禽产品中残留、环境污染、水生生态系统和土壤微生物群落功能破坏,以及耐药菌株出现并增加等诸多问题。我国动物性产品抗生素残留问题十分严重,尽管动物性食品中的抗生素含量常常相对较低,食用后立即产生急性中毒反应的可能性通常也较小,但长期食用低抗生素残留的动物性产品可能会引起过敏反应,严重时可以导致食物中毒,有的抗生素具有致癌、致畸、致突变或有激素类作用,进入人体后,会严重干扰人体各项生理功能[②]。

最令人担忧的是,过量使用抗生素会引起环境微生物出现对相应抗生素有耐受能力的耐药菌株。Yong-Guan Zhu 等(2013)在中国三个商业养猪场的猪粪肥

---

① 应光国. 中国抗生素使用与流域污染. 中国化学会第 30 届学术年会摘要集-第二十六分会：环境化学，2016.

② 王蓓蕾，蒋煜峰，朱琨. 水环境中抗生素的研究进展. 农业与技术，2012,32(4)：158-159.

里发现了 149 种"独特"的抗生素耐药基因,其数量是对照样本中含量的三倍[①]。比利时对当地肉食进行的微生物抽样检测发现,73% 的禽肉、16% 的猪肉和 8% 的牛肉含"超级细菌"[②]。随着抗生素的长期大量使用,这些"超级细菌"会导致畜禽对疾病抵抗力越来越差,同时细菌的耐药性会越来越强,治疗时不得不加大用药量,从而使得抗生素残留越来越多,浓度越来越高,抗生素残留严重超标的动物食品也频频检出,给消费者带来潜在的危害,食品安全缺少保障。由于这些"超级细菌"对常规抗生素有抵抗力,人类感染"超级细菌"的数量和治疗"超级细菌"疾病的费用都是惊人的。美国每年有 2 百万人感染"超级细菌",欧盟每年用于治疗"超级细菌"疾病的费用达到 15 亿欧元。以上分析表明,"超级细菌"有可能成为全球主要的经济和社会挑战。

抗生素耐药菌已经引起社会的广泛关注和重视。在 2016 年 G20 杭州峰会公报中提到:"抗生素耐药性严重威胁公共健康、经济增长和全球经济稳定。我们确认有必要从体现二十国集团自身优势的角度,采取包容的方式应对抗生素耐药性问题,以实证方法预防和减少抗生素耐药性"。2017 年德国 G20 峰会公报中又提出了"畜牧业不再需要抗生素"。世界银行在 2016 年 9 月表示,抗药性疾病有可能带来严重的经济危害,甚至较 2008 年的金融危机有过之而无不及。他们预测,到 2050 年全球可能每年要为此增加高达 1 万亿美元的医疗投入。

令人遗憾的是,人类现在还没有找到有效的办法处理"超级细菌"(美国农业部)。动物福利是一门新兴的交叉学科,随着集约化畜牧业生产方式带来的一系列问题,动物福利理念越来越受到社会各界的广泛关注。因此,在此背景下,本文试图从动物福利角度,探讨降低集约化农场抗生素的使用以及畜产品和副产品中抗生素的残留,以期寻找在畜禽养殖中减少或停用抗生素的有效途径,提高动物性产品安全。

1 采取动物福利的有效措施,提高动物的抗病力,减少抗生素的使用

动物福利(animal welfare)是指动物个体试图应对其环境的状态[③],是从动物

---

① Yong-Guan Zhu, Timothy A. Johnson, Jian-Qiang Su, et al. Diverse and abundant antibiotic resistance genes in Chinese swine farms. Pnas, 2013,110(9):3435-3440.

② 申海鹏. 滥用抗生素使比利时肉食广泛存在"超级细菌". 食品安全导刊,2013,11:14

③ Broom D M. The scientific assessment of animal welfare. *Applied Animal Behaviour Science*, 1988, 20(1):5-19.

基本的健康与机能、动物的情感状态以及动物的自然生活三方面善待活着的动物[①]，因此提高动物福利水平能增强动物的抗病能力，减少抗生素的使用，提高食品安全。可以采取以下措施提高动物福利水平。

1.1 仔猪模仿母猪采食行为

在哺乳期，给仔猪提供更多的机会与母猪相处，使仔猪学习到母猪在吃什么？怎么吃？在哪儿吃？帮助仔猪尽快建立稳定的肠道菌群，提高仔猪的抗病力。

1.2 环境丰容

给动物提供玩耍的物品以及更大的活动空间。比如给猪提供比较结实无毒的球形或块状物品，在鸡舍内安装栖木（栖架）、沙浴池、悬挂的啄食物（木块、打结的粗吊绳以及芸薹类蔬菜或无毒植物）等，为猪和鸡提供垫草。

1.3 持续一致的饲料味道

母猪妊娠后期和哺乳期的饲料味道与断奶仔猪的饲料味道相同，可减少断奶仔猪应激。

1.4 群饲

畜禽是群居动物，习惯于成群活动，群饲有利于玩耍、运动，同时增加安全感，但饲养密度和群体规模必须合理，饲养密度和群体规模小，会增加成本，而饲养密度和群体规模过大则会增加发病率和死亡率，降低畜禽福利和生产性能。

1.5 减少水的浪费

自动饮水设施损坏，不仅会浪费水，而且会增加粪污总量，增加环境湿度，增加细菌繁殖机会。可以通过适当地选择、安装以及维护饮水器，结合提供适当的环境丰容材料，控制饮用水浪费，减少直接针对饮水器的试探性行为和规癖行为。

1.6 选用和培育抗病力和抗应激强的畜禽

畜禽的抗病力和抗应激力都能遗传，通常地方畜禽品种抗病力和抗应激力强于高产畜禽。因此，一方面可通过遗传改良提高畜禽的抗病力和抗应激力，另一方

---

① Fraser D. Understanding animal welfare. *Acta Veterinaria Scandinavica*，2008，50（Suppl 1）：S1. doi：10.1186/1751-0147-50-S1-S1.

面可选用地方畜禽品种。

1.7　采用户外饲养系统

户外饲养系统为动物提供了丰富的环境,包括充足的空间、充足的日光、新鲜的空气,畜禽有机会表达探究、走动、玩耍、躲避、觅食等自然行为。

但户外饲养系统要求土地透水性好,非低洼地,向阳,降雨量低,畜禽品种适应力和抗病力强,饲养密度不能过大,实行轮养,预防天敌,因此需要因地制宜。我国幅员辽阔,有大量的草山、草坡可以用于猪和鸡户外饲养系统。

2　开发快速建立稳定的肠道微生物群落的日粮

肠道是重要的营养吸收器官,肠道上皮还是阻止外界环境有害物质入侵机体的重要屏障。肠道屏障是由肠上皮、上皮间紧密连接及基底膜等构成。应激会损伤肠道屏障功能,导致肠道内毒素入侵体内[①]。肠道的发育与成熟状况是制约幼畜快速生长的关键因素。

众多研究证实,肠道微生物对畜禽的多种生理功能具有重要作用和广泛影响,细菌包括共生菌、益生菌和病原菌,这些细菌在胃肠道可以激活神经通路和中枢神经系统信号系统[②]。肠道微生物具有与大脑交流从而调节行为的能力。肠道菌群与宿主形成必不可少的平衡关系,这个平衡使畜禽健康受益。胃肠道的微生态平衡发生紊乱时,肠道病原菌增加,胃肠道、神经内分泌或免疫恶化,最终导致疾病。对肠道菌群的具体调节有助于减缓与应激有关的疾病以及胃肠道疾病(如炎症性肠病)[③]。因此,开发快速建立稳定的肠道微生物群落的日粮,能提高动物福利,降低抗生素的使用,提高食品安全。

2.1　发酵液体饲料

有证据表明,与集约化农场系统相关的慢性和急性应激能损害幼龄动物肠道-脑轴的发育和免疫系统的成熟,降低幼龄动物的免疫力。断奶是仔猪必须经历的一个应激过程,断奶仔猪突然离开母亲以及由液态母乳改为固态饲料导致断奶仔

① 韩金凤,贺建华. 益生菌对断奶仔猪肠道形态和菌群的影响. 广东饲料,2017,26(7):32-33.

② Foster J A, McVey Neufeld K A. Gut-brain axis: how the microbiome influences anxiety and depression. *Trends in Neurosciences*, 2013, 36(5):305.

③ Cryan J F, O´Mahony S M. The microbiome-gut-brain axis: from bowel to behavior. *Neurogastroenterology & Motility*, 2011, 23(3):187-192.

猪急性和慢性应激,而断奶应激主要的靶点就是仔猪的肠道,特别是小肠的损伤尤为严重。相对于传统的干饲料和湿拌料,发酵液体饲料主要通过改变饲料的适口性、增加有益微生物(如乳酸菌)及提供可改变胃肠道环境的酸性发酵产物来发挥作用。因此饲喂发酵液体饲料能促进肠道发育、减少抗原刺激、降低胃的 pH 和抑制有害病原微生物繁殖[1]。Hansen 等(2000)发现发酵液体饲料能改善猪的肠道菌群,尤其减少胃肠道大肠杆菌的密度[2]。此外,发酵液体饲料含有功能性小肽,功能性小肽能改善动物的消化功能,增强动物体质,提高免疫力,增加动物机体活力,减少疾病发生。因此,在仔猪断奶过渡阶段,提供发酵液体饲料,实现从母乳到饲料的一个温和转变,改善肠道菌群,进而改变病原体的行为,减少病原体繁殖所需的生态位,能加速断奶仔猪肠道免疫系统的发育和形成稳定的肠道微生物群落,减少由于饮食日粮改变而导致的断奶应激,提高断奶仔猪福利和免疫力,减少抗生素的使用。

发酵液体饲料在欧盟许多国家已得到广泛使用,比如法国约有 15% 的猪场使用发酵液体饲料,荷兰至少有 60% 的规模化猪场使用发酵液体饲料,英国家畜委员会下属有 25% 以上的猪场应用发酵液体饲料。而且发酵液体饲料在预防断奶仔猪腹泻、提高采食量和日增重方面也已取得了显著的效果。欧盟自 2006 年全面禁止在饲料中投放任何种类的抗生素以来,畜禽养殖的水平不仅没有下降,还取得长足进步,这很大程度上是因为发酵液体饲料的普及应用。欧洲的成功实践表明,发酵液体饲料可以替代饲用抗生素,提高动物的肠道健康和生产性能。但在中国,这种以发酵液体饲料的饲喂模式则刚刚起步[3]。

2.2 中药渣发酵物

肠道细菌定植对产后早期生命免疫系统的发育和成熟起着重要作用[4]。母猪围产期是生命的关键阶段,中药渣发酵物能改善围产期母猪肠道微生物生态系统,提高围产母猪免疫力,并通过减轻在生命关键阶段的暂时和长期应激,来支持快速

---

① 高嵩,谭树华. 发酵液体饲料的作用机理及其在养猪生产中的应用. 中国畜牧兽医文摘,2016,32(11):36-38.

② Hansen L L, Mikkelsen L L, Agerhem H, et al. Effect of fermented liquid food and zinc bacitracin on microbial metabolism in the gut and sensoric profile of m. longissimus dorsi from entire male and female pigs. *Animal Science*, 2000,71(1):65-80.

③ 金渭武,安泰,郑晓卫,等. 发酵饲料的应用及其对环境的影响. 当代化工,2017,46(9):1887-1890.

④ Clarke G, Grenham S, Scully P, et al. The microbiome-gut-brain axis during early life regulates the hippocampal serotonergic system in a sex-dependent manner. *Molecular Psychiatry*,2013,18(6):666-673.

免疫成熟,提高猪的福利,降低抗生素的使用。研究发现,围产期日粮添加中药渣发酵物可增加母猪后肠有益菌数量、改善围产期母猪后肠微生物菌群平衡,增加短链脂肪酸数量,降低生物胺含量,有利于改善围产期母猪肠道健康[①],改变围产期母猪及哺乳仔猪的机体代谢,增强机体抗氧化能力[②]。

我国中药资源丰富,中药渣发酵物除了含有大量的药物成分和生物活性物质,还含有蛋白质、多糖、脂类、维生素和微量元素等营养成分,可以促进动物生长发育、增强机体免疫力和抗氧化功能以及改善肠道微生态等。随着中药产业化的推进,生产中成药和中药提取物过程中产生了大量的中药渣。受加工目的、提取方法和工艺条件等因素的影响,对中药成分的提取不够完全或彻底,造成中药渣中残留多种活性成分和营养物质,其功效与原料中药类似。如果对其进行加工后再利用,不仅可以提高中药的综合利用率、节约中药资源,还能减少中药渣对环境的污染。

2.3 益生菌

益生菌(probiotic)能改善肠道屏障功能,调节肠道免疫系统。研究已经证实益生菌能竞争排斥人类、鸡和猪的病原体[③]。

研究发现,益生菌能改善妊娠后期母猪、哺乳仔猪、断奶仔猪、保育猪和生长育肥猪的肠道菌群结构,提高猪的生产性能。在妊娠后期母猪日粮中添加益生菌制剂调整了肠道菌群结构,促进肠道菌群生态平衡,提高母猪的繁殖能力,促进仔猪的生长[④]。在哺乳仔猪教槽料中添加复合益生菌,能在一定程度上提高仔猪日增重和育成率,减少仔猪腹泻和死亡率,降低前期粪便中大肠杆菌数量,改善肠道健康[⑤]。添加1.0‰复合益生菌可改善断奶仔猪生长性能,降低胃肠道pH,促进免疫器官发育[⑥]。四种益生乳酸菌(乳酸片球菌、球菌、干酪乳杆菌和屎肠球菌)可以替

① 解培峰,祝倩,孔祥峰,等. 中药渣发酵物对围产期母猪粪便菌群和代谢产物的影响. 国外畜牧学猪与禽,2017,37(1):30-35.

② 李华伟,姬玉娇,张婷,等. 发酵中药渣对围产期母猪和哺乳仔猪血浆生化参数和抗氧化指标的影响. 天然产物研究与开发,2017,9:1580-1586.

③ Rinkinen M, Jalava K, Westermarck E, et al. Interaction between probiotic lactic acid bacteria and canine enteric pathogens: a risk factor for intestinal Enterococcus faecium colonization. *Veterinary Microbiology*, 2003, 92(1-2):111-119.

④ 刘晴,黄华,唐景春,等. 复合益生菌菌剂对母猪生产性能和肠道菌群生态的影响. 家畜生态学报,2016,37(2):72-76.

⑤ 亓秀晔,谢全喜,于佳民,等. 复合益生菌对哺乳仔猪生产性能、粪便菌群和酶活性的影响. 饲料博览,2016(5):27-30.

⑥ 陈振,谢全喜,亓秀晔,等. 复合益生菌替代抗生素对断奶仔猪生长性能、胃肠道pH和免疫器官指数的影响. 中国畜牧杂志,2017,53(4):112-115.

代抗生素,用于断奶仔猪日粮[1]。在断奶后的两周内断奶仔猪日粮中添复合乳酸菌(屎肠球菌 6H2、嗜酸乳杆菌 C3、戊糖片球菌 D7、植物乳杆菌 1k8 以及植物乳杆菌 3k2),断奶仔猪具有良好的益生特性,能提高其生长性能和养分消化率,减少这一时期腹泻的发病率[2]。史自涛等(2015)在断奶仔猪日粮中添加不同水平的粪肠球菌。结果表明,日粮中添加粪肠球菌可改善断奶仔猪的生长性能,降低腹泻率,提高仔猪免疫力[3]。周明等(2012)发现,复合益生菌可改善生长猪的健康状况,促进猪的生长[4]。添加益生菌能提高保育猪的生产性能、降低保育猪的发病率[5]。日粮中添加 0.5 kg/t 微胶囊益生菌,能显著提高肥育猪平均日增重,降低料重比,有效调控肥育猪肠道微生物平衡,对肥育猪的生长有促进作用[6]。日粮中添加益生菌能够改善生长猪的肠道微生态环境,提高日粮养分表观消化率,增强机体免疫功能,从而提高生长性能[7]。益生菌与日粮组合能有效提高生长育肥期苏淮猪的生长性能,降低肌肉滴水损失,提高肌内脂肪含量,有助于改善苏淮猪的肌肉品质[8]。益生菌可提高保育猪生产性能和粪便中乳酸菌数,降低保育猪大肠杆菌数[9]。

2.4 益生元

益生元(prebiotic)又称化学益生素、前生素等,一般不能被动物消化吸收,但能够选择性地刺激肠内有益菌生长、繁殖或激活其代谢功能,调节肠内有益菌群的

---

[1] Pérez Guerra N, Fajardo Bernaárdez P, Meéndez J, et al. Production of four potentially probiotic lactic acid bacteria and their evaluation as feed additives for weaned piglets. *Animal Feed Science & Technology*,2007,34(1):89-107.

[2] Giang H H, Viet T Q, Ogle B, et al. Growth performance, digestibility, gut environment and health status in weaned piglets fed a diet supplemented with a complex of lactic acid bacteria alone or in combination with *Bacillus subtilis*, and *Saccharomyces boulardii*. *Livestock Science*,2012,143(2-3):132-141.

[3] 史自涛,姚焰础,江山,等. 粪肠球菌替代抗生素对断奶仔猪生长性能、腹泻率、血液生化指标和免疫器官的影响. 动物营养学报,2015, 27(6):1832-1840.

[4] 周明,李晓东,邢立东,等. 复合益生菌制剂在猪中应用效果的试验. 养猪,2012(4):17-19.

[5] 鲍俊杰,张艳玲,平凡,等. 益生菌对保育猪生产性能和发病率影响的效果试验. 饲料工业,2015,36(2):39-40.

[6] 李方伟,张慧,朱宇旌,等. 微胶囊益生菌对肥育猪生长性能、血清生化指标及营养物质表观消化率的影响. 养猪,2016,5:9-12.

[7] 刘辉,季海峰,王四新,等. 益生菌对生长猪生长性能、粪便微生物数量、养分表观消化率和血清免疫指标的影响. 动物营养学报,2015, 27(3):829-837.

[8] 刘金阳,王在贵,张宏福,等. 益生菌与饲粮组合效应对苏淮猪生长性能、胃肠道 pH 和肉品质的影响. 畜牧兽医学报,2014, 45(10):1648-1655.

[9] 苏成文,肖发沂,李义,等. 小麦日粮中益生菌与甘露寡糖对保育猪生产性能及粪便微生物的影响. 黑龙江畜牧兽医,2016,7:117-119.

构成和数量,从而起到增强宿主机体健康的作用。益生元能预防和治疗急性胃肠炎、抗生素相关性腹泻和结肠炎、炎症性肠病、肠应激综合征、坏死性小肠结肠炎和其他多种疾病[1]。益生元是替代畜禽饲料抗生素的一个有效途径。目前可作为益生元的物质有功能性低聚糖、多糖、多元醇、蛋白质水解产物以及植物提取物等。

2.5　酶制剂

许多研究证实,饲用酶制剂不仅会促进机体对营养物质的消化吸收,而且会影响肠道中特定微生物的发育。酶制剂通过以下机理改善动物的肠道功能:通过降解底物影响食糜物理化学性状;影响肠道微生物代谢所需的营养物质;增加具有益生效应的物质。非淀粉多糖酶对猪肠道有益菌有促进作用,对肠道有害菌有抑制作用。植酸酶在调节肠道微生物区系中扮演着重要的角色,但是植酸酶的作用明显受到日粮中钙、磷添加水平的影响[2]。

2.6　酸制剂

酸性环境能够促进肠道充分消化吸收饲料养分,是有益菌生长、病原微生物生长受抑制的必要条件。而酸制剂是一种能使饲料产生酸化效果的添加剂,酸制剂能降低饲料结合胃酸的能力,降低胃内的 pH,抑制有害菌生长,促进有益菌生长[3]。

酸制剂能够改善肉仔鸡肠道健康[3],仔猪断奶时从吃奶转为采食干料会导致断奶仔猪消化道 pH 上升,直到胃内能够分泌足够的盐酸。在此期间,仔猪易发生营养不良,甚至下痢。断奶仔猪日粮中添加酸制剂可降低饲料 pH,直接刺激猪口腔味蕾细胞,使其唾液分泌增多,食欲增加,从而有利于饲料中蛋白质的消化和吸收。酸制剂的使用能提高仔猪不成熟消化道的酸度,从而激活消化道内一些重要的消化酶,为促进营养物质的消化奠定基础[4]。酸制剂具有无污染、无残留、体内吸收快、经济效益显著等优点,已成为非药物添加剂取代或部分取代抗生素的一种很有竞争力的替代品。

---

①　Preidis G A, Versalovic J. Targeting the human microbiome with antibiotics, probiotics, and prebiotics:gastroenterology enters the metagenomics era. *Gastroenterology*,2009,136(6):2015-2031.

②　任文,喻晓琼,翟恒孝,等. 饲用酶制剂调节单胃动物肠道微生态及作用机理. 动物营养学报,2017,29(3):762-768.

③　李建慧. 日粮中添加酸制剂对肉仔鸡生长性能及肠道健康的影响. 中国畜牧兽医,2013,40(3):100-103.

④　游金明,瞿明仁,张宏福. 猪生产中抗生素的替代性饲养和管理. 江西畜牧兽医,2003,6:1-2.

3 非侵入性活体动物抗生素残留的检测与分析

由于抗生素对人类的潜在威胁，为了确保动物性食品安全，实时监控动物体内抗生素残留和动物性产品抗生素残留尤为重要。目前我国只开展了动物性产品（肉、蛋和奶）抗生素残留检测。动物性产品抗生素残留的检测通常采取抽样方式，只能检测有限的产品，并可能延迟产品的销售，而且一旦检出抗生素超标，动物性产品不合格，给产品相关者造成经济损失和资源浪费。另一方面，检测动物性产品只能发现动物性产品中抗生素的残留情况，不能反映产品出售前甚至更早时间饲养阶段生产者使用抗生素的情况。

因此，检测活体动物抗生素的使用，并从动物福利角度，寻求最大限度减少动物应激，不伤害动物，不降低动物福利，实时、简便、快捷、低成本的检测生产周期中抗生素的使用非常有意义，尤其是监测生产周期中使用禁用抗生素的情况，预测动物产品中抗生素残留风险及其代谢物是当今研究的新方向。

检测动物毛发、粪便和尿液可以实时取样，操作简单，不会对动物造成侵入性的伤害，能达到最大限度地不降低动物的福利，而且能从个体水平检测和及时发现饲养环节抗生素使用情况，在个体水平实时监测未经国家许可的化合物，预测动物产品中抗生素残留及其代谢产物风险和动物性产品的污染情况。如果能检测出动物毛发、粪便和尿液中的抗生素残留，对于保证畜产品质量和发现生产者潜在的欺诈行为至关重要。目前科学家已经采用多种方法开展了马[①]、牛和猪[②]的毛发以及牛和猪尿液[③]抗生素残留检测研究。

毛发检测尽管要接触畜禽，但收集毛发简单易行，不会伤害动物，此外检测毛发抗生素残留，还能追溯到检测前期过量使用抗生素和使用禁用抗生素的情况，因为毛发生长会导致残留物的积累区域发生变化，毛发结构具有生物学惰性，抗生素及其代谢物进入毛发很长时间后都能检测到。施用于养殖动物的抗生素有60%～90%以原型随粪尿等排泄物排出体外，抗生素随粪尿进入土壤和水体，对环境和人

---

① Dunnett M，Lees P. Retrospective detection and deposition profiles of potentiated sulphonamides in equine hair by liquid chromatography. *Chromatographia*，2004，59(1)：S69-S78.

② Adrian J，Gratacós-Cubarsí M，Sánchez-Baeza F，et al. Traceability of sulfonamide antibiotic treatment by immunochemical analysis of farm animal hair samples. *Analytical & Bioanalytical Chemistry*，2009，395(4)：1009-16.

③ Nielen M W，Lasaroms J J，Essers M L，et al. Multiresidue analysis of beta-agonists in bovine and porcine urine，feed and hair using liquid chromatography electrospray ionisation tandem mass spectrometry. *Analytical & Bioanalytical Chemistry*，2008，391(1)：199-210.

体健康构成了巨大的潜在威胁。因此,畜禽粪尿残留抗生素的环境污染及其控制日益受到了人们的重视。检测粪尿中抗生素残留,能减少环境传播的抗生素残留物和抗生素耐药性的风险。

4　结语

畜牧业面临的挑战是满足全球对动物源性蛋白质的需求,而不威胁到人类和动物的医疗保健。但是由于常常过度使用和滥用临床和兽用抗生素,"超级细菌"的出现和蔓延已威胁到全球的人类健康[①]。美国密歇根州立大学国际著名学者James Tiedje 教授认为"病原体的抗生素耐药性的增长已成为全世界的一个巨大挑战"。后抗生素时代已经到来,公众对畜禽产品抗生素残留引起的食品安全问题日益重视,禁用饲用抗生素的呼声日益高涨。减少直至停用畜禽用抗生素是一个复杂的系统工程,需要社会各界不同领域、不同技术和管理之间的协同才能有效地解决这一难题。而从动物福利角度,降低集约化农场抗生素的使用以及畜产品和副产品中抗生素的残留,毫无疑问是提高食品安全的一条可行途径。

---

① Mceachran A D，Blackwell B R，Hanson J D，et al. Antibiotics，bacteria，and antibiotic resistance genes：aerial transport from cattle feed yards via particulate matter. *Environmental Health Perspectives*，2015，123(4)：337-343.

基于动物福利角度的非侵入性抗生素残留检测的可行途径*

黄贺　矫婉莹　徐延敏　司兴格　滕小华**

摘要：集约化生产使用大量的抗生素引起动物性产品药物残留超标、甚至产生超级细菌，不仅会降低动物对疾病的抵抗力，通过食物链降低消费者对疾病的免疫力，而且超级细菌给人类健康带来巨大的安全隐患。因此实时检测活体动物体内以及动物性产品抗生素的含量非常必要。目前我国只开展了动物性产品抗生素残留检测的工作，而活体动物体内抗生素的检测还不够深入。为了在生产阶段实时检测动物体内抗生素累积的情况，且检测的时候不对动物造成较大的应激，不伤害动物，最大限度地不影响动物福利，非侵入性抗生素残留检测能最大限度地降低检测抗生素残留造成动物的应激，甚至伤害，因此非侵入性抗生素残留检测的研究与开发显得尤为重要。本文探讨检测动物羽毛、鬃毛、粪便、尿液中抗生素残留的可行性、技术以及发展趋势，为进一步开展非侵入性抗生素残留检测的研究与开发提供参考。

关键词：抗生素残留；非侵入性检测；动物福利；可行途径

* 基金项目：养猪环境控制技术与应用（国家生猪产业技术体系子课题）（CARS-35-XXX）

** 作者简介：黄贺（1978—），男，副教授，博士，主要研究方向生殖毒理和动物福利，E-mail：huanghe@neau.edu.cn。

通讯作者：滕小华（1963—），女，教授，博士，博士生导师，主要研究方向环境毒理和动物福利，E-mail：tengxiaohua@neau.edu.cn。东北农业大学动物科学技术学院，哈尔滨 150030。Corresponding author：Professor Teng Xiaohua, College of Animal Science and Technology, Northeast Agricultural University, Harbin, China.

A Feasible Approach to Non-invasive Antibiotic Residue Detection Based on Animal Welfare

HUANG He，JIAO Wanying，XU Yanmin，

SI Xingge，TENG Xiaohua*

Abstract：Intensive use of antibiotics caused excessive drug residues in animal products，and even produced super bacteria. This not only reduces the resistance of animals to diseases，but also reduces consumer immunity to diseases through the food chain，and super bacteria bring huge security risks to human health. So real-time detection of the content of antibiotics in live animals or animal products is imperative. At present，China has only carried out the work of antibiotic residue detection in animal products，and there is not enough sophisticated research into vivo detection of antibiotics. In order to detect the accumulation of antibiotics in animals in real time during the production phase，such test must not cause greater stress on animals，harm the animals，or affect the welfare of animals. Non-invasive antibiotic residue detection research and development is particularly important. This paper discusses the feasibility，technology and development trend of antibiotic residue detection in feathers，mane，feces and urine of animals，and provides a reference for further development of non-invasive antibiotic residue detection.

Key words：antibiotic residues；noninvasive testing；animal welfare；feasible approach

1 抗生素简介

1929 年,英国细菌学家弗莱明发现青霉素,并在临床应用中取得惊人的效果,这标志着抗生素时代的到来。抗生素是在低微浓度下即可对某些生物的生命活动有特异抑制作用的化学物质的总称。抗生素是抗感染治疗和防治感染性疾病不可缺少的重要药物,是临床上应用最广泛的药物之一,同时也是畜禽业中广泛应用的药物。抗生素主要是从微生物的培养液中提取或用合成、半合成方法制成的。现有抗生素的种类已达几千种。在生产上常用的亦有几百种。根据化学结构不同,抗生素通常分为 β-内酰胺类、氨基糖苷类、四环素类、大环内酯类、林可胺类、多肽

类、酰胺醇类、多烯类、截短侧耳素类以及含磷多糖类 10 类[①]。

抗生素作为畜禽养殖业中的一类常用兽药,在预防和治疗畜禽疾病、促进畜禽生长发育、提高饲料转化率方面起到了积极作用。畜牧养殖业对于抗生素的使用需求量非常巨大。北京大学临床药理研究所肖永红等调查推算,中国每年生产抗生素原料 21.0 万 t,有 9.7 万 t 抗生素用于畜牧养殖业,占年总产量的 46.1%[②]。一些养殖户和养殖企业为了追求最大的经济效益,抗生素不合理的使用造成了动物产品中抗生素残留超标,比如不遵守休药期规定、饲料中添加抗生素、非法使用禁用抗生素、抗生素使用方法不当和突击使用抗生素等。抗生素残留是指动物使用抗生素药物后积蓄或贮存在动物细胞、组织或器官中的药物原形、代谢产物和药物杂质。人体长期摄入含少量抗生素残留的动物源性食品后,可造成药物积累,当达到一定浓度后,就会产生毒副作用,比如发生过敏反应、致癌、致畸、致突变等,并可促使病原菌产生耐药性、抑制胃肠道菌群的产生等[③]。动物源性食品中抗生素的残留问题已经引起了社会的广泛关注,并成为全人类面临的严峻问题。因此,为了保障人体健康,应严格控制动物源性食品中抗生素残留量。

2 抗生素的检测技术

由于抗生素种类繁多,对抗生素残留的检测需要根据其不同的性质和特点选用不同的检测手段和方法。目前对抗生素残留的检测主要分为微生物法、免疫法和理化检测法。

2.1 微生物法

微生物法又叫微生物抑制法,是检测抗生素残留最早采用的方法,应用非常广泛。微生物法主要利用抗生素对某些微生物代谢或生长的抑制作用所产生的抑菌圈来指示样品中是否含有抗生素。微生物法成本低廉、操作简单,但其灵敏度较低,准确度不高,仅在样品规模较大的现场初筛时应用较为合适,用微生物法检出的阳性样品,通常还需借助一些其他检测手段进行进一步确认。同时,微生物的生长繁殖需要耗费较长的时间,延长了检测的时间,在一定程度上降低了检测效率。

---

① 李周敏,孙艳艳,姚开安,等.动物源性食品中抗生素残留检测前处理及其分析方法研究进展.药物分析杂志,2013,33(6):901-906.

② 肖永红.谈合理应用抗生素. 2017. http://www.360doc.com/content/17/0425/17/15509478_64 857 6068.shtml.

③ 卢坤,童群义.动物源性食品中抗生素残留检测技术研究进展.广州化工,2015,43(12):13-14.

微生物法可用于猪肉[①]、鸡蛋[②]及牛奶[③]中抗生素残留的检测。

2.2 免疫法

免疫法是利用抗原和抗体具有特异性结合的特性进行抗生素检测。酶联免疫法是目前免疫法中使用较为广泛的方法。酶联免疫法(ELISA)的基本原理是在合适的载体上结合抗原或者抗体,然后让其与样品和酶标的抗原或抗体进行反应,加入底物进行显色,根据颜色反应的深浅即可对抗生素进行定性或者定量[④]。ELISA 检测技术灵敏度高,特异性强,检测范围在$(1×10^{-6})$~$(1×10^{-9})$ g 水平,属于超微量分析技术。抗原抗体的免疫反应特异性强,结构类似物、有色物质、荧光物质对检测的干扰很小;操作简便快捷,简化了样品的预处理和提取纯化过程,可同时检测数十甚至上百个样品;安全性高,污染少,有机溶剂用量较少,减少了对检测人员和环境的潜在危害。但 ELISA 也存在一些缺陷,如对试剂的选择性很高,不能同时分析多种成分;对结构类似的化合物有一定程度的交叉反应;分析分子量很小的化合物或很不稳定的化合物有一定的困难。近几十年来,随着酶制备、抗体提纯等技术的不断提高以及单克隆抗体的应用,酶联免疫法的特异性和灵敏度大为提高,更加符合动物性产品分析在准确、快速、简便、易操作等方面的要求。目前这一技术已得到很多国家的认可,是一种快速筛选方法。免疫法常用于牛奶中抗生素残留的检测[⑤]。

---

① Kusano T，Kanda M，Kamata K，et al. Microbiological method for the detection of antibiotic residues in meat using mixed-mode，reverse-phase and cation-exchange cartridge. *Shokuhin Eiseigaku Zasshi*，2004，45(4)：191-196；刘兴泉,冯震,姚蕾,等.采用高通量微生物法和 HPLC 法检测猪肉中四环素和磺胺类抗生素残留.食品与发酵工业,2011,37(4):194-197.

② Gaudin V，Rault A，Hedou C，et al. Strategies for the screening of antibiotic residues in eggs：comparison of the validation of the classical microbiological method with an immunobiosensor method. *Food Addit Contam Part A Chem Anal Control Expo Risk Assess*,2017,34(9):1510-1527；翟云忠,吴建敏,徐俊,等.鸡蛋中抗生素残留微生物法快速检测的研究.现代食品科技.2008,24(8):839-841.

③ Gaudin V，Maris P，Fuselier R,et al. Validation of a microbiological method：the STAR protocol，a five-plate test，for the screening of antibiotic residues in milk. *Food Addit Contam*. 2004，21(5)：422-433；库丽扎达·木拉提.微生物法检测牛奶中青霉素类抗生素及注意事项.新疆畜牧业.2013,4:39-40.

④ 关嵘. 应用酶联免疫技术检测动物源性食品中氯霉素残留的研究. 检验检疫科学,2002,112(4)：6-10.

⑤ Font H，Adrian J，Galve R，et al. Immunochemical assays for direct sulfonamide antibiotic detection in milk and hair samples using antibody derivatized magnetic nanoparticles. *J Agric Food Chem*，2008，56(3)：736-43；邵辉,吴瑕,王剑飞,等.酶联免疫法与乳及乳制品中抗生素残留的检测.中国乳品工业,2011,39(6):58-60.

2.3　理化检测法

理化检测法是真正的定性定量的检测方法,包括气相色谱法(GC)、气相色谱－质谱(GC-MS)、高效液相色谱法(HPLC)和液相色谱—质谱(LC-MS)。检测的原理主要是根据药物的不同性质选择不同种类的仪器,经过适当的前处理之后,获得比较纯净的样品,利用药物的结构特点或者质量的不同来选择其相应的检测器。

2.3.1　GC 与 GC-MS

GC 是以气体作为流动相的色谱法,此法在大部分抗生素检测方面都有所应用。在抗生素的检测中,GC-MS 也经常用到。GC 和 GC-MS 具有高选择性、高效能、低检测限、分析速度快、应用范围广等优点,但是也有局限性,它们只能分析气态物质和具有挥发性的有机物,对于沸点高、易分解、腐蚀性和反应性较强的物质以及分子质量超过 300D 的高分子物质分析则较为困难[①]。GC 和 GC-MS 常用于牛奶中抗生素残留的检测。[②]

2.3.2　HPLC 与 LC-MS

随着人们对检测效率要求的提高,同时检测样品中多种药物残留方法的开发逐渐成为研究热点,HPLC 可实现多种抗生素残留的同时检测。HPLC 可采用的检测器有紫外检测器、荧光检测器和质谱检测器。紫外检测器操作简单,使用较为普遍,成本低廉,快速灵敏,在食品工业中应用最为广泛。荧光检测器的灵敏度比紫外检测器高,但是被测目标物需有强的荧光反应,如果待测物没有产荧光基团,便需进行柱前或柱后衍生化作用,衍生化操作步骤较为烦琐[③]。喹诺酮类抗生素多有强的荧光反应,因此荧光检测器常用于检测分析此类抗生素。HPLC 法可同时检测两类以上的抗生素,检测效率大为提高,节约了检测费用。

近年来,随着质谱技术的发展,LC-MS 逐渐成为动物源性食品中抗生素残留分析的研究热点。LC-MS 检测限很低、灵敏度很高、结果重复性好、检测结果精确可靠,且能够满足样品中多类抗生素残留同时检测的需要,是非常可靠的检测方法。液相色谱技术具有很高的分离复杂样品基质的能力,质谱技术选择性好、灵敏度高,并能够提供物质的相对分子质量以及化学结构信息,二者结合,优势互补,能够明确地鉴定样品中的组分,可有效分析复杂样品基质中的痕量组分,且质谱的强

①　黄玉华.抗生素使用安全现状与抗生素残留检测技术研究进展.食品安全导刊,2014,6:34-35.

②　刘秋丽,杨秀梅.乳及乳制品气相色谱法检测抗生素残留量.科技促进发展,2011,S1:328.

③　孙国仁.Tb³⁺增敏 HPLC 柱后衍生法测定肌肉中氟喹诺酮类药物残留.合肥:安徽农业大学,2006.

大鉴别能力还使得其能够同时对多种抗生素残留进行有效的分析检测①。LC-MS成为目前检测抗生素残留应用最普遍、最有效的分析方法，广泛应用于牛奶、畜禽肉和动物组织的抗生素检测。目前，HPLC 与 LC-MS 广泛用于肉类②、鸡蛋③及牛奶④中抗生素残留的检测。

2.4 新的检测技术

目前，用于抗生素检测的传统方法主要有微生物法、酶联免疫分析法、理化检测方法。免疫分析法的影响因素众多；理化检测技术存在着检测程序复杂，检测费用较高的缺点；不利于抗生素残留快速、大批量、现场检测要求。因此，将理化检测法和免疫检测法相结合成为当今抗生素检测的一个发展新趋势。

2.4.1 生物传感器

生物传感器是利用生物化学和电化学原理，将生化反应信号转换为电信号，通过电信号放大和模数转换，测量出被测物质及其浓度，该技术可检测畜产品中抗生素，具有灵敏度高、特异性强、操作简单、携带方便等优点。Xie 等以多克隆抗体连接在胶体金颗粒上作为免疫色谱分析的检测试剂，检测大肠杆菌中头孢菌素，结果表明该法对头孢氨苄和头孢羟氨苄具有极高的灵敏性（0.5 ng/mL），其余 5 种头孢类抗生素的检测浓度也低于 100 ng/mL⑤。随着计算机科学、生物学及生物信息学研究的新成果和方法开发，以及抗原、抗体辅助筛选设计及传感过程的研究进展，抗生素生物传感器技术将更加成熟，在未来抗生素检测领域极具潜力。

2.4.2 蛋白质芯片技术

蛋白质芯片技术是继基因芯片后发展起来的生物检测技术，原理是在固相支

---

① 吴宗贤.食品中兽药残留的液相及液-质联用检测方法研究.无锡:江南大学,2007.

② Bohm D A，Stachel C S，Gowik P. Validated determination of eight antibiotic substance groups in cattle and pig muscle by HPLC/MS/MS. *J AOAC Int*,2011, 94(2):407-419.

③ Jing T，Niu J，Xia H，et al. Online coupling of molecularly imprinted solid-phase extraction to HPLC for determination of trace tetracycline antibiotic residues in egg samples. *J Sep Sci*, 2011, 34(12): 1469-1476;王敏娟,胡佳薇,田丽,等.超高效液相色谱-串联质谱法同时测定鸡蛋中 21 种喹诺酮及四环素类抗生素残留.中国卫生检验杂志,2017,27(4):473-476;王玉琴,刘华,郝红元,等.固相萃取-液相色谱/质谱联用法测定猪肉中 3 种多肽类抗生素.分析试验室,2017,36(1):73-77.

④ 郁宏燕,熊晓辉,游京晶,等.液相色谱-质谱法测定乳及乳制品中氯霉素类抗生素的含量.食品安全质量检测学报,2017,8(4):1485-1489.

⑤ Xie Q Y，Wu Y H，Xiong Q R，et al. Advantages of fluorescent microspheres compared with colloidal gold as label in immunochromatographic lateral flow assays. *Biosens Bioelectron*,2014,54:262-265.

持物表面高密度排列蛋白质探针,可特异地捕获样品中分子,然后用 CCD 相机或激光扫描系统获取信息,最后用计算机进行定性定量分析。其优点是微型化、高通量,仅需一次就可以完成上千次的常规方法分析,并且平行数据误差更小,这对于高通量抗生素残留检测具有重要的意义。Knecht 等用蛋白质芯片技术同时检测牛奶中青霉素 G、邻氯青霉素、头孢吡硫、磺胺嘧啶、磺胺二甲嘧啶、链霉素、庆大霉素、新霉素、红霉素和泰乐菌素十种抗生素的残留,采用间接竞争 ELISA 的模式,每种样品的分析时间小于 5 min,检测范围在 12~32 mg/L,该方法在检测抗生素残留问题上有巨大的潜力[1]。

2.4.3 非侵入性采样抗生素残留检测

目前,抗生素检测通常检测动物产品(肉、蛋和奶)中抗生素的含量,不能实现对动物体内抗生素残留的实时检测,即使有些方法可以做到这一点,但是必须对动物造成一定的侵入性损伤,导致动物应激较大,进而影响动物的福利。因此能够实时、快速、简捷、低成本以及非侵入性采样检测抗生素残留是当今研究的新方向。比如检测动物毛发、粪便及尿液中的抗生素残留,不仅可以实时取样,操作简单,而且不会对动物造成侵入性的伤害,达到最大限度地不影响动物的福利。因此,对毛发、粪便及尿液中的抗生素残留检测的研究具有重要的现实意义。

2.4.3.1 毛发

动物产品(如肉类)中抗生素的检测通常在屠宰时进行,以检验是否符合停药时间和最大残留量。然而,可食用组织的抽样只能在有限比例的屠体中进行,并可能延迟食用部分的销售,而且一旦检出抗生素超标,动物性产品不合格,给产品相关者造成经济损失和资源浪费。最近,毛发中抗生素检测已经作为一种新的技术被提出。一方面,发根与小血管接触,抗生素残留物可以通过血流被动扩散至毛发。另一方面,由于毛发生长,残留物的积累区域发生变化,因此毛发可以作为药物残留物的永久标记。毛发收集对于活体动物是一种非侵入性采样;同时毛发结构具有生物学惰性,抗生素及其代谢物可以在动物使用抗生素后的很长时间内检测到,因此,延长了过量使用抗生素和使用禁用抗生素的追溯性检测的时间窗口。目前,毛发分析被认为是未来检测抗生素残留的有效工具之一。Adrian 等研究表明,磺胺二甲嘧啶(SMZ)以 ng/mg 水平稳定地累积在小牛和猪鬃毛中,且超过可

① Knecht B G, Strasser A, Dietrich R, et al. Automated microarray system for the simultaneous detection of antibiotics in milk. *Analytical and Bioanalytical Chemistry*,2004,76(3):646-654.

食用组织[①]。此外，在小牛皮下给药后的 4 周内，SMZ 残留物在同一动物的食用组织中不能检测到时，均能够在毛发中检测到，表明毛发可以进行 SMZ 残留追溯性检测；同时，毛发分析可以快速、经济有效地筛选 SMZ 给药，并且可以改善 SMZ 对食用动物进行追溯性检测的时间窗口。一些研究表明，在口服给药磺酰胺或静脉注射磺酰胺给马、牛和猪后，磺酰胺能够累积在毛发结构中。在给药后几个月，在毛发中已经检测到了"mg/kg"水平的磺酰胺残留量，并且确定了使用剂量和毛发残留量之间的关系。[②] 研究发现，氟喹诺酮类和磺胺类抗生素在牛和猪毛发中沉积。HPLC 和免疫化学分析技术可以用来分析毛发中不同的抗生素。利用 HPLC 在马、小牛和猪毛发中检测到喹诺酮[③]。Fernández 等建立免疫化学分析方法来检测牛毛样品中的恩氟沙星（ERFX），并通过 ELISA 分析，可以达到在 $10 \sim 30\ \mu g/kg$ 范围内的检测限，HPLC 和 ELISA 测量之间具有较好一致性，表明免疫化学方法可以快速筛选和定量毛发样品中的氟喹诺酮[④]。鸡的生产中使用抗生素问题也很严重，但是羽毛中抗生素残留的研究还是空白，未来应该把羽毛抗生素残留检测作为新的研究方向。

2.4.3.2 粪便和尿液

抗生素在畜牧养殖业的广泛应用导致了畜禽粪便中抗生素的大量残留，抗生素进入土壤和水体，对环境和人体健康构成了巨大的潜在威胁。因此，畜禽粪便中残留抗生素的环境污染及其控制日益受到了人们的重视。尿液和粪便中抗生素残留的检测研究主要采用 HPLC 方法。袁成等采用高效液相色谱 - 间接光度检测法同时测定尿中 5 种氨基苷类抗生素（庆大霉素、丁胺卡那霉素、妥布霉素、西梭霉素和乙基西梭霉素）含量，检出率为 100%，说明此方法检测尿液中这 5 种抗生素是可行的[⑤]。刘素英等建立了以库仑检测器结合高效液相色谱同时对尿液中 10 种常用大环内酯类抗生素（红霉素、地红霉素、泰乐菌素、替米考星、螺旋霉素、交沙

① Adrian J，Gratacós-Cubarsí M，Sánchez-Baeza F，et al. Traceability of sulfonamide antibiotic treatment by immunochemical analysis of farm animal hair samples. *Analytical and Bioanalytical Chemistry*，2009，395(4)：1009-1016.

② Dunnett M，Lees P. Hair analysis as a novel investigative tool for the detection of historical drug use/misuse in the horse：a pilot study. *Chromatographia*，2004，59：S69-S78.

③ Gratacós-Cubarsi M，Castellari M，Garcia-Regueiro J A. Detection of sulphamethazine residues in cattle and pig hair by HPLC-DAD. J Chromatogr B，2006，832：121-126.

④ Fernández F，Pinacho D G，Gratacós-Cubarsí M，et al. Immunochemical determination of fluoroquinolone antibiotics in cattle hair：strategy to ensure food safety. *Food Chem*，2014，157：221-228.

⑤ 袁成，贾暖，王景祥，等.高效液相色谱-间接光度检测法同时测定血清和尿中 5 种氨基苷类抗生素.药物分析杂志，1999，12(2)：108-111.

霉素、吉他霉素、玫瑰霉素、罗红霉素和竹桃霉素)的多残留检测方法。尿液中每种药物的检测限均低于 3 ng;回收率在低浓度水平时为 49.9%~81.2%,而高浓度水平时为 53.2%~92.0%[1]。González 等应用高效液相色谱法联用库仑检测法,同时检测了牛和猪尿液中八种大环内酯类抗生素(红霉素、泰乐菌素、替米考星、螺旋霉素 2、螺旋霉素 3、约沙霉素、吉他霉素和玫瑰霉素)的含量,每种药物的检出限低于 3.5 ng;牛尿的平均大环内酯回收率为 69.7%~96.6%,猪尿为 75.5%~96.1%[2]。Fernández-Torres 等开发了检测人类尿液样本中四个不同家族(磺胺类、四环素类、青霉素类和苯酚类)的 11 种抗生素及其主要代谢物的方法。该方法具有相对短的检测时间(34 min)[3]。Chen 等通过超高效液相色谱-串联质谱建立了同时测定人尿中十六种抗生素的方法。十六种抗生素的检出限范围为 0.05~10.0 ng/mL,定量限范围为 0.25~20.0 ng/mL。这些抗生素的检测准确度为 82.0%~119.3%[4]。沈颖等建立了超高效液相色谱-串联质谱测定猪粪中土霉素、四环素和金霉素残留的方法[5]。土霉素、四环素和金霉素的检测可在 5 min 内完成,它们的检出限分别为 0.1、0.1 和 0.2 mg/kg。Zhao 等建立了液相色谱对畜禽粪便中 7 种喹诺酮类抗生素同时检测分析的方法,但由于未经过 SPE 净化过程,方法定量限偏高(0.03~0.15 mg/kg)[6]。张敏等建立了高效液相色谱-荧光检测方法,检测畜禽粪污中四种氟喹诺酮类抗生素(氧氟沙星、诺氟沙星、环丙沙星、恩诺沙星)残留,畜禽粪污样品中 4 种喹诺酮类抗生素的平均回收率为 77.8%~

① 刘素英,赵东豪.HPLC-ECD 对尿中 10 种大环内酯类抗生素的多残留检测.中国动物检疫,2006,23(12):28-30.

② González de la Huebra M J,Vincent U,Bordin G,et al. Determination of macrolide antibiotics in porcine and bovine urine by high-performance liquid chromatography coupled to coulometric detection. *Analytical and Bioanalytical Chemistry*,2005,382(2):433-439.

③ Fernández-Torres R,Consentino M O,Lopez M A,et al. Simultaneous determination of 11 antibiotics and their main metabolites from four different groups by reversed-phase high-performance liquid chromatography-diodearray-fluorescence(HPLC-DAD-FLD)in human urine samples. *Talanta*,2010,81(3):871-880.

④ Chen C,Yan H,Shen B H,et al. Simultaneous determination of sixteen antibiotics in human urine with ultra performance liquid chromatography-tandem mass spectrometry. *Fa Yi Xue Za Zhi*,2011,27(1):25-29.

⑤ 沈颖,魏源送,郭睿,等.超高效液相色谱串联质谱检测猪粪中残留的四环素类抗生素.环境化学,2009,28(5):747-752.

⑥ Zhao L,Dong Y H,Wang H. Residues of veterinary antibiotics in manures from feedlot livestock in eight provinces of China. *Science of the Total Environment*,2010,408:1069-1075.

98.2%,相对标准偏差为 3.5%～7.2%,检测限为 0.005～0.010 $\mu g/kg$[1]。刘博等利用高效液相色谱－荧光检测法同时分析鸡粪中六种氟喹诺酮类抗生素(诺氟沙星、环丙沙星、洛美沙星、达氟沙星、恩诺沙星和沙拉沙星),检出浓度为 0.04～1.13 mg/kg。该方法具有较高的回收率,较低的定量限,且分析成本较高效液相色谱-串联质谱法方法低[2]。由于畜禽粪便基质复杂,氟喹诺酮类(FQs)在畜禽粪便中的分析受到较大干扰。目前环境基质中抗生素的检测技术里,高效液相色谱-串联质谱法(LC-MS/MS)具有检测范围宽、灵敏度高、抗干扰能力较强等特点,但 LC-MS/MS 成本较高,影响到它的广泛应用。由于 FQs 在灵敏度较高而成本相对较低的荧光检测器下有响应,通过高效液相色谱-荧光分析法检测 FQs 的应用越来越多。吴丹等采用超高效液相色谱-串联质谱法检测鸡粪中 16 种残留抗生素,粪便中四环素类、磺胺类、氟喹诺酮类和大环内酯类抗生素的平均加标回收率为 56.4%～94.6%,相对标准偏差在 2.6%～19.8%,方法检出限和定量限分别为 0.01～2.50 $\mu g/kg$ 和 0.05～7.90 $\mu g/kg$。本方法简便、稳定性好、灵敏度高、重现性好,适用于畜禽粪便中多种抗生素的同时检测[3]。

综上所述,HPLC 技术可实现毛发和粪尿中抗生素残留的快速和大批量检测。HPLC 作为一种具有高选择性、高灵敏度和低检测限等诸多优点的光谱技术,如能将其与纳米技术、化学计量学等其他交叉学科的技术结合起来,发挥各学科技术的优势,可提高毛发和粪尿中抗生素检测的准确性和稳定性,相信在不久的将来,HPLC 在毛发和粪尿中的抗生素残留的快速检测中会得到广泛应用。进一步改进毛发和粪尿中抗生素残留的检测方法,逐步完善标准检测方法,对食品安全和疾病防控等均具有重要意义。

---

① 张敏,刘庆玉,敖永华.高效液相色谱-荧光检测畜禽粪污中四种氟喹诺酮类抗生素残留.湖北农业科学,2012,3(51):602-604.

② 刘博,薛南冬,杨兵,等.高效液相色谱-荧光检测法同时分析鸡粪中六种氟喹诺酮类抗生素.农业环境科学学报,2014,33(5):1050-1056.

③ 吴丹,韩梅琳,邹德勋,等.超高效液相色谱-串联质谱法检测鸡粪中 16 种残留抗生素.分析化学,2017,45(9):1389-1396.

动物福利在中国的追溯及中国福利养鸡现状

杜炳旺　　孟祥兵　　徐廷生　　滕小华　　王知彬　　王光琴*

摘要：本文首先从动物福利的概念、五项基本原则、鸡的福利标准的制定和认证着笔；接着重点论证了关心动物福利在中国的历史源远流长，阐明了动物保护源于中国 4 000 多年前的文献记载，动物福利保护源于中国 2 500 多年前的文献记载，鸡的福利评估源于中国 1 480 多年前的文献记载以及有关系统论述鸡福利养殖的技术著作问世于中国 230 多年前；进而展现了作者通过 16 个月调研考察概括出的当今中国践行的福利养鸡七种主要模式，即原生态山林散养模式、类原生态林地散养模式、地面平养模式（薄垫料、厚垫料、发酵床）、半自动化与类原生态相结合的林地散养模式、高床竹片地面舍内平养模式、轮牧式流动鸡舍养殖模式（蛋鸡散养集成系统）、多层立体网上平养模式，并对这些模式的特点做了概述。

关键词：鸡的福利；古代中国；溯源；原生态；类原生态；养殖模式

Origin of Chinese Animal Welfare and Current Chicken Welfare in China

DU Bingwang，MENG Xiangbing，XU Tingsheng，
TENG Xiaohua，WANG Zhibin，WANG Guangqin*

Abstract：The author begins this paper with the concept of animal welfare，the Five Freedom principles，and describes the establishment of chicken welfare standards and certification. It argues that animal welfare concern originates from ancient China，and that animal protection started about 4 000

　　* 作者：杜炳旺，王知彬，广东海洋大学家禽育种中心；孟祥兵，山东生态健康产业研究所；徐廷生，河南科技大学动科院；滕小华，东北农业大学动科院；王光琴，湛江市晋盛牧业科技有限公司。广东海洋大学家禽育种中心，湛江 524088。

　　Corresponding author：Du Bingwang，Poultry Breeding Centre of Guangdong Ocean University，Zhanjiang，Guangdong Province. E-mail：dudu903@163.com years ago，animal welfare evalution started 2 500 years ago，chicken welfare evalution started 1 480 years ago，and a systematic narration of chicken welfare breeding technologies started about 230 years ago. The paper also showcases seven chicken welfare breeding models that the author summarized after 16 months of research and field studies，namely natural mountain forest free-range breeding，simulated natural forest free-range breeding，ground coop breeding (on thin litter，thick litter，fermentation bed)，semi-automatic and simulated natural forest free-range breeding，in-door elevated bamboo coop breeding model，mobile coop rotational breeding (egg and chicken integrated free-range breeding system)，the multi-level and vertical coop breeding.

Key words：chicken welfare；ancient China；origin；natural environment；simulated natural environment；breeding model

1 鸡的福利养殖概述

1.1 动物福利的概念

动物福利：为动物提供适当的营养、环境条件，科学地善待动物，正确地处置动物，减少动物的痛苦和应激反应，提高动物的生存质量和健康水平[①]。

农场动物：用于食物(肉、蛋、奶)生产，毛、绒、皮加工或者其他目的，在农场环境或类似环境中培育和饲养的动物。

农场动物福利：农场动物在养殖、运输、屠宰过程中得到良好的照顾，避免遭受不必要的惊吓、疼痛、痛苦、疾病或伤害。

动物福利的核心内容：心理康宁，身体康宁，自然行为。

鸡福利的具体解释：鸡是家鸡，即农场动物，是用来生产肉和蛋，从而满足生产者和消费者的需求。因此，鸡的福利，就是要从满足鸡的基本生理和心理需要的角度出发，科学合理地饲养鸡和对待鸡，保障鸡的健康和快乐，减少鸡的痛苦，使鸡和人类和谐共处。换言之，是让人们更要关注和尽量满足鸡的需求，其结果鸡则会为人类提供质量更好的产品，供人类享用。

---

① 贾幼陵.动物福利概论.北京：中国农业出版社，2014.

1.2 动物福利的五项基本原则

为动物提供保持健康所需要的清洁饮水和饲料,使动物免受饥渴;为动物提供适当的庇护和舒适的栖息场所,使动物免受不适;为动物做好疾病预防,并给患病动物及时诊治,使动物免受疼痛和伤病;保证动物拥有避免心理痛苦的条件和处置方式,使动物免受恐惧和精神痛苦;为动物提供足够的空间、适当的设施和同伴,使动物得以自由表达正常的行为[①]。

1.3 鸡的福利标准

为鸡提供福利,首先要有一个可遵循的福利标准或准则。而编制《农场动物福利要求 肉鸡》和《农场动物福利要求 蛋鸡》两项标准则是我们近两年的工作重点之一。好在经大家的共同努力,第一部农场动物-肉鸡和蛋鸡的福利标准已经问世[②]。

这套标准的编制,是基于国际先进的农场动物福利理念(免受饥渴、生活舒适、免受伤害和疾病、免受痛苦和恐惧、可表达天性),结合我国现有的科学技术和社会经济条件,规定了鸡健康福利生产(养殖、运输、屠宰)全过程的要求,同时给出了可提升的健康福利空间,充分考虑了鸡的健康福利生产全过程中相应的法律法规和标准要求,突出鸡健康与动物源性食品安全的关系,明确了可量化的技术指标和参数,有利于养殖场和企业的实施与使用。

1.4 鸡福利养殖的认证

根据所发布的《农场动物福利要求 肉鸡》和《农场动物福利要求 蛋鸡》对养殖企业进行鸡的福利认证[②]。

福利认证的主要内容:包括基地面积、经纬海拔、生态环境、气候水文、温度湿度、植被种类、生产方式、饲养规模、养殖品种、养殖设施、福利评价等。

鸡福利养殖的认证工作将根据一定的渠道和程序通过材料申报、初步筛选、现场考察审验、集中会议评审等几大环节,通过认证的企业由国家相关机构颁发福利养殖认证证书。

[①] 贾幼陵.动物福利概论.北京:中国农业出版社,2014.

[②] 杜炳旺,肖肖,王培知,等.《农场动物福利要求 肉鸡》和《农场动物福利要求 蛋鸡》.中国标准化协会,2017.

2 动物福利在中国的历史源远流长

2.1 动物福利在中国的追溯——世界上最早的动物保护法令在中国发布

最早有关动物保护的思想应该是起源于中国。

早在距今4 000多年的《逸周书—大聚篇》就记载了当时的首领大禹发布的禁令:"夏三月,川泽不入网,以成鱼鳖之长"。意思是说,在夏季的三个月,正是鱼鳖繁殖成长的季节,不准下网到河中去抓捕鱼和鳖。这应该是人类历史上最早保护动物的法令,应该说也是现代意义上的"禁渔"、"禁牧"最早的文字记载[①]。

2 500多年前孔子提出的"闻其声不食其肉"、孟子阐述的"仁民爱物"及"鸡、豚、狗、彘之畜,无失其时,苟得其养",道家的"道法自然"等理念都是对自然和生态尊重下的动物福利理念的展现[②]。可见中国传统文化内容也多有当今福利养殖理念的内容蕴含其中。

2.2 鸡福利养殖在中国的溯源——北魏时期鸡的福利养殖

在公元六世纪的北魏时期,中国著名农学家贾思勰所著《齐民要术》卷六第五十九《养鸡篇》,就提出养鸡的具体技术措施,实际上,这些论述正是当今欧美国家倡导的鸡的福利要求。殊不知,中国古代已在这么做着[③]。现列举如下。

2.2.1 就栖架而言

原著曰:"鸡栖,宜筑地为笼,笼内著栈。虽鸣声不朗,而安稳易肥,又免狐狸之患。若任之树林,一遇风寒,大者损瘦,小者或死。"意指鸡的宜居地是在笼内安装上栖架,既可防狐、鹰之患,又免遭风寒侵袭。

2.2.2 就养虫喂鸡、夏天搭建凉棚及小屋令鸡凉爽而安心孵育小鸡而言

原著曰:"二月先耕一亩作田,秋粥洒之,刈生茅覆上,自生白虫。便买黄雌鸡十只,雄一只。于地上作屋,方广丈五,于屋下悬簇,令鸡宿上。并作鸡笼,悬中。夏月盛昼,鸡当还屋下息。并于园中筑作小屋,覆鸡得养子,乌不得就。"这段话直

① 宋伟,罗永明.中国古代动物福利思想刍议.大自然,2004(4):29-30.
② 孙江.古人的环境及动物保护意识.2015.01.22.
③ 汪子春.鸡谱校释.北京:农业出版社,1989.

译就是："在农历二月时分,先翻耕一亩熟田,上面泼洒秫米稀饭,割取鲜茅草覆盖地面,里面自然会生出白虫。于是,买十只黄母鸡,一只公鸡。在地上盖十五尺见方的小屋一间,屋顶下悬搭棚架,让鸡栖息在上面。也可制作鸡笼,悬挂在屋中间。夏天天气炎热,即便是在白天,鸡也会回到屋下来息凉。此外,还应在园中建些小屋(这不是现在的小别墅吗?),可以让母鸡在里面孵蛋养小鸡,又免于乌鸦侵扰。

2.2.3 就地面铺设垫料及因季节变化而言

原著曰:"唯冬天著草——不茹则子冻。春夏秋三时则不须,直置土上,任其产、伏;留草则昆虫生。"意思是说"冬天要在窝内放些垫草,否则鸡蛋会受冻;春夏秋三季不用放垫草,直接卧在地上,任凭母鸡在里面产蛋、抱窝,窝内有草容易生蛆虫。"

2.2.4 就离地网上平养而言

原著曰:"荆藩为栖,去地一尺。数扫去尿。"意思是说:"用荆条编成鸡栖,鸡栖距离地面一尺高,使鸡和粪隔离开来,保持鸡的卫生健康(这是当今典型的网上平养方式!),并经常扫除鸡粪。"

从上述北魏时期我国古人的论述可见:安装栖架养鸡、自然生虫喂鸡、夏天搭建凉棚、冬天铺设垫料、四季分时而养、防止兽害侵袭以及编制荆条鸡栖并离地面一尺高而使鸡和粪隔离开来网上平养技术等。这些论述虽看似简单但有其技术含量,虽感到朴素但符合科学思想,因为这些论述无不蕴含着朴素的科学认知和古人的高超智慧,无不与当今世界农场动物福利的追求和目标不谋而合。之前我们也没想到,这些都记载于1486年前古代中国的养鸡专论中。

2.3 动物福利在中国的溯源——清朝时期鸡的福利养殖溯源

在距今已有230年前的公元18世纪,即1787年,清朝乾隆年间所著《鸡谱》一书,就较全面地记载了福利养鸡的许多方面[①]。

2.3.1 就雏鸡的饮水而言

原著曰:"夫万物莫不润乎水。五谷非水不生,百类非水不成。凡生者,无不以水为要。夫雏鸡初生二三日,则饮生水,不然则成疾矣(若不二三日与水,令大鸡代饮之,恐生坠水之疾)"。直译即:水润万物。五谷无水不能生长,生物无水不能生活。凡是有生命的个体,无不以水为重要。雏鸡初生后两三天,须饮用没有煮沸的水,不然容易患病。生后两三天内若不饮水,让大鸡代饮,则容易造成脱水。可见

---

① 汪子春.鸡谱校释.北京:农业出版社,1989.

我们的古人非常明确地强调,从雏鸡开始就要确保饮水,否则会造成雏鸡脱水的严重后果。

2.3.2　就鸡的饮食而言

原著曰:"夫养鸡之道,全赖乎食水得宜。即如人之饮馔,花木之培植。若不得其宜,则有夭折之患矣。畜养之道,必分其苍、雏、早、晚四者。若不分别,一概溷杂,未免太过不及,失其生之道矣。水自早至晚不可断却,令其任意饮之,一日二次更换新水。若有病鸡,食盆、水盆务须小心洁净为要。不可与好鸡共之,恐沾恶气而生病也"。直译即:"凡养鸡之道,全靠提供适宜的饮水和饲料。正如人的饮食、花木的栽培,若不适宜,则有夭折的危险。饲养之道,应分大鸡、雏鸡、早雏、晚雏四类。若不分别,一律对待,未免大为不妥,必会失去其生存之道。"这段话不仅强调了饮水绝不能断,饲料绝不能不喂,而且强调了要做好大小鸡分群饲养、不同日龄的鸡分类管理,不然必会影响其正常生长发育。这是现代福利养鸡中提到的要保证鸡的饮水和饲料以免受饥渴的痛苦。

2.3.3　就去除体外寄生虫而言

原著曰:"凡鸡雏,六七日,必用百部五钱煎水,洗头、项,洗尾下当内,洗翅下。后洗大鸡,必晚时洗,则言鸡卧定。虱非洗则不净;雏非洗则不能精也"。直译即:"雏鸡生后六、七天,须用百部(中草药)五钱煎水,洗头,脖子,洗尾下与两腿之间以及翅膀下面。后洗大鸡,要在夜间鸡休息时再洗。虱子不洗则不干净,雏鸡不洗则不精神。"可见,当年我们的先人不仅重视从雏鸡开始就要去除体外寄生虫虱子,而且是用的中草药百部,既无毒副作用,又不会有药物残留,对当今的鸡肉鸡蛋质量安全很有现实意义。

2.3.4　就沙浴(浴土)而言

原著曰:"夫土者为万物之母,所生者最多,所载者最广,其功大矣。即生畜之类,亦无不赖其长养者也。鸡之浴土,犹人之沐浴。鸡性最喜土,必要不时浴土,则神清气爽,百病不生。若不使之浴土,则羽毛焦枯,虱生遍体。大鸡若不浴土,而不长渐至危亡矣。用水将土半潮,不可太湿,罩于无风之处,任其飞展、沐浴。若雏鸡一日三次为度"。直译即:"土为万物之母,所生者最多,所载者最广,其功劳大得很。即使牲畜之类,也无不依赖其生长。鸡的浴土,如同人的沐浴。鸡的习性最喜欢土,必须经常浴土,则神清气爽,百病不生。若不让其浴土,则羽毛焦枯,虱生遍体。大鸡若不浴土,则不久便逐渐危亡。用水将土调成半湿,不可太湿,置于无风处,任其舒展翻动、沐浴。若是雏鸡一天三次为宜。"这段是说浴土的重要性及其具体措施。这更是当今福利养鸡所倡导的。

2.3.5 就鸡的户外运动而言

原著曰："将鸡终日囚禁栅中,不能出栅跳跃,爽其精神,通其血脉,壮其筋骨。如是者,欲其病之不生,命之不毙也,鲜矣"。直译即:"将鸡终日囚禁于栏中,不能出栏跳跃,爽其精神,通其血脉,壮其筋骨。如此这般,显而易见,怎能不生病呢?怎能不致命呢?"寥寥数语,强调了给鸡提供户外运动而不能总关在笼子或栏舍中的重要性。

2.3.6 就养鸡的环境而言

原著曰:"夫鸡之栅栏,犹人之屋也。居不遂意,则人心不乐。禽畜亦然也。《书》云:德者,人之所得,使万物各得其所欲。言物性与人性相宜也。凡养之处,必择僻静之地,宜乎向南阳头。小屋前面有栅栏,方圆五尺,内垫黄沙,不可太湿,亦不可太燥。又不可近鸡、犬、鹅、鸭喧哗之处,恐有损伤之患也。若不预防,更恐跳掷惊骇,必致损伤矣"。直译即:"养鸡的栅栏,如同人的房屋,居住的不如意,则人心不愉快,畜禽也一样。《素书》上说:所谓德,即人之所得,让世间万物各得其所,得到他所希望得到的。就是说万物的本性与人性是相符合的。凡饲养之处,一定要选择僻静、朝南、阳光能照到的地方。鸡舍前面有栅栏,方圆五尺,内垫黄沙,不可太湿,也不可太干燥。不要接近鸡、犬、鹅、鸭吵闹之地,以免造成损伤。若不加以预防,怕因跳跃惊恐,导致鸡受伤害。"可见鸡所处的环境,既要有栅栏,又要僻静向阳,还要地面铺有不湿不燥的黄沙,同样要与其他畜禽隔开一定距离,以防惊扰或染病,使鸡住得其所,身心愉悦。这正是鸡所处环境上典型的福利待遇。

2.3.7 就春夏秋冬四季饲养管理而言

原著曰:"春日,必养于半阴半阳之处,与以潮润之沙土,令其浴之,是其法也"。"夏令火旺,旭日升空,万物孰不避其销烁?惟鸡之畏暑更有甚焉。养者必择幽避之处,每日换水三次,置于阴处,不可使日色晒热"。"当秋令气爽风清,乃养鸡之第一要时也,其养法同夏,但蚊虫正盛之时,雏鸡最怕,大鸡无妨。将雏晚收于风凉之地,置之有风之处低卧,不可甚高,如甚高卧,必被蚊虫重咬"。"冬令收藏,万物凝结,天气严寒,乃阳伏阴盛之时候。天地好生无穷,养育类群。冬养之法,必置于无风向阳之处,早收晚出。栅中之沙土,不可太潮太燥"。孟子曰:"苟得其养,无物不长;苟失其养,无物不消。"禽畜亦然也。这段话的直译即:"春天要养在半阴半阳的地方,并配有潮润的沙土,让鸡沙浴,早晚放出两次,任鸡自由飞跳,方为正理。夏季烈日炎炎,各种生物无不想避其酷热。而鸡更是怕其酷暑。养鸡人必须选择幽静阴凉之处,夏天喂以清凉饲料,方为妙法。秋天,正值秋高气爽,是养鸡的最佳时机,但蚊虫较多,雏鸡最怕蚊虫,大鸡无妨。晚间将中小鸡收放于风凉处,让其在有风之处伏卧,不可太高,若处于高处,必受蚊虫严重叮咬。冬季收藏,万物不长,天气严寒,是阳伏阴盛之时。冬季的饲养方法,必须将鸡置于无风向阳之处,晚上早赶回鸡舍,早晨晚放出鸡舍。舍内之沙土,不可太潮也不可太燥。这是根据一年四季的气候特点为鸡提供的饲养管理上的基本要求和注意事项。因此,用孟子的话说,即如果得到一定的培养,没有什么事物不生长的;如果失去培养,没有什么事物不消亡的。

从上述清朝时期我国古人在鸡的福利养殖上,较之北魏时期,确实更系统而全面,从阐明鸡的饮水供给到饲料投放,从鸡的沙浴(土浴)属性的满足到体外寄生虫及各种疾病的中草药防治,从为鸡提供户外运动的重要性到不运动关在笼舍中的危害,从鸡必处于僻静朝南向阳的理想环境到栅栏和凉棚的设置制作,从春夏秋冬四季的饲养管理要点到四季失养所造成的危害及其防范措施……,无不体现出人对鸡的人文关怀和善待,无不体现出福利养鸡元素蕴含在鸡生长发育、长肉产蛋的全过程,无不让人惊奇地发现在古代中国的230多年前就有如此系统全面的福利养鸡技术的经验总结和科学智慧。

因此,根据中国古代4 000多年前《逸周书-大聚篇》记载的大禹时期下达的动物保护法令——禁渔、禁牧法令;根据2 500多年前孔子提出的"闻其声不食其肉"、孟子有关动物福利的论述"仁民爱物"及"鸡、豚、狗、彘之畜,无失其时,苟得其养";根据1 480多年前北魏时期著名农学家贾思勰所著《齐民要术-养鸡篇》对鸡福利养殖的几点重要论述;根据230多年前清朝作者所著《鸡谱》[1]更加系统而多方面对鸡的福利养殖的技术总结和科学阐述,毫无疑问,中国的动物保护和动物福利养殖的历史源远流长,可以上溯到4 000多年前。

而18世纪中后期,英国的动物保护、动物福利理念才开始萌芽[2]。所以我们可以毫不夸张、理直气壮地说:从全世界范围看,动物保护法令的颁布与实施,最早源于中国的4 000多年前夏禹时期的文献记载;鸡的福利养殖的朴素的科学技术和实践,最早源于中国的1 480多年前北魏时期的文献记载;鸡的福利养殖技术的系统论述、更科学的技术措施及实践应用,最早源于中国的230多年前清乾隆时期的文献记载。可见就动物福利而言,中国的福利养鸡历史和文化源远流长,为世界之最,很值得我们引以自豪!很值得我们来追溯、来研究!很值得我们来传承、来弘扬[3]!

---

① 汪子春.鸡谱校释.北京:农业出版社,1989.

② 贾幼陵.动物福利概论.北京:中国农业出版社,2014.

③ 孟祥兵,徐廷生,杜炳旺,等.鸡艺-中国古代养鸡智慧附书法艺术.北京:中国农业出版社,2017.

3 中国的鸡福利养殖模式

3.1 对国内福利养鸡状况的调研

为了初步摸清我国福利养鸡的现状和实施的养殖模式,为了给我国农场动物——肉鸡和蛋鸡的福利标准的起草和制定工作提供依据,做到既与国际接轨,又结合中国国情,更符合中国蛋鸡和肉鸡的养殖特色,我们组成了专家调研小分队,从 2016 年 4 月至 2017 年 8 月,开展了先后 16 个月的实地调研和考察走访工作,涉及 15 个省(自治区、直辖市),行程 15 万 km 以上,包括北京、河南、广东、山东、江苏、浙江、湖北、云南、贵州、宁夏、陕西、山西、黑龙江、内蒙古、江西等省(自治区、直辖市)的 50 多个企事业单位,涉及的鸡种包括蛋鸡、肉鸡及珍禽的多种养殖模式。

3.2 当今中国的鸡福利养殖模式

通过调研,归纳起来,体现在中国各地的鸡福利养殖大致有七种类型或七种福利养殖模式。这些模式包括原生态山林散养模式、类原生态林地散养模式、地面平养模式(薄垫料、厚垫料、发酵床、半自动化与类原生态相结合的林地散养模式、高床竹片地面舍内平养模式、轮牧式流动鸡舍养殖模式(蛋鸡散养集成系统)、多层立体网上平养模式。

3.2.1 原生态山林散养模式

在已有的没有经过人为干预的自然生长的原生态树林环境条件下开展的肉鸡或蛋鸡的福利养殖,称之为原生态散养模式。具体模式如下。

3.2.1.1 原生态山林小别墅散养模式

该模式的显著特点是,在未被开发的荒原丘陵山林地带为鸡建起一个个可容纳 30 多只蛋鸡的小别墅,供鸡自由出入于别墅与林地之间,每个别墅内都设有供水、供料、产蛋、栖架、沙浴及离地的网上(板条)地面系统。如河南柳江在河南、贵州、北京等地的生态牧业有限公司正是该模式的成功探索和实践。

3.2.1.2 原生态松林散养模式

该模式的显著特点是,在未被开发的松树林大群散养着地方优良品种肉鸡,可容纳 2 000 只左右鸡并配有料桶、饮水器及板条地面的简易鸡棚,散布在树林的空档处,所养的肉鸡可以自由自在地出没于阴凉茂盛的松树林与鸡棚之间。如云南武定荣云泰农业有限公司的武定鸡原生态福利养殖模式。

3.2.1.3 原生态柏林散养模式

该模式的显著特点是,与上述的模式类似,在未被开发的柏树林大群散养着珍禽贵妃鸡,可容纳 1 500 只产蛋母鸡或 3 000 只公鸡,并配有料桶、饮水器、栖架、沙浴池及产蛋窝的土质地面简易鸡棚,散布在树林的空档处,所养的产蛋母鸡或公鸡可以自由自在地出没于阴凉茂盛的柏树林与鸡棚之间。如贵州铜仁柏里香专业合作社的珍禽贵妃鸡生态福利养殖模式。

3.2.1.4　原生态林地散养模式——五五三模式

该模式的主要特点在于原生态下的五五三,即在荒山林地灌木丛中,一群鸡数量不大于 500 只,一亩(约 667 m²)地饲养数量不大于 50 只,鸡群更新日龄 300 日龄左右。可容纳 100 只鸡的小型鸡舍内设有产蛋巢、"A"字形多阶梯木条栖架、饮水器及料桶。该模式主要是根据鸡的生物学特性,从提高生态养鸡产品品质和维护生态平衡出发而设定的。要提高生态养鸡的禽产品品质,必须使鸡群有足够的放牧空间,让鸡群充分采食牧草、昆虫,并通过减少饲养密度,提供新鲜空气,减少各种应激,让鸡群愉快地生活,从而生产出高品质产品。放牧养鸡的鸡群活动半径多在 150 m 内。湖北蕲春时珍畜禽专业合作社已成功开展此模式 10 多年。

3.2.2　类原生态林地散养模式

3.2.2.1　类原生态——大群网上林地散养模式

该模式的显著特点是,结合广东省四季常青的生态气候条件,在人工栽培的荔枝或龙眼园,散养着每舍 2 500 只左右的优质鸡(用于产蛋或肉用),鸡舍底部的构造是离地 1.4 m 高的竹竿和金属网结合的网上平养,内设饮水器、料盘、产蛋箱等,不论昼夜鸡都可以在鸡舍和果林之间自由出入活动,或栖于树上,或回到舍内,果园内每只鸡的占地面积 3~4 m²。湛江山雨生态科技有限公司是该模式的典型代表。

3.2.2.2　类原生态——林地小群散养模式

该模式的显著特点是,结合广东省四季常青的生态气候条件,在人工栽培的荔枝或龙眼园,以每 100 只为一单元散养在自由活动的舍内、树上或树荫下,小鸡舍内外配有饮水器、料桶、栖架及沙浴池。此模式是广东、广西普遍存在的优质肉鸡生态养殖模式,已延续了数十年。如广州江丰实业公司在该模式的 10 年应用中已建成若干个标准化生态养殖示范推广基地。又如广东湛江市晋盛牧业科技有限公司的贵妃鸡生态养殖园。

3.2.2.3　类原生态——林地大群散养模式

该模式的显著特点是,利用云南海拔较高、空气清新、没有污染的山地条件下种植茶园作为仿生态环境散养的方式饲养地方品种优质肉鸡,在茶园旁建有可容纳 5 000 只鸡的鸡舍内外配置有饮水器、料桶、沙浴池,所有鸡可以在茶园的林荫下和鸡舍间自由活动、嬉戏及沙浴,防治疾病用山上野生的中草药熬药汤喂给。

这确是古代传统养鸡防病的传承,所养的优质鸡不仅符合福利要求,而且产品质量安全,不含抗生素。如云南绿盛美地公司普洱茶园养殖基地。

另外,我们考察的浙江新昌宫廷黄鸡繁育有限公司、山东华盛江泉农牧产业发展有限公司、江苏宁创农业科技开发有限公司、广东湛江绿韵农业发展有限公司(以产凤梨鸡闻名)与上述的三种类原生态方式雷同,这里就不再细述。

3.2.3 地面平养模式(薄垫料、厚垫料、发酵床或网上)

把鸡直接放养在地面的方式统称为地面平养模式,可分为薄垫料地面、厚垫料地面、发酵床及网上地面。

3.2.3.1 薄垫料地面

铺设 5 cm 左右厚垫料的地面平养方式,以饲养优质肉鸡为主,舍内设有吊塔式或乳头式自动饮水装置、自动喂料桶、栖架等。此法在中国的长江流域特别是华南、华中地区应用很普遍。

3.2.3.2 厚垫料地面

在铺有 20 cm 左右厚的垫料上饲养肉鸡或蛋鸡的方式称之厚垫料地面,主要用于肉鸡的饲养,舍内设有吊塔式或乳头式自动饮水装置、自动喂料桶、栖架(优质肉鸡设有栖架,快大白羽肉鸡不设栖架)等,舍外有等同于或 3 倍于鸡舍面积的运动场,供鸡自由出入。如浙江新昌宫廷黄鸡繁育有限公司、江苏立华牧业股份有限公司、湖北正大有限公司商品肉鸡养殖场、北大荒宝泉岭农牧发展有限公司、福喜(威海)农牧发展有限公司等。

3.2.3.3 发酵床模式

在厚垫料基础上用微生物发酵原理将有益微生物按一定浓度和比例添加于 20~30 cm 厚的垫料中,使其发酵产生的细菌作用于鸡所排出的鸡粪而成为分解臭味、减少舍内氨味并能给鸡提供有益微生物的方法,待鸡上市或淘汰时一次性清理鸡舍。舍内配置有乳头式自动饮水器、自动喂料桶(或槽)、栖架、产蛋箱(肉鸡则不需)等,舍外有沙浴池和宽阔的林地运动场。此法用于蛋鸡或肉鸡的饲养,如北京绿多乐农业有限公司、河南爱牧农业有限公司等。

3.2.3.4 网上地面

把鸡养在离开地面 60 cm 高的板条(或竹竿)与塑料网结合的网上,使鸡不与粪便直接接触,舍内配有料桶、吊塔式或乳头式自动饮水器,通常鸡的活动均在舍内,国内 20%~30%的快大白羽肉鸡多以此方式饲养。同样也有部分蛋鸡场或优质肉鸡养殖场,除了舍内网上地面平养的基本设施外,还增设有产蛋箱、沙浴池、栖架及户外运动场。如湖北神丹健康食品有限公司福利蛋鸡场、黑龙江汪清县前望林下养殖有限公司。

3.2.4 半自动化与类原生态相结合的林地散养模式

此种模式的最大特点是,除了类原生态外,现代化元素包含其中,即在类原生态的人工种植的大片林地,鸡自由自在地运动、嬉戏、息凉、觅食(虫、草、树叶)、沙浴,在这种环境条件下,配套的可容纳 3 000 只左右的产蛋母鸡舍内,安装有离地60 cm 高的塑料网格地面、自动喂食槽、乳头饮水器、传送带自动产蛋装置、空气质量监控器、栖架等半自动化系统。可谓半自动化与类原生态相结合的林地散养模式,是目前比较理想的一种福利养鸡模式,不论蛋鸡或肉鸡均可采用。这种模式的代表如北京绿多乐农业有限公司。

3.2.5 高床竹片地面舍内平养模式

在基本全封闭的现代化大型鸡舍内,装配有离地 180 cm 高的竹板条地面(之下便于自动清粪和人工操作)、自动喂料槽、乳头饮水器、产蛋箱、沙浴池、栖架等用塑料网隔开的每 1 000 只鸡(1:9 的公母比例)为一个单元的蛋种鸡福利养殖模式。这是一种既有现代元素(饮水、饲喂、清粪、环境温度空气控制自动化)又含传统方式(如自然交配、栖架、产蛋箱)的种鸡福利特色养殖模式。如宁夏晓鸣农牧股份有限公司正是这样运行十多年的典型模式。

3.2.6 轮牧式流动鸡舍养殖模式(蛋鸡散养集成系统)

该系统属于可移动装置,供蛋鸡轮牧时专用的散养集成系统,其特点在于:移动方便,轮换养殖,保证生态环境不被破坏,保证养鸡地块可持续发展。

主要包括五个系统:①照明系统——光伏太阳能配电装置,补充蛋鸡所需光源及照明,配电装置也供赶鸡装置使用。②饮水系统——乳头管线供水系统,配恒压器,需另接自来水,保证蛋鸡的饮水安全卫生。③独立料箱——保证散养蛋鸡所需营养,特殊的采食结构,可防潮(防止饲料变质)、防鼠,并可减少蛋鸡在采食时产生的饲料浪费。④产蛋房——集蛋系统为柔性蛋品输送装置,手摇筒集中收蛋,减轻饲养员的劳动强度。提高收蛋效率,降低蛋的破坏率,鸡蛋干净卫生,卖相好。⑤赶鸡装置——自动定时将鸡赶出产蛋箱,防止蛋鸡在产蛋箱内赖窝。

蛋鸡散养集成系统采用了模块化设计,可移动设计,多功能融为一体。可在不同复杂环境下使用。例如在果园、草原、灌丛、山地、花木场、农家乐等地进行可移动轮牧养殖。由于可移动有效保护了养殖地块的植被不被破坏。可充分利用临时不用的土地进行养殖,减少养殖成本。代表性产品如深圳市振野蛋鸡智能设备有限公司研制生产的蛋鸡散养集成系统。目前,珠海市顺明有限公司等多家蛋鸡企业已在成功使用该系统。

3.2.7 多层立体网上平养模式

此模式的特点是,采用四层或四层以上立体网上平养(隔开的每一小群不超过80只)在密闭式鸡舍内的快大白羽肉鸡,按现代化的方式自动喂料、自动饮水、自动通风、自动控制环境温度和空气质量、传送带自动清粪等,为鸡提供所需的饲料、饮水、光照、通风等条件的养殖模式。这是目前规模化、集约化快大白羽肉鸡采用的主要模式,也是中国肉鸡产业中的现代化福利养殖模式。其代表企业有山东民和牧业股份有限公司、福建圣农、山西大象集团等国内知名企业。

其实,践行于中国当前的福利养鸡不仅仅限于上述的七种福利养殖模式,但这些模式范围涵盖了中国的东、西、南、北、中五大方位,可以代表具中国特色的甚至在某些方面优于国际先进水平的福利养鸡模式。

中国大健康生态福利养鸡体系概述

孟祥兵　杜炳旺　滕小华　徐廷生　刘华贵*

摘要：在较为广泛的调研基础上，从目前中国鸡产业的养殖模式中存在的两个极端(现代集约化养殖和粗放式散养)、中国鸡文化以及传统饮食结构丧失的危机入手：①梳理出当今我国养鸡业新的发展机遇，主要体现在大众健康消费理念的兴起，倒逼养殖主体生产生态健康的产品，国家战略的生态文明建设将给养鸡业带来更多的机会，且中国特色的鸡文化与中国传统饮食结构及鸡的现代生态福利养殖产业模式的有机结合形成的大健康产业体系将会是一个新的发展制高点；②阐述对动物福利的理解和动物福利在中国的溯源；③提出大健康生态福利养殖模式及其标准生产体系建立的必要性和紧迫性。以期为开发与组建第一个符合中国国情的肉鸡和蛋鸡的大健康生态福利养殖产业体系，为实现中国养鸡产业结构的转型，以及大健康生态福利养殖产业联盟的强化和高效运行奠定前期基础。

关键词：大健康；生态、福利养鸡业；产业体系

Chicken-raising System and Mega Health Ecological Welfare for Chickens in China

MENG Xiangbing，DU Bingwang，TENG Xiaohua，XU Tingsheng，LIU Huagui*

Abstract：This paper is based on the extensive investigation，starting from two extreme modes(modern intensive farming and low level free-range)of the poultry industry in present China，Chinese chicken culture，and the crisis of losing the traditional diet structure in China：(1)a new development opportunity

---

* 作者：孟祥兵，山东省生态健康产业研究所，济宁 272000；杜炳旺，广东海洋大学农学院，湛江 524088；滕小华，东北农业大学动物科学技术学院，哈尔滨 150030；徐廷生，河南科技大学动物科技学院，郑州 471023；刘华贵，北京市农林科学院畜牧兽医研究所北京油鸡研究开发中心，北京 100097。第一作者邮箱：mxb323411@126.com。

　Corresponding author：Professor Meng Xiangbing，Eco-health Industry Research Institute，Jining，Shandong Province，China.

of the poultry industry in China has been found. This is mainly due to the following reasons: the mega health consumption concept is being increasingly accepted and this forces breeders to produce products that are ecologically healthy, the construction of ecological civilization of the national strategy will bring more opportunities for the poultry industry, a mega health industry system formed by the organic combination of the chicken culture with Chinese characteristics, the Chinese traditional diet structure, and modern ecological welfare farming model of chickens will be a new development commanding post; (2) the meaning of animal welfare and the origin of animal welfare in China are explained; (3) the following ideas are put forward: the necessity and urgency of establishing a mega healthy ecological welfare breeding model, and the establishment of its standard production system in order to lay the foundation for the following objectives: developing and setting up the first mega health ecological welfare standard system for broilers and laying hens in line with the actual conditions in China; realizing the adjustment and transformation of the industrial structure of the poultry industry in China; and strengthening and the efficient operation of the mega health ecological welfare farming industry alliance.

Key words: mega health; ecological and welfare based poultry industry; standard system

0 引言

近些年来人们的膳食结构和消费观念发生了很大的变化,身体和饮食的健康越来越受到人们的重视,膳食营养结构与健康的关系也被更多的人所关注。2012年全国居民慢性病死亡率为533/10万,占总死亡人数的86.6%,增长速度惊人。[①] 而这类疾病的发生与日常饮食营养和膳食结构有明确的关系,因此我们从医学需求角度逐步找寻到农业的畜牧生产系统,并在此方面做了相关的研究和探索。我们认为畜牧业生产应该主动适应人们的现代健康观念和需求,提供具有健康、安全、膳食营养合理的优质畜禽产品,这也是畜牧业可持续发展的关键所在。在此我

---

① 顾景范.《中国居民营养与慢性病状况报告(2015年)》解读.营养学报,2016,38(6):528.

们着重就中国当前优质鸡生产的相关环节和概念予以论述,以期在当前农业产业结构转型时期发挥良好的作用。

1 当前我国养鸡产业面临的挑战和机遇

我国人民自古以来就有吃鸡肉、鸡蛋、喝鸡汤补充营养、调理身体的理念和传统,因此,与鸡相关产品的消费市场很大。近年来,由于人们对于健康意识的逐步重视,生活理念变化也引起了市场需求的较大变化。新常态下,养鸡业面临着新的挑战和机遇。如何有效应对挑战、把握机遇、提升养鸡产业的经济效益和社会效益,使养鸡产业保持健康可持续的发展,将是下一步发展和研究的主要方向。我们根据近两年来在全国调研的情况,针对几个比较现实的现象和问题在此进行交流,并对适应中国当下的优质养殖模式的形成和组建进行探讨。对当前国际、经济、环境等因素对养鸡行业的影响不再作单独论述。

2 现状与危机

2.1 目前国内养鸡模式存在两个极端

经过 30 年来的发展,国内养鸡产业以现代集约化养殖模式和粗放式散养模式为主,并且存在分化的两个极端现象,缺少以健康需求为基础的生产模式及其标准体系。集中表现在:①缺少优质鸡生产的散养模式及其标准和规范,产能、规模和市场配置不够合理,形成了对生产效能及生态环境的不良的影响。②国内大型规模化肉鸡和蛋鸡养殖场多是快大肉鸡和高产蛋鸡,采用集约化、高密度养殖模式,这在养鸡产业的早期阶段曾经创造出了良好的生产价值和经济效益,但是随着市场消费对快大肉鸡和普通鸡蛋产品主动消费需求的减少,而对优质肉鸡和优质特色蛋产品的需求持续增加,集约化养殖模式下的肉鸡和蛋鸡受到了市场的挑战。

我们在国内调研时与生产养殖者的交流中获知更多的是对一种适应当今健康消费需求以生产优质肉鸡和鸡蛋为基础的产业体系和生产标准的期望,所以目前能够尽早地形成一种让二者折中的优质肉鸡和蛋产品的养殖模式,在引导行业发展能够更好地适应当今市场需求的同时,还能够在农业家畜养殖行业更好地践行我国生态文明建设与健康中国建设的战略规划。

2.2 中国鸡文化和传统饮食结构的丧失

近代工业文明的发展,使物质生活取得快速增长的同时,也出现了更多的文化断层,特别是在农业传统文化的保护和发掘方面出现了严重的缺失。鸡作为中华文明和人类发展的伴行者,与人的生活息息相关,然而当今在我国养鸡产业中对鸡文化和养鸡历史的相关研究与总结依然稀少,这应该是我国养鸡产业在文化建设中的一大损失,应该引起养鸡企业和相关国家机构的重视。鸡在我国人民的传统饮食中占据重要的地位,自古有"无鸡不成宴"之说。在长期精细化农耕文明的历史发展中,形成了我国人民特有的饮食结构体系和独特的食疗文化。中国传统饮食结构与西方的饮食结构相比较有其鲜明的特点[1]。其中主副食之分、低温烹饪、蔬菜五谷为主、植物性蛋白质较多是其主要特点,鸡肉和鸡蛋是我国人民长久以来重要的动物性蛋白质来源。形成了丰富的以鸡为元素的菜肴和菜品体系。然而,随着近四十年来生活水平的迅速提升,一些高热量膳食结构的引进,使得传统饮食结构逐步丧失,这一转变,是直接形成我国当前慢性代谢性疾病高发的一个重要原因。

3 发展机遇

3.1 健康消费理念的兴起,倒逼养殖主体生产生态健康产品

随着人们生活水平和健康意识的不断提高,对鸡和鸡蛋的品质要求也越来越高。追求绿色、安全、生态、健康已经成为一种消费的趋势和时尚。这就更进一步要求养殖主体尊重市场要求,转变经营理念,发展绿色、生态、健康鸡和鸡蛋的生产,现在很多地方生产的"绿色"鸡蛋、山鸡蛋,虽然价格比较高,但是依然受到消费群体的主动热捧,对当前的养殖企业和养殖户会很有启发。

3.2 上升为国家战略的生态文明建设将给养鸡业带来更多的机会

党的十八大明确提出,要建设生态文明社会,并提出生态文明是人类为保护和建设美好生态环境而取得的物质成果、精神成果和制度成果的总和,是贯穿于经济建设、政治建设、文化建设、社会建设全过程和各方面的系统工程,反映了一个社会的文明进步状态,是以人与自然,人与人、人与社会和谐共生、良性循环、全面发展、持续繁荣为基本宗旨的社会形态。在这样一个大的战略背景下,我国养鸡产业的生态化发展必将是一个全新的格局,这对生态环境相对具有优势和发展理念转变比较迅速的机构或企业将会是一个更大机遇。

---

① 赵霖.我国传统饮食结构的特点.当代生态农业,2000,Z2:74-75.

3.3 养鸡业将会朝专业化、体系化方向发展

目前,我国养鸡业发展水平整体不高,在基层仍然是粗放式小规模和散养经营,但是随着市场的发展,在国内一些知名企业带动下,养鸡业渐渐朝着专业化、体系化发展,开创了从农户到公司的一条龙式经营模式,在农村涌现了大量养鸡专业合作社。专业化、体系化发展的好处是生产饲养、疾病防治更加规范和标准,从源头构成的溯源体系,有利于提高产品质量,保证产品销售,有效抵御市场风险,可以更好地保证养殖主体的利益和行业的可持续发展。

3.4 产学研的强强联合是必经之路

通过我们在全国的走访和调研,我们发现目前国内生产型企业和科研、教学机构的对接有明显的脱节,研发人员与生产企业的信息不平衡导致衔接不良。下一步优质鸡市场的持续升温,对生产的生态与健康要求会越来越明显。随着国家产业结构的调整和信息技术的迅速发展,这种信息不对称和不平衡状态将会很快得到缓解,使得我国生态养鸡产业形成产、学、研的强势结合,会大大提升我国优质鸡生产和研究水平。

3.5 我国鸡产品的深加工行业扩展空间很大

目前,我国在鸡的养殖、加工行业的发展仍处在产业链的底端,只是满足于一些简单的初加工,附加值相对非常低。有资料显示,每加工一步,产品价格就会提高 20%～40%,我国出口的白条鸡,只是在国外经过简单的加工后,产品价格是原来的 2 倍。未经加工或简单初加工的鸡产品价格比较低,导入大健康概念的一项重要意义就是在原有健康养殖的基础上形成与鸡相关的具有健康、保健功能产品的研发和生产。

3.6 中国特色的鸡文化产业将会是一个新的发展制高点

随着国家乡村文明建设和扶贫攻坚工作的落实,在国家乡村振兴战略的时代背景下,发展乡土文化旅游,建设美丽乡村,不仅是对文化旅游产业的补充和升华,更是提升农村经济生活水平,缩小城乡差距,实现农村现代化协调发展的重要举措。鸡作为中国传统文化的一个重要符号和载体,均具有可深入开发的文化与产业项目的构建优势。

4 大健康与生态养殖关系的解读

2016 年 8 月 19 日,习近平总书记在全国卫生与健康大会上强调,健康是民族昌盛和国家富强的重要标志,是广大人民群众的共同追求,"没有全民健康,就没有全面小康",把人民健康放在优先发展的战略地位,着重提出要树立大卫生、大健康理念,推进健康中国、营造健康环境是人类生存与健康的基本前提。

4.1 大健康是健康养殖的深化和拓展

健康养殖在中国的概念已经由当初局限于水产海洋养殖,发展到近些年广泛认可,并成为被引用的热词。2007 年在中央 1 号文件中就有明确的提及。从 1997 年在专刊提出"健康养殖"(一种科学防治疾病的养殖模式)开始,相继经历过多次概念的充实和完善,其中石文雷提及了根据养殖对象的生物学特性运用生态学、营养学原理来指导养殖生产[1],卢德勋提出将养殖效益、动物健康、环境保护和畜禽产品品质安全的四个统筹方案来实现和完善健康养殖体系[2],也体现了当时建立在以优质、安全、高效、无公害为主要目标,开始关注数量、质量和生态环境并重的可持续发展理念。而近几年有些学者又开始着眼于健康养殖生产过程中的整体性、系统性、生态性等更宏观的角度进行相应的规范,提出了关注动物健康、环境健康、人类健康和产业链健康的理念,使得健康养殖不再单一地局限于生产技术领域,更涉及生产管理、环境控制、养殖方式等相关的产业链条的完善,让健康养殖更趋完善[3]。

近几年国家提出了"健康中国"发展规划[4]。应运而生的"大健康、大卫生产业"势头正浓,农业作为人类健康的基础产业,已经成为共识,而健康养殖在我国已有长期的实践和经验,并形成了较完善的产业体系,那么面对新时期发展的历史机遇,新常态下进行我国家禽养殖行业的产业结构转型,是一个绝好的时机。大健康养殖产业是在健康养殖的基础上,进行文化、哲学、生态学、生命科学、医学等多学科融合,形成一种符合当前中国发展需求,且具有鲜明特色的大健康生态养鸡体系和行业标准,这个工作势在必行。

---

① 石文雷.水产动物营养与健康养殖.内陆水产,2000(12):24-26.
② 卢德勋.树立和落实科学发展观.促进乳牛养殖健康、持续发展———论以优化产乳效率为中心的乳牛营养技术及其系统集成.饲料工业,2005,26(22):1-8.
③ 顾宪红.动物福利和畜禽健康养殖概述.家畜生态学报,2011,32(6):1-5.
④ 郭清."健康中国 2030"规划纲要的实施路径.健康研究,2016,36(6):601-604.

4.2　中国生态农业充满传统哲学思想

生态农业这个名词最早于 1924 年在欧洲兴起,20 世纪 30～40 年代在瑞士、英国、日本等得到发展,60 年代欧洲的许多农场转向生态耕作,70 年代末东南亚地区开始研究生态农业;至 20 世纪 90 年代,世界各国均有了较大发展[①]。在欧美提出生态农业这个概念的背景,是一些发达国家伴随着工业的高速发展,由污染导致的环境恶化也达到了前所未有的程度,尤其是美、欧、日一些国家和地区工业污染已直接危及人类的生命与健康。这些国家感到有必要共同行动,加强环境保护以拯救人类赖以生存的地球,确保人类生活质量和经济健康发展,从而掀起了以保护农业生态环境为主的各种替代的农业思潮。建设生态农业,走可持续发展的道路已成为世界各国农业发展的共同选择。恰巧,在我国近 30 年来工业化发展进程的加速时期,我们的农业生产和养殖生产中出现各种负面状况,已经和 20 世纪二三十年代的欧美有了相同的境遇。当时欧美所探寻的这种生态种植和养殖理念,与中国坚持了 5 000 年的农耕文明又有明显的相似之处,所以当下我们从事生态农业的转型,正是在回归中国固有的传统模式基础上的一种完善和创新[②]。中国古代有发达的农耕文明,其饮食结构是以精细化农耕文明为基础而形成的,长期的生产过程中,我们主张天人合一与万物共生的哲学发展理念,生态文明是中国特有的文化和文明体系的传承。

通过我们的调研和走访来看,现在就如何搞好生态养殖,尚没有一个统一的标准模式,养殖技术和环境参差不齐,甚至差距很大。当下的养鸡产业正需要形成一种新的生态养殖模式,既有别于一家一户的粗放式散养,又不同于过度的集约化工厂养殖,介于两者之间形成一种新的生态化的养殖方式,它既有散养的特点——畜禽产品品质高、口感好,也有集约化养殖所具有的产能和经济效益。

4.3　跨界思维下的规范与统一

单纯提到生态养殖、福利养殖、集约化养殖、健康养殖甚至是大健康产业等,都存在学科的局限性和单一性,那么在当今信息技术和学科交叉互动的优势时期,多学科的协同发展和优势互补就会越发可行,这对"大健康生态福利养鸡体系"的组建提供了一种可能,所以,我们不能局限于单一学科的固步发展,而是要更好地协同医学、农学、畜牧、环境、文化、信息技术、人工智能技术等更多学科与专业进行跨

①　林祥金.世界生态农业的发展趋势.中国农村经济,2003(7):76-80.

②　骆世明.传统农业精华与现代生态农业.地理研究,2007(3):609-615.

学科的协作、攻关与发展。

我们紧紧围绕以大健康、生态、福利养殖三个基本元素进行生产体系的重塑，创建并形成一种以大健康为最终目的、生态文明为产业发展方向，福利养殖为技术手段的中国特色优质养鸡体系和产业标准，是我们调研之后的一个重要思考。

4.4　建立在生命科学基础上的养殖体系

当以生命的角度去审视养鸡产业的时候，那么健康、环境、生态、福利等各种元素就会自然地展现在一个统一的平台上。首先，基于鸡是一个完整的生命体，福利养殖讲的就是更好地改善农场的养殖环境和鸡福利措施，对世界动物福利协会提出的农场动物福利五项原则也就不难理解了。当我们考虑到土地、植物、土壤、微生物、水源等生命元素时，也就不难理解土壤生命、共生共存、生物多样性以及循环农业生产体系的存在了，而这一切却又都符合中国传统的农耕思想和当今生态文明建设的基本原则。这样一个基础平台可以更好地把大健康、生态、福利养殖几个关键的环节与元素进行有效的整合，形成具有鲜明生态文明特色的中国优质鸡的养殖标准模式。

5　关于动物福利的相关理解

5.1　动物福利在中国的溯源

在中国最早有关动物保护的思想应该是起源于早在距今 4 000 多年的《逸周书·大聚篇》，书中记载了当时的首领大禹发布的禁令："夏三月，川泽不入网，以成鱼鳖之长"。意思是说，在夏季的三个月，正是鱼鳖繁殖成长的季节，不准下网到河中去抓捕鱼和鳖。这应该是人类历史上最早保护动物的法令，应该说也是现代意义上的"禁渔"最早的文字记载。中国传统文化内容也不乏当今福利养殖理念的内容，两千五百多年前的春秋战国时期，孔子提及"闻其声不食其肉"、孟子倡导的"仁民爱物"、道家老子的"道法自然"等理念无不是动物福利理念的展现。然而，近代西方提及的动物保护、动物福利的理念则源于 19 世纪的英国[①]。所以在当今的中国进行动物福利养殖，是建立在中国固有文化体系上的回归，必将成为我国生态文明建设与健康中国建设的重要组成部分。

---

① Taithe B. Review of Animal Rights：Political and Social Change in Britain since 1800. *English Historical Review*，1999，114(459)：1388-1389.

5.2 动物福利在中国正越来越受欢迎和重视

通过近几年对我国养鸡产业福利养殖情况的调研来看,在我国的传统的生态散养模式中已经有了很多福利措施的体现,只是没有形成系统的体系,有些企业提供了栖架、产蛋巢、沙浴池、运动场等,只是各种元素在不同的养殖场零星分布,没有系统的体现。其中有一点值得欣慰的是,养殖户愿意并能非常积极地将动物福利和生态养殖理念用于养鸡生产。

5.3 大健康生态福利养殖兼顾动物福利与生产效益同步

在养殖场,农场主或生产者以饲养动物作为一种谋生的手段,希望能获得较高的经济回报。如果片面地只追求良好的动物福利,让养殖企业或生产者养不活自己,这种生产是不可持续的。因此,必须平衡动物生产过程中的动物需要和经济效益,即让动物尽量活得好些,也让饲养动物的人们过得好些,这样形成良性循环,才能够持续地生产出健康、优质、安全的畜产品,满足广大消费者的需要。良好的农场动物福利有利于提高农场生产效能,为农场增加收益。

5.4 实施农场动物福利养殖并不代表大投入

提倡采用动物福利的生产方式进行养殖规划和导入的时候,动物福利只是促进和提高生产性能的一种更深化的理念和技术,让畜禽更好地适应属于他们自己的生活空间和条件,按照动物福利的需求通过改善环境和设施来增强畜禽的抗病性能和减少应激反应,来提高生产性能和肉蛋品质,那么通过生态学原理进行生态的可持续维护,让环境生态保持可持续性的发展,畜禽能依靠机体适应机制的调节来保持其内外环境的稳态。也就是说,畜禽对一定范围内变化的环境条件具有良好的适应能力,良好的动物福利就是要尽可能减少动物的应激反应,这需要从饲养员善待动物、科学规范化处置动物、保障适宜的舍饲环境和良好的卫生状况等方面综合谋划。

5.5 适合中国国情的福利养鸡模式

通过调研和走访,我们发现在现在的大环境和新常态发展的过程中有三种模式比较适合我国养鸡产业的发展和市场需求。

①原生态模式:适合植被覆盖率高的山区、林地。

②仿生态模式:适合平原地带、小规模养殖。

③引入现代元素的适度规模生产模式:适合较大规模的现代化生产。

6 大健康生态福利养殖模式的提出

6.1 依据

①国家"十三五"发展规划明确提出生态文明建设[①]。

②在"健康中国"建设发展战略规划下,应运而生以健康促进为基础的"大健康产业"迎来新的发展机遇[②]。农业已经被作为人类健康促进的基础产业,生态、健康、福利养殖技术在我国已经有了较完善的体系和较好的实践经验。

③新时代的国家发展理念与产业规划,对于我国养殖行业的产业转型是一个绝好机遇,大健康养殖产业也会在哲学、生命科学、医学、生态学等多学科跨界的基础上进一步完善和巩固。

6.2 意义和价值

①随着人民生活对优质、营养和无公害的绿色鸡肉、鸡蛋的追求,优质鸡产品已成为目前人们的消费时尚。

②优质鸡养殖必将成为我国养鸡生产的主要发展方向。

③新形势下的新常态发展,是中国农业产业结构转型发展的一个良好契机。

随着人民生活水平不断提高及膳食结构的日趋完善,消费者对鸡和鸡蛋的需求逐步向质量和安全的需求转变,对优质、营养和无公害的绿色鸡产品的追求,已逐渐成为人们的消费时尚。

因此,以我国地方鸡为基础选育成的优质鸡具有优良的肉质,鲜美的风味以及丰富的营养物质,逐步占领了我国的鸡产品市场,优质鸡产业已经成为我国畜牧业产业化中发展速度最快、取得效果最好的产业之一,优质鸡养殖也已经成为我国肉鸡生产的主要发展方向。

大健康生态农业和农场动物福利养殖已成为农业产业结构调整转型的必然趋势,现如今通过构建和完善中国大健康生态福利养鸡模式,作为产业结构调整的参考和规范,结合中国实际的国情及长久以来形成的固有生态养殖模式,更是有效解决我国食品安全和国民健康体系建设的必要手段。我们希望通过提出组建和制定一种符合中国国情的肉鸡和蛋鸡的大健康生态福利养殖标准体系,以期在全产业链上进行资源整合、优势互补、强强联合,有效地完成中国养鸡行业的产业结构调

---

① 赵建军,胡春立.十三五生态文明建设的机遇及挑战.中国生态文明,2015(04):46-48.

② 信军,李娟.大健康产业与现代农业融合发展.中国农业信息,2017(19):6-7,38.

整与转型工作。

6.3 大健康生态福利养殖产业联盟的发起

  大健康产业不仅仅是指医疗保健,它还涉及农业、生物、营养、食品、保健、医疗、心理、养生,还有生态环境、教育培训、咨询服务等[①]。从总体上看目前我们的大健康产业力量还是很弱。我们在发展健康产业方面,跟全球比,还没有形成足够的体系与规模,当前需要凝成一种力量,集中发展和完善我国优质鸡的大健康生态福利养殖体系。健康生态食材需要这一体系的支撑和完善。中国传统的生态哲学体系更加注重"天人合一,万物共生"的多样性发展。进一步在构建起"中国大健康生态福利养殖产业体系"的同时,在全国范围内,联合有志于从事优质鸡养殖的企业形成联盟式的产学研体系的组建,是将来我国农业产业体系发展的一项重要工作,也是行业转型发展的重要一步,通过联盟体系下进行各种有效资源的集结,汇集更多跨界学科专家学者的积极参与,规范和推动企业、市场群体等全产业链进行高效的运营和发展,形成良性可持续的发展模式,成为中国生态文明与健康中国建设的有效实践。

---

① 范月蕾,毛开云,陈大明,等.我国大健康产业的发展现状及推进建议.竞争情报,2017,13(3):4-12.

饲养方式和饲养密度对肉鸡生产性能、肉品质及应激的影响

秦鑫　苗志强　张雪　张可可　杨玉　田文霞　李建慧[*]

摘要:本试验旨在研究不同饲养方式和饲养密度对肉鸡生产性能、肉品质及应激的影响。试验采用 2×2 因子设计,选用 1 日龄爱拔益加(AA^+)肉鸡516只,两种饲养方式分别为网上平养和笼养,两个密度分别为 14 只/m^2 和 10 只/m^2,一共四个组,每个组 6 个重复。试验期 42 d,于 42 日龄屠宰取样。试验结果显示:1)饲养密度和饲养方式对肉鸡耗料增重比有极显著的互作效应($P < 0.01$)。网上平养低密度组肉鸡耗料增重比极显著高于笼养高、低密度组肉鸡($P < 0.01$)。网上平养肉鸡的日采食量极显著高于笼养($P < 0.01$),日增重和平均体重显著高于笼养($P < 0.05$)。2)网上平养肉鸡的胸肌率、腿肌率显著高于笼养($P < 0.05$)。网上平养胸肌和腿肌剪切力极显著高于笼养($P < 0.01$),胸肌滴水损失显著高于笼养($P < 0.05$)。低密度饲养肉鸡腿肌 pH_{24} 极显著高于高密度($P < 0.01$)。3)网上平养肉鸡的血清中总抗氧化能力(T-AOC)、谷胱甘肽过氧化物酶(GSH-PX)显著低于笼养($P < 0.05$),低密度饲养的肉鸡血清总抗氧化能力(T-AOC)显著高于高密度($P < 0.05$)。网上平养肉鸡血浆的白细胞介素-6(IL-6)显著高于笼养($P < 0.05$)。饲养方式和饲养密度对肉鸡血浆肌酸激酶(CK)的互作效应显著($P < 0.05$)。网上平养高密度饲养的肉鸡肌酸激酶(CK)显著高于笼养高、低密度组($P < 0.05$)。总之,饲养方式与饲养密度对肉鸡的耗料增重比有互作效应;网上平养在生长性能、产肉性能方面优于笼养,而笼养在肉品质、抗氧化、免疫应激方面优于网上平养。

关键词:饲养方式;饲养密度;生产性能;抗氧化;免疫应激

* 作者:秦鑫,苗志强,张雪,张可可,杨玉,田文霞,李建慧,山西农业大学动物科技学院。通讯作者:李建慧,山西农业大学动物科技学院副教授,硕士生导师。

通讯作者:秦鑫,男,山西长治人,硕士研究生,动物环境控制与健康养殖专业。山西农业大学动物科技学院,山西太谷,030801,E-mail:1938524271@qq.com。

Corresponding author: Qin Xin, Shanxi Agricultural University, Shanxi Province, China. E-mail: 1938524271@qq.com.

Effects of the Rearing System and Stocking Density on Growth Performance, Meat Quality and Stress of Broilers

QIN Xin, MIAO Zhiqiang, ZHANG Xue, ZHANG Keke,
YANG Yu, TIAN Wenxia, LI Jianhui

Abstract: The aim of this study was to investigate the effects of different rearing system and stocking density on growth performance, meat quality and stress of broilers. Five hundred and sixteen one day old AA chickens were selected and assigned to 4 group accordling to a 2×2 factorial arrangement, two feeding methods (floor rearing and net rearing), and two density ($14/m^2$ and $10/m^2$). There were four groups, 6 replicates in each group. The test period was 42 days, and the sample was collected at 42 days old. The results showed that: (1) Rearing system and stocking density had great significant effect on the feed to gain ratio ($P < 0.01$). Net rearing low stocking density broiler's feed to gain ratio was great significantly higher than that of floor rearing high stocking density and low stocking density ($P < 0.01$). Net rearing average daily feed intake was great significantly higher than that of floor rearing ($P < 0.01$), daily gain and the average weight were significantly higher than these of floor rearing ($P < 0.05$). (2) Net rearing was significantly higher than floor rearing on breast muscle rate, leg muscle rate ($P < 0.05$). Breast muscle and leg muscle shear force of Net rearing were great significantly higher than those of floor rearing ($P < 0.01$), and the breast muscle drip loss of Net rearing was significantly higher than that of floor rearing ($P < 0.05$). Leg muscle pH_{24} of Low stocking density was great significantly higher than that of high stocking density ($P < 0.01$). (3) T-AOC, GSH-PX of Net rearing were significantly lower than those of floor rearing ($P < 0.05$), density T-AOC of low stocking was significantly higher than that of high stocking density ($P < 0.05$). IL-6 of Net rearing was significantly higher than that of floor rearing ($P < 0.05$). Rearing system and stocking density had significant effect on CK ($P < 0.05$). CK of Net rearing high stocking density was significantly higher than that of floor rearing high stocking density and low stocking density($P<0.05$). In conclusion,rearing system and stocking density are interactive on feed to gain ratio;net rearing is better than floor rearing in growth performance,meat performance and floor rearing is better than net rearing in meat quality,antioxidant,and immune stress.

Key words: rearing system;stocking density;growth performance;antioxidant;immune stress

现代肉鸡生产为了追求高生产效率和高经济效益,肉鸡的饲养密度越来越高。高密度饲养提高了肉的产量,显著提高经济效益,但是也带来了诸多的问题。邵丹认为高的饲养密度显著降低了肉鸡的肉品质[1]。随着生活质量的提高,人们对肉的质量和安全问题尤为关注,众多的研究者对不同饲养方式下肉鸡养殖进行研究,但是现有的研究结论不一致。卢庆萍报道,网上平养肉鸡的日增重高于半舍饲[2]。张双玲研究表明[3],笼养肉鸡的活体体重、出栏率和饲料转化率显著高于地面平养。孙楼报道[4],网上平养肉鸡的日增重和平均体重显著高于地面平养。李建慧研究结果为,饲养方式和饲养密度都会影响肉鸡生长性能,两者不存在交互作用;但在垫料平养和网上平养方式中提高饲养密度会对腿肌肉品质有显著影响[5]。问鑫研究表明,网上平养的肉鸡福利水平更高,不同饲养方式下对肉鸡生产性能无明显影响[6]。目前关于饲养方式对家禽生产性能与肉品质影响的研究,大多集中在放养、散养、垫料平养等方式对肉鸡生产性能的影响,而笼养与网上平养及其密度对肉鸡的影响却鲜有报道。因而,本试验旨在研究不同饲养方式和饲养密度对肉鸡生长性能、肉品质、免疫应激的影响,以期指导生产实践。

① 邵丹,张珊,施寿容,等.饲养密度对黄羽肉鸡生产性能、免疫器官指数和肉品质的影响.动物营养学报,2015,27(4):1230-1235.

② 卢庆萍,张宏福,姜旭明,等.不同饲养方式对肉鸡生产性能、肉质性状及肌肉组织学特性的影响.动物营养学报,2010(05):1237-1242.

③ 张双玲,施云平,陈洪林.不同饲养方式对肉鸡生产性能的影响.畜禽业,2010(12):8-9.

④ 孙楼.不同饲养方式对肉鸡生产效果的研究.北京:中国农业大学,2005.

⑤ 李建慧,苗志强,杨玉,等.不同饲养方式和饲养密度对肉鸡生长性能及肉品质的影响.动物营养学报,2015(02):569-577.

⑥ 问鑫.不同平养方式对鸡舍环境和肉鸡福利的影响.长沙:湖南农业大学,2015.

1 材料与方法

1.1 试验动物与试验设计

选用 1 日龄爱拔益加(AA⁺)肉鸡 516 只,随机分成 4 个处理,每个处理 6 个重复。试验采用 2×2 因子设计,包括两个不同的饲养方式(网上平养和笼养)和两个不同的饲养密度(14 只/m² 和 10 只/m²)。笼养 10 只/m² 处理组,每重复 8 只鸡,饲养面积 0.7 m²;笼养 14 只/m² 处理组,每重复 10 只鸡,饲养面积 0.7 m²。平养 10 只/m² 处理组,每重复 28 只鸡,饲养面积 2.88 m²;平养 14 只/m² 处理组,每重复 40 只鸡,饲养面积 2.88 m²。饲料为粉料,每天饲喂 3 次,早中晚各一次。

各组肉鸡饲养与常规的饲养管理一致,免疫程序和时间相同,饲养环境温度:雏鸡 34℃,4 日龄后每周降低 2~3℃,直到环境温度降为 22℃ 时恒定不变。光照为每天光照 23 h,黑暗 1 h。

1.2 日粮组成与营养成分

日粮组成及营养水平见表 1。

表 1 肉鸡基础日粮组成及营养水平(风干基础)

Table 1 Composition of the basal diet for broilers(air-dry basis)

项目 Items	原料配比/% Ingredients proportion	
	0~21 日龄 0 to 21 days of age	22~42 日龄 22 to 42 days of age
玉米 Corn (7.8%)	52.02	58.5
豆粕 Soybean meal (43%)	38.71	32.9
大豆油 Soybean Oil	4.83	4.7
磷酸氢钙 Dicalcium phosphate	1.9	1.31
石粉 Limestone	1.3	1.4
食盐 NaCl	0.35	0.35
¹微量元素 Trace mineral	0.2	0.2
50%氯化胆碱 Choline chloride	0.2	0.16

续表 1

项目 Items	原料配比 Ingredients proportion/%	
	0～21 日龄 0 to 21 days of age	22～42 日龄 22 to 42 days of age
[2] 肉鸡多维 Vitamin permmix	0.02	0.02
抗氧化剂 Antioxidant	0.03	0.03
蛋氨酸 Met 99%	0.2	0.1
赖氨酸 Lys	0.1	0.1
麦饭石 Medical stone	0.14	0.23
营养成分 Nutrient levels		
代谢能 ME(MJ/kg)	12.51	12.76
[3] 粗蛋白质 CP	21.09	19.04
赖氨酸 Lys	1.25	1.11
蛋氨酸 Met	0.5	0.4
赖氨酸＋半胱氨酸 Lys＋Cys	0.7	0.65
钙 Ca	0.99	0.89
有效磷 Available phosphorus	0.45	0.35
总磷 Total phosphorus	0.69	0.58
苏氨酸 Thr	0.89	0.8
色氨酸 Trp	0.28	0.25

[1] 每千克日粮含有(provided per kilogram of complete feed)：Cu，8 mg；Zn，75 mg；Fe，80 mg；Mn，100 mg；Se，0.15 mg；I，0.35 mg.

[2] 每千克日粮含有(provided per kilogram of complete feed)：vitamin A，12 500 IU；vitamin D_3，2 500 IU；vitamin K3，2.65 mg；vitamin B_1，2 mg；vitamin B_2，6 mg；vitamin B_{12}，0.025 mg；vitamin E，30 IU；biotin，0.032 5 mg；folic acid，1.25 mg；pantothenic acid，12 mg；niacin，50 mg.

[3] 粗蛋白质为分析测定值，其他营养水平为计算值。CP was a measured value，while the others were calculated values.

1.3 检测指标与方法

1.3.1 生产性能

在 42 日龄时(提前 12 h 断料)按重复称取各组的鸡体重及料重,并统计采食量,用于计算平均日采食重(ADFI)、日增重(ADG)、料重比(F/G)、平均体重(ABW),在试验期间记录各组的鸡死亡状况,计算成活率。

1.3.2 屠体性能

42 日龄时,从每个重复中随机选取 1 只鸡屠宰,称量活体重后,颈部放血处死,用脱毛机脱毛,然后胴体分割,分别称取胴体重、左侧胸肌重和腿肌重、腹脂重,计算屠体率、胸肌率、腿肌率、腹脂率。

1.3.3 肉品质

另取一只鸡进行屠宰,屠宰 45 min 内,在左侧胸肌和腿肌上 1/3 各取三点用探头式 pH 计测定 pH_1,然后将所测肉样置于 4℃冰箱中 24 h 后测定 pH_{24}。

在右侧胸肌和腿肌上 1/3 处用取样器顺着肌纤维方向取同样大小的肌肉,然后用剪切仪测定剪切力,测量三次取平均值。

另取右侧胸肌和腿肌下 1/3 处,修剪为约 5 cm×5 cm×1 cm 的肉样,精确称重后用细绳系其一端,置于密封的袋子中,并向袋中吹气使肉样与袋子分离,悬挂于 4℃冰箱中静置 24 h,取出用吸水纸把肉样吸干,测定其重量。

滴水损失率=[(悬挂前肉样重量-悬挂后肉样重量)/悬挂前肉样重量]×100%

1.3.4 血液生化指标

42 日龄,从每个重复随意选取一只鸡翅静脉采血 10 mL,于 3 500 r/min 离心 15 min,制备血清样品,分为两份。一份用于检测血液中的应激与免疫因子,送于北京华英生物技术研究所检测,采用放射免疫方法检测血清中的皮质酮(CORT)、白细胞介素-1β(IL-1β)、白细胞介素-6(IL-6);利用全自动生化分析仪检测肌酸激酶(CK)、游离脂肪酸(FFA)的含量。另一份采用南京建成生物工程研究所试剂盒测定血清中的总抗氧化力(T-AOC)、谷胱甘肽过氧化物酶(GSH-PX)、超氧化物歧化酶(SOD)、丙二醛(MDA)、葡萄糖(Glu)的浓度。

1.4 统计分析

试验数据以"平均值±标准差"表示,采用 SPSS 17.0 统计软件处理,按 2×2 试验设计分析饲养方式、饲养密度的主效应及交互作用,当交互作用 F 检验差异显著时,对 4 个处理组进行多重比较,$P < 0.05$ 表示差异显著,$P < 0.01$ 表示差异极显著。

2 结果与分析

2.1 不同饲养方式与饲养密度对肉鸡生产性能和屠体性能的影响

由表 2 知,饲养密度和饲养方式耗料增重比的互作效应极显著($P < 0.01$)。网上平养低密度组肉鸡耗料增重比极显著高于笼养高、低密度组以及平养高密度组肉鸡($P < 0.01$)。饲养密度和饲养方式对日采食量、日增重、平均体重、成活率的互作效应不显著($P > 0.05$)。网上平养肉鸡的日采食量极显著高于笼养($P < 0.01$),日增重和平均体重显著高于笼养($P < 0.05$)。不同饲养密度之间日采食量、日增重、平均体重、成活率的差异不显著($P > 0.05$)。由表 3 知,饲养密度和饲养方式对肉鸡的屠体率、胸肌率、腿肌率、腹脂率无互作效应($P > 0.05$)。不同饲养密度下肉鸡的屠体率、胸肌率、腿肌率、腹脂率差异不显著($P > 0.05$)。网上平养肉鸡的胸肌率显著高于笼养($P < 0.05$),腿肌率极显著高于笼养($P < 0.01$),其他指标无显著差异($P > 0.05$)。

表 2 不同饲养方式和饲养密度对肉鸡生产性能的影响

Table 2 Effects of different stocking density and rearing system on growth performance of broilers

饲养方式 Rearing system	饲养密度 /(只/m²) Stocking density	日采食量/g ADFI	日增重/g ADG	耗料增重比 F/G	平均体重/kg ABW	成活率/%
网上平养	10	121.66 ± 4.14	65.73 ± 2.38	1.85 ± 0.04^{A}	2.76 ± 0.10	96.43 ± 3.57
Net rearing	14	115.67 ± 3.68	66.86 ± 2.14	1.73 ± 0.03^{B}	2.81 ± 0.09	94.00 ± 2.85
笼养	10	107.68 ± 4.65	63.43 ± 2.37	1.70 ± 0.01^{B}	2.66 ± 0.09	95.00 ± 11.18
Battery rearing	14	106.34 ± 4.93	63.05 ± 2.43	1.69 ± 0.01^{B}	2.64 ± 0.10	98.00 ± 4.47
主效分析						
饲养方式 Rearing system	网上平养 Net rearing	118.66 ± 4.86^{A}	66.30 ± 2.21^{a}	1.79 ± 0.01^{A}	2.78 ± 0.09^{a}	95.21 ± 3.30
	笼养 Battery rearing	107.01 ± 4.58^{B}	63.24 ± 2.26^{b}	1.69 ± 0.02^{B}	2.66 ± 0.10^{b}	96.50 ± 7.33
饲养密度 stocking	10	114.67 ± 8.46	64.58 ± 2.54	1.77 ± 0.09^{A}	2.71 ± 0.10	95.72 ± 7.35
density	14	111.00 ± 6.41	64.96 ± 2.94	1.70 ± 0.03^{B}	2.73 ± 0.12	96.00 ± 3.72
	饲养方式 Rearing system	<0.001	0.010	<0.001	0.010	0.074
P 值	饲养密度 Stocking density	0.080	0.724	<0.001	0.724	0.166
P-value	方式×密度 System×density	0.252	0.478	<0.001	0.478	0.89

同列数据肩标不同小写字母表示差异显著($P<0.05$),不同大写字母表示差异极显著($P<0.01$)。下表同

In the same column, values with different letter superscripts mean significant differences($P<0.05$), with different capital superscripts mean significant differences($P<0.01$). The same as below.

表 3　不同饲养方式和饲养密度对肉鸡屠宰性能的影响

Table 3　Effects of different stocking density and rearing system on slaughter performance of broilers

饲养方式 Rearing system	饲养密度 （只/m²） Stocking density	屠体率/% Proportion of carcas	胸肌率/% Proportion of breast	腿肌率/% Proportion of thigh	腹脂率/% Proportion of abdominal fat
网上平养	10	80.30±0.65	19.82±1.49	21.64±0.66	2.41±0.75
Net rearing	14	81.22±0.34	19.33±0.76	21.89±0.95	2.31±0.20
笼养 Battery	10	82.71±1.34	17.05±1.12	18.91±1.75	2.21±0.46
rearing	14	81.32±0.79	19.61±1.63	19.30±1.60	2.19±0.28
主效分析					
饲养方式 Rearing system	网上平养 Net rearing	80.76±0.59	19.57±1.14ª	21.77±0.78ᴬ	2.36±0.52
	笼养 Battery rearing	82.02±1.15	18.37±1.38ᵇ	19.11±1.59ᴮ	2.20±0.36
饲养密度 Stocking density	10	81.51±1.03	18.44±1.34	20.28±1.90	2.31±0.59
	14	81.27±0.47	19.47±1.21	20.59±1.85	2.25±0.24
P 值 P- value	饲养方式 Rearing system	0.083	0.033	<0.001	0.469
	饲养密度 Stocking density	0.672	0.291	0.604	0.895
	方式×密度 System×density	0.471	0.565	0.898	0.901

2.2　不同饲养方式与饲养密度对肉鸡肉品质的影响

由表 4 知,饲养方式和饲养密度对肉鸡胸肌 pH_1、pH_{24}、剪切力、滴水损失无互作效应($P>0.05$)。网上平养胸肌剪切力极显著高于笼养($P<0.01$),滴水损失显著高于笼养($P<0.05$)。不同饲养密度之间肉鸡胸肌 pH_1、pH_{24}、剪切力、滴水损失无显著差异($P>0.05$)。不同饲养方式下,肉鸡胸肌 pH_1、pH_{24}差异不显著($P>$

0.05)。由表 5 知,饲养方式和饲养密度对肉鸡腿肌 pH_1、pH_{24}、剪切力、滴水损失无互作效应($P>0.05$)。低密度情况下腿肌 pH_{24} 极显著高于高密度($P<0.01$)时,网上平养时的剪切力极显著高于笼养方式($P<0.01$),其他指标没有显著的差异($P>0.05$)。不同的饲养方式下,肉鸡腿肌 pH_1、pH_{24}、滴水损失无显著差异($P>0.05$)。

表 4 不同饲养方式和饲养密度对肉鸡胸肌肉品质的影响

Table 4   Effects of different stocking density and rearing system on carcass quality of chest muscle

饲养方式 Rearing system	饲养密度 (只/m²) Stocking density	pH_1	pH_{24}	剪切力 /kg	滴水损失/% Drip loss rate
网上平养	10	5.82 ± 0.16	5.31 ± 0.06	2.89 ± 0.64	1.67 ± 0.37
Net rearing	14	5.95 ± 0.07	5.34 ± 0.07	2.88 ± 0.42	1.45 ± 0.19
笼养	10	6.01 ± 0.31	5.37 ± 0.15	1.80 ± 0.42	1.15 ± 0.30
Battery rearing	14	6.00 ± 0.29	5.32 ± 0.07	1.41 ± 0.82	1.34 ± 0.50
主效分析					
饲养方式 Rearing system	网上平养 Net rearing	5.88 ± 0.14	5.32 ± 0.06	2.88 ± 0.51^A	1.56 ± 0.33^a
	笼养 Battery rearing	6.01 ± 0.28	5.34 ± 0.11	1.61 ± 0.53^B	1.25 ± 0.40^b
饲养密度	10	5.92 ± 0.26	5.34 ± 0.11	2.48 ± 0.78	1.41 ± 0.22
Stocking density	14	5.97 ± 0.20	5.33 ± 0.07	2.15 ± 0.52	1.40 ± 0.46
	饲养方式 Rearing system	0.25	0.603	0.006	0.023
P 值	饲养密度 Stocking density	0.582	0.826	0.082	0.078
P-value	方式×密度 System×density	0.531	0.366	0.273	0.474

表 5　不同饲养方式和饲养密度对肉鸡腿肌肉品质的影响

Table 5　Effects of different stocking density and rearing system on carcass quality of thigh muscle

饲养方式 Rearing system	饲养密度 （只/m²） Stocking density	pH_1	pH_{24}	剪切力 /kg	滴水损失/% Drip loss rate
网上平养	10	6.03 ± 0.28	5.40 ± 0.08	4.13 ± 1.56	1.20 ± 0.20
Net rearing	14	5.73 ± 0.22	5.30 ± 0.04	4.51 ± 0.43	1.31 ± 0.33
笼养	10	5.86 ± 0.32	5.51 ± 0.15	1.67 ± 0.28	1.49 ± 0.42
Battery rearing	14	6.08 ± 0.16	5.34 ± 0.08	1.41 ± 0.82	1.49 ± 0.32
主效分析					
饲养方式	网上平养	5.88 ± 0.29	5.35 ± 0.08	4.30 ± 1.15^A	1.26 ± 0.26
Rearing system	Net rearing				
	笼养	5.97 ± 0.26	5.42 ± 0.14	1.54 ± 0.59^B	1.49 ± 0.33
	Battery rearing				
饲养密度	10	5.95 ± 0.29	5.46 ± 0.12^A	2.90 ± 1.67	1.31 ± 0.31
Stocking density	14	5.91 ± 0.27	5.32 ± 0.07^B	2.79 ± 1.76	1.40 ± 0.32
	饲养方式 Rearing system	0.716	0.102	<0.001	0.138
P 值	饲养密度 Stocking density	0.423	0.005	0.891	0.712
P-value	方式×密度 System×density	0.865	0.465	0.471	0.711

2.3　不同饲养方式与饲养密度对肉鸡抗氧化功能、应激、免疫因子指标的影响

由表 6 知,饲养方式和饲养密度对肉鸡抗氧化指标的互作效应无显著影响($P>0.05$)。网上平养方式的 T-AOC、GSH-PX 极显著低于笼养($P<0.01$),低密度情况下 T-AOC 极显著高于高密度($P<0.01$)。不同饲养方式的丙二醛、超氧化物歧化酶差异不显著($P>0.05$)。不同饲养密度之间谷胱甘肽过氧化物酶、丙二醛、超氧化物歧化酶无显著差异($P>0.05$)。由表 7 知,网上平养方式的 IL-6 显著高于笼养($P<0.05$)。饲养方式和饲养密度对 CK 的互作效应显著($P<0.05$),网

上平养方式高密度时 CK 显著高于笼养高、低密度($P<0.05$),网上平养的 CK 显著高于笼养($P<0.05$),低密度 CK 显著低于高密度($P<0.05$)。不同饲养方式和不同的饲养密度均未对肉鸡的白细胞介素-1β、促肾上腺皮质激素、皮质酮、游离脂肪酸、血糖等指标造成显著影响($P>0.05$)。

表6　不同饲养方式和饲养密度对 42 日龄肉鸡血清中抗氧化指标的影响

Table 6　Effects of stocking density and rearing system on antioxidant function of broilers on the age

饲养方式 Rearing system	饲养密度 (只/m²) Stocking density	总抗氧化力/(U/mL) T-AOC	谷胱甘肽过氧化物酶/(U/mL) GSH-PX	丙二醛/(nmol/mL) MDA	超氧化物歧化酶/(U/mL) SOD
网上平养	10	8.24±5.41	961.22±160.06	4.94±1.20	339.41±104.18
Net rearing	14	1.95±1.66	1076.33±232.06	4.50±1.71	348.96±126.98
笼养	10	14.26±5.33	1236.52±282.87	4.18±0.80	319.40±43.66
Battery rearing	14	8.78±2.92	1471.74±324.69	4.24±0.47	256.18±102.09
主效分析					
饲养方式 Rearing system	网上平养 Net rearing	5.09±5.02B	1018.78±197.49B	4.72±1.41	343.65±107.23
	笼养 Battery rearing	11.52±4.97A	1356.13±302.79A	4.21±1.02	287.79±81.18
饲养密度 Stocking density	10	11.25±5.97A	1098.87±229.56	4.56±1.04	329.41±76.04
	14	5.37±4.24B	1274.04±305.36	4.38±1.08	297.42±116.83
P 值 *P*-value	饲养方式 Rearing system	0.003	<0.001	0.683	0.226
	饲养密度 Stocking density	0.006	0.594	0.566	0.557
	方式×密度 System×density	0.83	0.356	0.179	0.428

表7 不同饲养方式和饲养密度对肉鸡血浆中应激免疫指标的影响

Table 7 Effects of stocking density and rearing system on stress index and immune index of broilers

饲养方式 Rearing system	饲养密度 （只/m²） Breeding density	白细胞介素-1β /(pg/mL) IL-1β	白细胞介素-6 /(pg/mL) IL-6	促肾上腺皮质激素/(pg/mL) ACTH	皮质酮 /(ng/mL) CORT	游离脂肪酸 /(mmol/L) FFA	肌酸激酶/(U/L) CK	葡萄糖/(mmol/L) Glu
网上平养 Net rearing	10	2.39±0.47	134.53±11.80	22.53±3.96	3.88±0.29	0.39±0.04	7 705.52±1 022.18[ab]	9.47±0.85
	14	2.44±0.39	141.07±22.30	24.04±5.10	4.60±0.44	0.37±0.02	12 006.67±1 678.51[a]	10.19±1.12
笼养 Battery rearing	10	2.44±0.39	123.08±15.29	19.63±2.84	4.30±0.79	0.37±0.01	5 705.48±1 424.58[b]	9.17±0.14
	14	2.67±0.62	113.30±5.42	19.73±2.46	4.61±1.59	0.38±0.01	5 722.48±1 706.20[b]	9.31±0.82
主效分析								
饲养方式 Rearing system	网上平养 Net rearing	2.42±0.41	137.80±17.17[a]	23.28±4.38	4.24±0.51	0.38±0.03	9 856.10±1 350.34[a]	9.83±1.01
	笼养 Battery rearing	2.56±0.52	118.19±10.28[b]	19.68±2.75	4.46±1.20	0.38±0.01	5 713.98±1 565.39[b]	9.24±0.55
饲养密度 Stocking density	10	2.58±0.54	128.81±13.55	21.08±3.40	4.09±0.60	0.38±0.03	6 714.00±1 223.38[a]	9.34±0.63
	14	2.56±0.52	127.19±13.87	21.89±3.78	4.61±1.10	0.37±0.02	8 864.56±1 692.35[b]	9.80±1.05
P 值 P-value	饲养方式 Rearing system	0.805	0.04	0.693	0.615	0.955	0.019	0.165
	饲养密度 Stocking density	0.339	0.614	0.961	0.232	0.603	0.025	0.302
	方式×密度 System×density	0.253	0.214	0.463	0.633	0.102	0.027	0.481

3　讨论

3.1　不同饲养方式和饲养密度对生产性能和屠宰性能的影响

　　肉鸡的生产性能与肉鸡产业利益直接相关,因此较好的生产性能是人们所希望的。本试验不同的饲养方式下,网上平养的日采食量、耗料增重比都极显著的高于笼养,日增重和平均体重显著高于笼养。从结果来看,网上平养比笼养有较好的生产性能,这与肖小珺等[①]的研究成果相吻合。笼养相比于平养可以降低耗料增重比,和张双玲[②]观点一致。造成这样的结果可能是由于网上平养肉鸡的活动空间大,运动量要比笼养肉鸡大,摄入的营养物质一部分为运动供能,从而造成其采食量大,耗料增重比高。另有研究表明不同饲养方式下对肉鸡的生产性能没有明显的影响[③],卢庆萍[④]认为笼养与网上平养在体重、饲料转化率、死亡率方面基本没有影响,这与本试验结果不一致,可能是因为试验的条件和鸡种选择不一样。本试验不同饲养密度未对肉鸡的生产性能造成显著影响,与Dozier[⑤]和邵丹等[⑥]的研究结论不同。Dozier[⑦]认为高的饲养密度严重影响肉鸡的出栏体重,邵丹等[⑧]认为适当降低饲养密度,肉鸡有较好的生产性能,这与试验中饲养密度的设计不同有关。

　　本试验结果中,不同饲养方式下,肉鸡屠宰率、腹脂率无显著的差异,但平养肉

---

　　①　肖小珺,陈国宏,王克华,等.不同饲养方式对鸡肉品质和屠宰性能的影响.中国畜牧杂志,2004(8):50-51.

　　②　张双玲,施云平,陈洪林.不同饲养方式对肉鸡生产性能的影响.畜禽业,2010(12):8-9.

　　③　问鑫.不同平养方式对鸡舍环境和肉鸡福利的影响.长沙:湖南农业大学,2015;Andrews L D, Stamps L K,Moore R W,et al.Effects of different floor type and levels of washing of waterers on broilers performance and bacteria count of drinking water.*Poultry Science*,1993,72(7):1224-1229.

　　④　卢庆萍,张宏福,姜旭明,等.不同饲养方式对肉鸡生产性能、肉质性状及肌肉组织学特性的影响.动物营养学报,2010(5):1237-1242.

　　⑤　Dozier W A,Thaxton J P,Purswell J L,et al.Stocking density effects on male broilers grown to 1.8 kilograms of body weight.*Poultry Science*,2006,85(2):344-351.

　　⑥　邵丹,张珊,施寿容,等.饲养密度对黄羽肉鸡生产性能、免疫器官指数和肉品质的影响.动物营养学报,2015,27(4):1230-1235.

　　⑦　Dozier W A,Thaxton J P,Purswell J L,et al.Stocking density effects on male broilers grown to 1.8 kilograms of body weight.*Poultry Science*,2006,85(2):344-351.

　　⑧　邵丹,张珊,施寿容,等.饲养密度对黄羽肉鸡生产性能、免疫器官指数和肉品质的影响.动物营养学报,2015,27(4):1230-1235.

鸡的胸肌率、腿肌率却显著高于笼养,这与袁建敏[1]和李建慧[2]的研究相一致,笼养造成肉鸡胸肌率下降的原因可能是笼养造成应激抑制了胸肌的生长[2]。另有研究者研究成果表明平养可以降低腹脂率[3],笼养的屠宰率优于平养[4],这是与本试验不同的地方,可能是由于肉鸡的日龄和试验条件不同所致。

3.2　不同饲养方式和饲养密度对肉品质的影响

肉鸡的肉品质会受到来自饲养密度、饲养管理、环境因素和饲养方式等多方面因素的影响。通常会用肉的 pH、肉的颜色、剪切力和肉的滴水损失等指标来表示。肌肉 pH 是肉品的一个重要指标,它对肌肉的嫩度、滴水损失、肉色等有直接影响,滴水损失是肌肉保持水分性能的指标,剪切力是肌肉嫩度的指标[5]。本试验中不同的饲养方式未对肉鸡胸肌和腿肌的 pH 造成影响,饲养密度也没有给肉品质带来显著差异。现有的研究中,张华[6]和李建慧[7]认为笼养可以使得胸肌 pH_1 显著降低;邵丹等[8]则认为适当地降低饲养密度,肉鸡会有较好的肉品质。这是与本试验结果不相一致的,可能是试验的设计不同、试验选用的肉鸡品种不同所引起的。本试验中网上平养使得肉鸡胸肌与腿肌的剪切力显著高于笼养,这可能与网上平养肉鸡的运动量大有关。孙月娇[9]和余鹏[10]研究结果显示不同饲养方式对肉鸡胸肌与腿肌的剪切力无显著影响,这与本试验结果有所不同,与试验条件不同有关。

---

①　袁建敏,吕于明,李庆云,等.笼养和地面平养对肉鸡胴体品质的影响.家畜生态学报,2007(2):44-47.

②　李建慧,苗志强,杨玉,等.不同饲养方式和饲养密度对肉鸡生长性能及肉品质的影响.动物营养学报,2015(2):569-577.

③　郑云峰.不同饲养方式对肉鸡胴体品质、脂肪代谢的影响.杨凌:西北农林科技大学,2005.

④　余鹏.不同饲养方式对优质鸡的生长性能、屠宰性能以及肉质性状的影响.雅安:四川农业大学,2012.

⑤　高晶.应激对肉鸡脂质过氧化状态及肉质的影响.泰安:山东农业大学,2008.

⑥　张华.不同饲养方式和密度对白羽肉鸡生产性能及生理机能的影响.第七届中国饲料营养学术研讨会论文集,2014.

⑦　李建慧,苗志强,杨玉,等.不同饲养方式和饲养密度对肉鸡生长性能及肉品质的影响.动物营养学报,2015(2):569-577.

⑧　邵丹,张珊,施寿容,等.饲养密度对黄羽肉鸡生产性能、免疫器官指数和肉品质的影响.动物营养学报,2015,27(4):1230-1235.

⑨　孙月娇.不同饲养方式对肉鸡肌肉品质和挥发性风味物质形成的影响.北京:中国农业科学院,2014.

⑩　余鹏.不同饲养方式对优质鸡的生长性能、屠宰性能以及肉质性状的影响.雅安:四川农业大学,2012.

3.3　不同饲养方式和饲养密度对机体抗氧化、应激、免疫指标的影响

总抗氧化能力（T-AOC）是衡量机体总抗氧化能力的指标，它能对机体总抗氧化能力的高低做出综合评价而克服了单一抗氧化指标的片面性[①]。自由基对生物膜和细胞组织的损伤作用会引起一系列病理过程，因此有机体在长期进化过程中逐渐具有了适应环境的各种保护机能，形成了一个完整的自由基清除系统，即抗氧化系统。抗氧化系统主要是酶促自由基清除系统和非酶促自由基清除系统，包括超氧化物歧化酶（SOD）、丙二醛（MDA）、尿酸（UA）、谷胱甘肽（GSH）、过氧化氢酶（CAT）和谷胱甘肽过氧化物酶（GSH-PX）。[①]肌酸激酶（CK）又称肌酸磷酸激酶，在 pH 中性条件下以生成 ATP 为主，以保证组织细胞的供能。CK 广泛地存在于骨骼肌、心肌和脑组织中，血液中 CK 升高一般提示已有或正发生肌肉损伤[②]。武书庚研究表明，应激会导致肉鸡血液中 GSH-Px、SOD 及 T-AOC 活性降低，提高 MDA 含量[③]。也有研究发现应激状态下，IL-1 和 IL-6 被显著上调，分泌量持续性增多[④]，血液中 CK 活性升高[⑤]。本试验的结果表明，网上平养的 T-AOC、GSH-PX 显著低于笼养，IL-6、CK 显著高于笼养，说明网上平养也可导致动物处于应激状态，笼养条件也可有利于肉鸡抗氧化性能的发挥，具体原因还需要进一步研究。本试验中网上平养肉鸡耗料增重比、胸肌和腿肌剪切力高于笼养，胸肌的滴水损失也高于笼养，可能也与网上平养肉鸡受到了应激有关。

4　结论

在本试验条件设置下，网上平养在生长性能、屠宰性能方面优于笼养，而笼养在耗料增重比、肉品质、抗氧化、免疫应激方面优于网上平养。

---

① 黄芳芳.间歇性低温刺激对肉鸡生产性能、抗氧化功能和组织结构的影响.哈尔滨：东北农业大学，2012.

② 叶应妩,王毓三.全国临床检验操作规程.南京：东南大学出版社,1991:186-209;王小龙.兽医临床病理学[M].北京：中国农业出版社,1995:114-148.

③ 武书庚.肉仔鸡氧化应激模型的研究.北京：中国农业科学院,2007.

④ Appels A. Inflammation,depressive symptomatology,and coronary artery disease. *Psychosomatic Medicine* ,2000,62:601-605;Dozier W A,Bar F W,Bar J,et al. Stocking density effects on male broilers grown to 1.8 kilograms of body weight. *Poultry Science* ,2006,85(2):344-351.

⑤ 王小龙.兽医临床病理学.北京：中国农业出版社,1995:114-148;武书庚.肉仔鸡氧化应激模型的研究.北京：中国农业科学院,2007.

早期间歇式冷刺激对 AA 肉鸡细胞因子和抗氧化功能的影响

苏莹莹　包军[*]

摘要：本试验旨在探究早期间歇性冷刺激对肉鸡抗氧化功能和免疫功能的影响，探索有利于肉鸡免疫和抗氧化功能的冷刺激方案。360 只 1 日龄 AA 肉鸡饲养在能自动控制温度的人工智能气候室中，随机分成 5 组：$-3℃$ 1 h 组（比正常饲养温度低 $3℃$，每天冷刺激 1 h）、$-3℃$ 3 h 组、$-3℃$ 5 h 组、$-3℃$ 24 h 组和 $0℃$ 0 h 组（对照组），冷刺激时间为 8～21 日龄。分别于冷刺激前（8 d）、冷刺激中期（15 d）、冷刺激结束（22 d）和出栏（42 d）测定各组血清中自由基（H_2O_2、MDA、NOS）含量、相关抗氧化指标（T-AOC、SOD、GSH-PX）活性以及细胞因子（IL-2、IL-4、IL-6、IFN-γ）含量。试验结果表明：不同间歇式冷刺激对 H_2O_2 含量影响不显著（$P = 0.06$），对 MDA 含量影响不显著（$P = 0.23$），对 NOS 活性影响显著（$P < 0.05$），冷刺激有降低 H_2O_2 含量和 NOS 活性的趋势；不同间歇式冷刺激对 T-AOC 活性影响不显著（$P = 0.49$），对 SOD 和 GSH-PX 活性影响显著（$P < 0.05$），冷刺激有增强 SOD 和 GSH-PX 活性的趋势；不同间歇式冷刺激对血清 IL-2、IL-4、IL-6 含量影响均不显著（$P = 0.11$、$P = 0.19$、$P = 0.54$），对 IFN-γ 含量影响显著（$P < 0.05$），冷刺激有增加 IFN-γ 含量的趋势，其中 $-3℃$ 3 h 组显著增加（$P < 0.05$）。本试验结果表明，对肉鸡进行早期适宜的间歇式冷刺激不会影响其抗氧化功能并有增强其免疫功能趋势，其中 $-3℃$ 3 h 组效果最好。

关键词：间歇式冷刺激；自由基；抗氧化；细胞因子；肉鸡

---

* 作者：苏莹莹，东北农业大学动物科学技术学院，哈尔滨 150030，sunny_su1989@163.com。通讯作者邮箱：jbao@neau.edu.cn。

Authors：SU Yingying and BAO Jun，College of Animal Science and Technology，Northeast Agricultural University，Harbin，China，150030.

Effects of Early Intermittent Cold Stimulation on Cytokines and Antioxidant Function of Broilers

SU Yingying,BAO Jun

Abstract: The study aimed to investigate the effects of the early intermittent cold stimuli on cytokines and antioxidant function of broilers, and explore appropriate cold stimuli which is beneficial to immunity and antioxidant function of broilers. Three hundred and sixty 1 d AA broilers were housed in artificial climate chambers with an automatic room temperature control system. The birds were divided into five groups with intermittent cold stimulations (ICS)conditions of $-3℃$ 1 h($3℃$ below normal temperature and 1 h exposed to cold daily), $-3℃$ 3 h, $-3℃$ 5 h, $-3℃$ 24 h and $0℃$ 0 h(control). Cold exposure started at 8 d and finished at 21 d, and lasted for two weeks. Measurements for free radicals(MDA, H_2O_2 and NOS), antioxidant function (T-AOC,GSH-PX and SOD)and cytokines(IL-2,IL-4,IL-6 and IFN-γ)in serum were taken at 8,15,22,and 42 d. The results showed that only NOS activity was affected by ICS in all experimental groups($P<0.05$), but not for MDA($P = 0.23$)or H_2O_2($P = 0.06$). ICS reduced the level of H_2O_2 and NOS activity. GSH-PX and SOD were found to be affected by ICS in all experimental groups($P<0.05$), but not for T-AOC($P = 0.49$). ICS enhanced GSH-PX and SOD activities. The results of the study showed that IL-2,IL-4 and IL-6 were not affected by ICS in all experimental groups($P = 0.11$, $P = 0.19$, $P = 0.54$), but IFN-γ was affected significantly by ICS($P<0.05$). ICS enhanced the level of IFN-γ,especially for $-3℃$ 3 h group($P<0.05$). It can be concluded that the results of the study suggest that appropriate cold stimulation such as early intermittent cold exposure would enhance immunity of broilers and not affect their antioxidant function. The effect of $-3℃$ 3 h group is best.

Key words：intermittent cold stimulation；free radicals；antioxidant function；cytokines；broilers

应激是一种威胁体内平衡的状态，可由心理刺激、生理刺激或环境刺激引发[1]。应激会导致自由基生产过剩，从而导致氧化应激和氧化/抗氧化系统失衡[2]。自由基含有未成对电子，它们很容易从其他分子窃取电子，导致氧化过程[3]。氧化过程会损伤细胞膜、细胞内的遗传物质（DNA）、脂肪酸和其他细胞结构，从而对机体造成伤害[4]。抗氧化系统是一个完整的可清除自由基的系统，主要由酶促自由基清除系统（SOD、CAT 和 GSH-PX 等）和非酶促自由基清除系统（VE、VC 和某些微量元素等）组成，其可通过减少化学自由基和阻止脂质过氧化作用来保护细胞免受伤害[5]。

寒冷暴露会影响神经内分泌系统、抗氧化系统和免疫系统的功能[6]，动物可能

---

[1]　Al Hamedan W A，Anfenan M LK. Antioxidant activity of leek towards free radical resulting from consumption of carbonated meat in rats. *Life Sci J*，2002，8：169-176.

[2]　Allen D G，Lamb G D，Westerblad H. Skeletal muscle fatigue：cellular mechanisms. *Physiological Reviews*，2008，88(1)：287-332.

[3]　Al Hamedan W A，Anfenan M L K. Antioxidant activity of leek towards free radical resulting from consumption of carbonated meat in rats. *Life Sci J*，2002，8：169-176.

[4]　Surai P F. Natural antioxidants in poultry nutrition：new developments. *Proceedings of the 16th European symposium on poultry nutrition*. World Poultry Science Association，2007：26-30.

[5]　Yu B P. Cellular defenses against damage from reactive oxygen species. *Physiological Reviews*，1994，74(1)：139-162.

[6]　Hangalapura B N，Kaiser M G，van der Poel J J，et al. Cold stress equally enhances *in vivo* pro-inflammatory cytokine gene expression in chicken lines divergently selected for antibody responses. *Developmental & Comparative Immunology*，2006，30(5)：503-511；Helmreich D L，Parfitt D B，Lu X Y，et al. Relation between the hypothalamic-pituitary-thyroid(HPT) axis and the hypothalamic-pituitary-adrenal (HPA)axis during repeated stress. *Neuroendocrinology*，2005，81(3)：183-192；Hangalapura B N，Nieuwland M G B，de Vries Reilingh G，et al. Durations of cold stress modulates overall immunity of chicken lines divergently selected for antibody responses. *Poultry Science*，2004，83(5)：765-775；Onderci M，Sahin N，Sahin K，et al. Antioxidant properties of chromium and zinc. *Biological trace element research*，2003，92(2)：139-149；Fleshner M，Nguyen K T，Cotter C S，et al. Acute stressor exposure both suppresses acquired immunity and potentiates innate immunity. *American Journal of Physiology-Regulatory*，*Integrative and Comparative Physiology*，1998，275(3)：R870-R878.

因而遭受冷应激[1]。已有研究表明,抗氧化防御系统会受低温暴露的影响[2]。据报道,(12±1)℃急性冷应激会引起鸡免疫器官中 MDA 含量显著增加,T-AOC 活性显著降低,SOD 和 GSH-PX 活性显著增加。[3] 同时,应激会导致抗氧化酶代谢异常,从而引起免疫组织的重要结构和功能损伤[4]。一些学者已经证实,冷应激能显著影响鼠、人和鸡的免疫系统[5]。在冷应激期间,细胞因子在内分泌系统和免疫系统之间的双向通信中发挥重要作用[6]。有报道表明,BALB/c 小鼠在慢性冷应激条件下(每天 4℃/4 h,共 7 d),体内白细胞介素(IL)-10 生成量增加[7]。此外,冷应

① Zhao F,Zhang Z,Yao H,et al. Effects of cold stress on mRNA expression of immunoglobulin and cytokine in the small intestine of broilers. *Research in Veterinary Science*,2013,95(1):146-155.

② Mujahid A. Acute cold-induced thermogenesis in neonatal chicks(*Gallus gallus*). *Comparative Biochemistry and Physiology Part A:Molecular & Integrative Physiology*,2010,156(1):34-41;Lin H, Decuypere E,Buyse J. Oxidative stress induced by corticosterone administration in broiler chickens(Gallus gallus domesticus):1. Chronic exposure. *Comparative Biochemistry and Physiology Part B:Biochemistry and Molecular Biology*,2004,139(4):737-744;Bottje W G,Wang S,Beers K W,et al. Lung lining fluid antioxidants in male broilers:age-related changes under thermoneutral and cold temperature conditions. *Poultry Science*,1998,77(12):1905-1912.

③ Zhao F Q,Zhang Z W,Qu J P,et al. Cold stress induces antioxidants and Hsps in chicken immune organs. *Cell Stress and Chaperones*,2014,19(5):635-648.

④ Allen D G,Lamb G D,Westerblad H. Skeletal muscle fatigue:cellular mechanisms. *Physiological Reviews*,2008,88(1):287-332;Chang C K,Huang H Y,Tseng H F,et al. Interaction of vitamin E and exercise training on oxidative stress and antioxidant enzyme activities in rat skeletal muscles. *The Journal of Nutritional Biochemistry*,2007,18(1):39-45.

⑤ Hangalapura B N,Nieuwland M G B,Buyse J,et al. Effect of duration of cold stress on plasma adrenal and thyroid hormone levels and immune responses in chicken lines divergently selected for antibody responses. *Poultry science*,2004,83(10):1644-1649;Brenner I K M,Castellani J W,Gabaree C,et al. Immune changes in humans during cold exposure:effects of prior heating and exercise. *Journal of Applied Physiology*,1999,87(2):699-710;Jansk? L,Pospí? ilová D,Honzova S,et al. Immune system of cold-exposed and cold-adapted humans. *European Journal of Applied Physiology and Cccupational Physiology*, 1996,72(5-6):445-450.

⑥ Felten S Y,Madden K S,Bellinger D L,et al. The role of the sympathetic nervous system in the modulation of immune responses. *Advances in Pharmacology*.1997,42:583-587.

⑦ Janský L,Pospí Šilová D,Honzova S,et al. Immune system of cold-exposed and cold-adapted humans. *European Journal of Applied Physiology and Occupational Physiology*,1996,72(5-6):445-450; Rhind S G,Castellani J W,Brenner I K M,et al. Intracellular monocyte and serum cytokine expression is modulated by exhausting exercise and cold exposure. *American Journal of Physiology-Regulatory*,*Integrative and Comparative Physiology*,2001,281(1):R66-R75.

激会增强人体内 IL-6、IL-2 和 TNF-α 水平[①]。冷应激对免疫功能的影响可能取决于冷应激的时间和冷应激的强度[②]。目前大多数国内外文献报道,温度较低的冷暴露对鸡有不利的影响,然而也有报道表明,适宜的冷暴露不仅不会对肉鸡造成不利影响[③],还会加强细胞免疫能力[④]。在本研究中,我们提出一个假设"早期适宜的冷暴露不会影响肉仔鸡的抗氧化能力,并可能会提高其免疫功能"。但问题是什么条件的冷暴露对肉鸡来说是适宜的?本课题组前期研究发现,对肉仔鸡进行早期间歇性冷暴露,-3℃效果要好于-5℃和-7℃[⑤]。因此,在本试验中,我们把冷暴露温度设定为低 3℃,监测每天不同冷暴露时间(1 h、3 h、5 h 和 24 h/d)、连续冷暴露 2 周(从 8 日龄开始,至 21 日龄结束)肉鸡的抗氧化指标和免疫指标,目的在于探究间歇性冷暴露对肉鸡抗氧化能力和免疫功能的影响。

1 材料和方法

1.1 试验设计

360 只 1 日龄爱拔益加(AA)肉鸡随机分成 5 组,每组 4 个重复,每个重复 18 只鸡,笼养,饲养密度为 10 羽/m²,其中一组为对照组,其余四组为处理组。对照组不进行冷刺激,四个处理组分别在比正常饲养温度低 3℃条件下每天冷刺激 1、3、5 和 24 h,以下分别称为-3℃ 1 h 组、-3℃ 3 h 组、-3℃ 5 h 组和-3℃ 24 h 组,冷刺激条件均起始于 8 日龄早 08:00,终止于 21 日龄早 08:00,此后,所有组的温度恢复到肉用鸡饲养管理标准要求的温度,直至试验结束(42 日龄)。

① Sesti-Costa R,Ignacchiti M D C,Chedraoui-Silva S,et al. Chronic cold stress in mice induces a regulatory phenotype in macrophages:correlation with increased 11β-hydroxysteroid dehydrogenase expression. *Brain*,*Behavior*,*and Immunity*,2012,26(1):50-60.

② Hangalapura B N,Nieuwland M G,de Vries Reilingh G,et al. Effects of cold stress on immune responses and body weight of chicken lines divergently selected for antibody responses to sheep red blood cells. *Poultry Science*,2003,82(11):1692-1700.

③ 黄芳芳.间歇性低温刺激对肉鸡生产性能、抗氧化功能和组织结构的影响.哈尔滨:东北农业大学,2012.

④ Blagojević D P. Antioxidant systems in supporting environmental and programmed adaptations to low temperatures. *CryoLetters*,2007,28(3):137-150.

⑤ 黄芳芳.间歇性低温刺激对肉鸡生产性能、抗氧化功能和组织结构的影响.哈尔滨:东北农业大学,2012;王长平.不同冷刺激对商品肉鸡生理、免疫、肉质、行为及生产性能的影响.哈尔滨:东北农业大学,2012.

1.2　动物管理

在整个试验过程中（1～42 d），所有肉鸡均被饲养在中国黑龙江省大庆市黑龙江八一农垦大学动物科技学院人工气候室内。人工气候室可调参数如下：a）控温范围：－25～50℃，控温显示精度：±0.01℃，稳定度：≤±1.0℃；b）控湿范围：50%RH～95%RH，稳定性：≤±5%RH；c）培养架光强：0～8 000 lux/层；d）CO_2：0～2 500 ppm，分辨率 1 ppm；e）NH_3：0～150 ppm，分辨率 1 ppm；f）H_2S：0～80 ppm，分辨率 1 ppm，本试验中共使用 5 个人工气候室。对照组和处理组的环境温度控制程序 1～4 日龄被设置为始终维持在 33℃，5～7 日龄维持在 32℃，对照组从 8 日龄（32℃）开始到 33 日龄（20℃），温度每 2 d 降低 1℃，从 34 日龄开始，环境温度始终保持在 20℃直至试验结束。各处理组从 8 日龄（29℃）早 08：00 到 21 日龄（23℃）早 08：00，温度每 2 d 降低 1℃，从 21 日龄早 08：00 开始，所有处理组的温度恢复到与对照组相同温度直至试验结束。根据中国制定的关于肉鸡饲养的国家农业行业标准（NY/T 388—1999），NH_3 浓度在 0～3 周龄不超过 10 ppm，4～6 周龄不超过 15 ppm；CO_2 浓度不超过 1500 ppm。在试验期间，相对湿度保持在 60%～70%。光照制度：1～3 日龄 23L1D，30 lux；4～42 日龄 16L8D，20 lx。饲喂肉鸡商业化全价饲料，饲料成分标准：1～3 周龄（粗蛋白质：21.00%，能量：12.10 MJ/kg）；4～6 周龄（粗蛋白质：19.00%，能量：12.60 MJ/kg）鸡自由饮水。检查鸡情况、添水添料、清洁水槽和鸡舍等日常管理于每天早上 6：00～8：00 进行。

1.3　采样与指标测定

分别于 8 日龄（冷刺激前）、15 日龄（冷刺激 7 d）、22 日龄（冷刺激 14 d）和 42 日龄（出栏）早 07：00～07：30 之间，每组每个重复随机选取 2 只鸡采集血样于试管中，待试管中血样静置 15 min 血清析出后，迅速以 3 000 r/min 离心 10 min，制备血清于－20℃保存。应用酶联免疫法（ELISA）检测所制备血清中 IL-2、IL-4、IL-6 和 IFN-γ 含量[①]，所用试剂盒购自基尔顿生物科技（上海）有限公司；应用商业试验试剂盒对所制备血清自由基（H_2O_2、MDA、NOS）含量和抗氧化能力（T-AOC、

---

①　Okamura M，Lillehoj H S，Raybourne R B，et al. Cell-mediated immune responses to a killed *Salmonella enteritidis* vaccine：lymphocyte proliferation，T-cell changes and interleukin-6（IL-6），IL-1，IL-2，and IFN-γ production. *Comparative Immunology，Microbiology and Infectious Diseases*，2004，27（4）：255-272.

GSH-PX、T-SOD 活性)进行测定[1],所用试剂盒购自南京建成生物工程研究所。

1.4　数据处理

试验所得数据用 SAS8.2 程序进行双因素方差分析,试验处理组之间、采样时间点(日龄)之间用 Duncan's 进行多重比较,结果以"平均值±标准差"表示,$P <$ 0.05 认为差异显著。分析模型如下:$Y_{ij} = \mu + C_i + T_j + (CT)_{ij} + K + e_{ij}$;其中,$\mu$:总体效应;$C_i$:冷处理效应;$T_j$:日龄效应;$CT_{ij}$:冷处理和日龄之间的互作;$K$:区组效应;$e_{ij}$:随机误差。

2　结果

2.1　早期不同间歇式冷刺激对 AA 肉鸡血清自由基的影响

早期不同间歇式冷刺激对 AA 肉鸡血清中自由基含量的影响见表1。试验全期(1～42 d)的不同冷刺激强度对 H_2O_2 含量影响不显著($P = 0.06$),且各冷刺激组 H_2O_2 含量均低于对照组,其中 $-3\,^\circ\!C$ 5 h 组最低。虽然日龄效应表现不显著($P = 0.49$),但从对照组结果反映,肉鸡在正常饲养温度下,H_2O_2 含量在 15 日龄时显著升高($P < 0.05$),然后呈下降的趋势。冷刺激前(8 d)各组无显著差异($P = 0.22$),但刺激一周后(15 d),各冷刺激组 H_2O_2 含量均显著低于对照组($P < 0.05$)。刺激结束后(22 日龄),各冷刺激组 H_2O_2 含量与对照组差异均不显著($P = 0.18$)。42 日龄时,各冷刺激组 H_2O_2 含量与对照组差异均不显著($P = 0.34$)。冷刺激强度与日龄的交互作用对 H_2O_2 含量影响显著($P < 0.05$)。不同冷刺激强度对 NOS 活性影响显著($P < 0.05$),$-3\,^\circ\!C$ 3 h 组和 $-3\,^\circ\!C$ 5 h 组 NOS 活性显著低于对照组($P < 0.05$),其中 $-3\,^\circ\!C$ 5 h 组 NOS 活性最低,但 $-3\,^\circ\!C$ 1 h 组和 $-3\,^\circ\!C$ 24 h 组 NOS 活性与对照组差异不显著($P = 0.62$)。冷刺激前(8 d),各组差异不显著($P = 0.85$)。冷刺激中期(15 d)时,虽然各冷刺激组的 NOS 活性均高于对照组,但与对照组差异均不显著($P = 0.06$),随着冷刺激时间增加,各冷刺激组 NOS 活性逐渐降低,到 22 日龄时(冷刺激结束),各冷刺激组 NOS 活性均低于对照组,其中 $-3\,^\circ\!C$ 3 h 组和 $-3\,^\circ\!C$ 5 h 组显著低于对照组($P < 0.05$)。42 日龄时,各冷刺激组 NOS 活性与对照组差异均不显著($P > 0.05$)。冷刺激强度

---

① Zhao F Q,Zhang Z W,Qu J P,et al. Cold stress induces antioxidants and Hsps in chicken immune organs. *Cell Stress and Chaperones*,2014,19(5):635-648;Zhang Z W,Lv Z H,Li J L,et al. Effects of cold stress on nitric oxide in duodenum of chicks. *Poultry Science*,2011,90(7):1555-1561.

和日龄的交互作用对 NOS 活性影响显著（$P<0.05$）。不同冷刺激强度对 MDA 含量没有影响（$P=0.23$），尽管 $-3℃$ 24 h 组 MDA 含量最低，但与对照组之间的差异未达到显著水平（$P=0.08$）。虽然日龄效应表现差异显著（$P<0.05$），但冷刺激强度和日龄的交互作用对血清 MDA 含量影响不显著（$P>0.05$）。

2.2　不同间歇式冷刺激对 AA 肉鸡抗氧化能力的影响

不同间歇式冷刺激对肉鸡抗氧化能力的影响见表 2。本试验结果表明，不同冷刺激强度对 T-AOC 活性影响不显著（$P=0.49$），尽管各冷刺激组 T-AOC 活性略高于对照组。日龄效应对 T-AOC 活性的影响显著（$P<0.05$），表现为随着日龄的增加，各组的 T-AOC 活性显著增强。冷刺激强度和日龄的交互作用对血清 T-AOC 活性影响显著（$P<0.05$），表现为 15 日龄时，$-3℃$ 5 h 组 T-AOC 活性显著低于对照组（$P<0.05$），而 $-3℃$ 24 h 组 T-AOC 活性则显著高于对照组（$P<0.05$）。22 日龄时，各冷刺激组 T-AOC 活性与对照组差异均不显著（$P>0.05$）。42 日龄时，各冷刺激组 T-AOC 活性与对照组差异均不显著（$P=0.07$），但冷刺激组整体呈升高趋势，$-3℃$ 24 h 组除外。不同冷刺激强度对血清 SOD 活性影响显著（$P<0.05$），各冷刺激组 SOD 活性均显著高于对照组（$P<0.05$），其中 $-3℃$ 5 h 组最高。日龄对 SOD 活性产生显著影响（$P<0.05$），在冷刺激中期（15 d）时，除 $-3℃$ 24 h 组与对照组差异不显著外（$P=0.83$），其余各冷刺激组 SOD 活性均显著低于对照组（$P<0.05$），并随着冷刺激持续，各冷刺激组 SOD 活性增加。到 22 日龄时，各冷刺激组 SOD 活性均显著高于对照组（$P<0.05$）。42 日龄时，除 $-3℃$ 24 h 组与对照组差异不显著外（$P>0.05$），其余各冷刺激组均显著高于对照组（$P<0.05$）。冷刺激强度与日龄的交互作用对 SOD 活性影响显著（$P<0.05$）。不同冷刺激强度对 GSH-PX 活性影响显著（$P<0.05$），$-3℃$ 3 h 组 GSH-PX 活性最高。在冷刺激前（8 d），各冷刺激组 GSH-PX 活性与对照组无差异（$P=0.20$）；15 日龄时，1 h 组、5 h 组和 24 h 组 GSH-PX 活性与对照组差异不显著（$P=0.28$），$-3℃$ 3 h 组 GSH-PX 活性显著高于对照组（$P<0.05$）；冷刺激结束后（22 d），所有冷刺激组 GSH-PX 活性与对照组差异均不显著（$P=0.17$）；42 日龄时，$-3℃$ 3 h 组和 $-3℃$ 5 h 组 GSH-PX 活性高于对照组，但与对照组差异不显著（$P=0.08$）。冷刺激强度和日龄的交互作用对血清 GSH-PX 活性影响显著（$P<0.05$）。

2.3　不同间歇式冷刺激对 AA 肉鸡血清中细胞因子含量的影响

本试验结果表明，不同冷刺激强度对 IL-2 含量影响不显著（$P=0.11$），$-3℃$

5 h 组在各冷刺激组中 IL-2 含量最高(图1)。日龄效应影响显著($P<0.05$),变化趋势没有规律,呈前后波动状态。8、15、22 和 42 日龄各冷刺激组 IL-2 含量与对照组无显著差异($P=0.15$,$P=0.30$,$P=0.24$,$P=0.39$)。冷刺激强度与日龄的交互作用对血清 IL-2 含量影响不显著($P>0.05$)。试验结果表明,不同冷刺激强度对 IL-4 及 IL-6 含量影响均不显著($P=0.19$,$P=0.54$),但冷刺激强度与日龄的交互作用对 IL-4 及 IL-6 含量影响显著($P<0.05$)。

试验结果表明,不同冷刺激强度对 IFN-γ 含量影响显著($P<0.05$),$-3℃$ 3 h 组 IFN-γ 含量最高(图2)。在冷刺激期间(8～21 日龄),各冷刺激组 IFN-γ 含量与对照组差异不显著($P=0.08$)。当出栏时(42 d),各冷刺激组 IFN-γ 含量均高于对照组,其中 $-3℃$ 3 h 组和 $-3℃$ 5 h 组显著高于对照组($P<0.05$)。冷刺激强度与日龄的交互作用对血清 IFN-γ 含量影响显著($P<0.05$)。

表 1　间歇式冷刺激对肉鸡血清自由基的影响

项目		冷刺激前(8 d)	冷刺激中期(15 d)	冷刺激结束(22 d)	出栏(42 d)	平均值	效应因子 刺激强度	日龄	强度*日龄
$H_2O_2/$ (mmol/L)	0℃ 0 h	43.15^y ±6.24	59.74^{ax} ±6.40	56.68^x ±8.28	50.80^{xy} ±8.71	52.59 ±9.36	0.06	0.49	0.02
	$-3℃$ 1 h	51.50 ±7.30	46.47^b ±4.59	47.28 ±8.63	53.47 ±8.02	49.68 ±7.19			
	$-3℃$ 3 h	45.61 ±3.51	50.92^b ±6.93	49.68 ±5.52	46.04 ±4.11	48.06 ±5.21			
	$-3℃$ 5 h	44.18^{xy} ±5.76	42.12^{by} ±6.07	44.41^{xy} ±6.63	52.67^x ±4.80	45.84 ±6.69			
	$-3℃$ 24 h	51.04 ±7.07	45.33^b ±7.93	50.03 ±3.64	47.07 ±0.88	48.37 ±5.56			
	平均值	47.10 ±6.52	48.92 ±8.50	49.62 ±7.34	50.01 ±6.15				
	P 值	0.22	0.01	0.18	0.34				

续表 1

项目		冷刺激前（8 d）	冷刺激中期（15 d）	冷刺激结束（22 d）	出栏（42 d）	平均值	效应因子		
							刺激强度	日龄	强度*日龄
NOS/(U/mL)	0℃ 0 h	52.27^x ±3.05	47.95^x ±1.23	49.02^{ax} ±5.30	34.58^y ±4.33	45.95^a ±7.76	0.01	0.01	0.01
	−3℃ 1 h	52.17^x ±1.56	55.64^x ±2.18	45.39^{ay} ±3.24	31.14^z ±4.27	46.08^a ±10.05			
	−3℃ 3 h	52.52^x ±3.81	52.70^x ±6.05	29.73^{by} ±2.92	35.53^y ±2.33	42.62^b ±11.13			
	−3℃ 5 h	53.78^x ±3.98	54.22^x ±3.72	24.17^{bz} ±4.58	31.39^y ±4.47	40.89^b ±14.30			
	−3℃ 24 h	54.22^x ±3.25	48.93^{xy} ±4.43	47.41^{ay} ±2.47	30.97^z ±4.14	45.38^a ±9.56			
	平均值	52.99^x ±3.01	51.89^x ±4.63	39.14^y ±10.99	32.72^z ±4.06				
	P 值	0.85	0.06	0.01	0.17				
MDA/(mmol/mL)	0℃ 0 h	5.95^x ±0.44	5.98^x ±0.42	4.48^y ±0.77	3.95^y ±0.64	5.09 ±1.07	0.23	0.01	0.59
	−3℃ 1 h	5.81^x ±0.39	5.66^x ±0.32	4.77^y ±0.27	4.10^z ±0.46	5.09 ±0.79			
	−3℃ 3 h	5.76^x ±0.38	5.75^x ±0.58	5.03^x ±0.79	3.76^y ±0.31	5.07 ±0.97			
	−3℃ 5 h	5.78^x ±0.39	5.73^x ±0.68	5.01^x ±0.72	3.67^y ±0.41	5.05 ±1.02			
	−3℃ 24 h	5.88^x ±0.35	4.97^y ±0.63	4.43^{yz} ±0.68	3.65^z ±0.35	4.73 ±0.95			
	平均值	5.84^x ±0.36	5.62^x ±0.59	4.74^y ±0.65	3.82^z ±0.44				
	P 值	0.17	0.23	0.35	0.19				

x，y，z. 同一行数据不同上标表示差异显著，$P<0.05$；a，b. 同一列数据不同上标表示差异显著，$P<0.05$。

x，y，z. Different superscripts in a row indicate significant difference at $P<0.05$；a，b. Different superscripts in a column indicate significant difference at $P<0.05$.

表 2　间歇式冷刺激对肉鸡血清抗氧化功能的影响

项目		冷刺激前 （8 d）	冷刺激中 期（15 d）	冷刺激结 束（22 d）	出栏 （42 d）	平均值	效应因子		
							刺激 强度	日 龄	强度* 日龄
T-AOC/ （U/mL）	0℃ 0 h	16.40^z ±2.34	21.83^{by} ±2.67	21.34^{aby} ±2.45	26.76^x ±2.46	21.58 ±4.39	0.49	0.01	0.01
	−3℃ 1 h	17.51^y ±2.82	19.83^{bcy} ±1.88	20.46^{by} ±2.04	30.19^x ±1.91	22.00 ±5.39			
	−3℃ 3 h	19.40^z ±1.90	19.17^{bcz} ±1.41	23.88^{ay} ±1.32	29.45^x ±1.70	22.97 ±4.55			
	−3℃ 5 h	18.68^y ±2.55	17.41^{cy} ±1.99	24.11^{ax} ±2.23	27.10^x ±2.48	21.83 ±4.58			
	−3℃ 24 h	16.77^y ±3.22	26.91^{ax} ±2.00	19.15^{by} ±2.53	25.72^x ±2.64	22.14 ±5.01			
	平均值	17.75^z ±2.59	21.03^y ±3.80	21.78^y ±2.76	27.84^x ±2.66				
	P 值	0.16	0.03	0.01	0.07				
SOD/ （U/mL）	0℃ 0 h	141.92^y ±4.63	165.90^{ax} ±8.22	131.41^{cy} ±14.00	166.72^{cx} ±16.73	151.49^c ±19.03	0.01	0.01	0.01
	−3℃ 1 h	131.05^z ±13.88	124.83^{cz} ±12.06	193.82^{by} ±9.23	217.64^{bx} ±20.42	166.84^b ±43.16			
	−3℃ 3 h	128.08^w ±8.97	147.65^{bz} ±10.98	180.67^{by} ±10.76	266.73^{ax} ±15.48	180.78^a ±55.81			
	−3℃ 5 h	131.15^z ±11.06	111.70^{cz} ±9.24	216.82^{ay} ±17.01	280.05^{ax} ±18.55	184.93^a ±71.09			
	−3℃ 24 h	134.13^z ±7.61	164.27^{ay} ±11.80	177.39^{bxy} ±12.43	188.07^{cx} ±12.23	165.97^b ±23.16			
	平均值	133.27^w ±9.93	142.87^z ±23.96	180.02^y ±30.94	223.84^x ±47.36				
	P 值	0.22	0.02	0.04	0.01				

续表 2

项目		冷刺激前 （8 d）	冷刺激中期（15 d）	冷刺激结束（22 d）	出栏（42 d）	平均值	效应因子		
							刺激强度	日龄	强度*日龄
GSH-PX/ (U/mL)	0℃ 0 h	2 019.36^w ±104.12	2720.97^{bz} ±116.74	3 117.34^y ±87.05	3 580.65^{ax} ±68.02	2 859.58^{bc} ±597.57	0.01	0.01	0.01
	−3℃ 1 h	2 140.32^w ±38.17	2 780.81^{bz} ±74.28	3 138.71^y ±83.42	3 409.68^{bx} ±76.20	2 867.38^{bc} ±494.94			
	−3℃ 3 h	2 041.13^z ±71.76	3 174.19^{ay} ±60.32	3 077.42^y ±49.47	3 654.03^{ax} ±94.82	2 986.69^a ±610.57			
	−3℃ 5 h	2 090.32^w ±48.19	2 783.87^{bz} ±49.79	3 091.94^y ±29.27	3 703.23^{ax} ±99.64	2 917.34^b ±602.56			
	−3℃ 24 h	2 081.45^z ±76.86	2 710.48^{by} ±105.36	3 193.55^x ±65.32	3 293.55^{bx} ±90.96	2 819.76^c ±501.57			
	平均值	2 074.52^w ±76.84	2 834.06^z ±192.70	3 123.79^y ±72.37	3 528.23^x ±175.65				
	P 值	0.20	0.03	0.17	0.08				

$x,y,z,w.$ 同一行数据不同上标表示差异显著，$P<0.05$；$a,b,c.$ 同一列数据不同上标表示差异显著，$P<0.05$。

$x,y,z,w.$ Different superscripts in a row indicate significant difference at $P<0.05$；$a,b,c.$ Different superscripts in a column indicate significant difference at $P<0.05$.

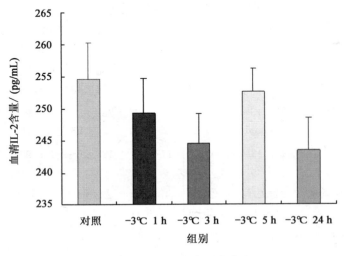

图中数据为 4 个日龄的平均值。

图 1 不同间歇式冷刺激对血清中 IL-2 含量的影响

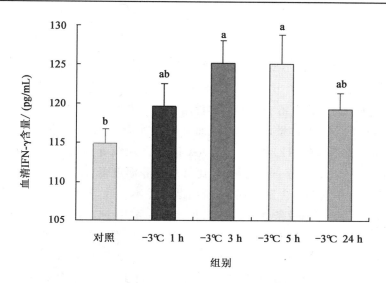

a,b:不同小写字母代表差异显著($P<0.05$),相同小写字母表示差异不显著($p>0.05$);图中数据为 4 个日龄的平均值。

图 2   不同间歇式冷刺激对血清中 IFN-γ 含量的影响

3   讨论

3.1   不同间歇式冷刺激对 AA 肉鸡血清中自由基的影响

冷应激能破坏有机体氧化/抗氧化系统之间的平衡[①],引起过氧化氢、单线氧等非自由基氧化剂和一氧化氮等自由基的过度产生[②],从而诱导有机体发生氧化应激,引起生物分子的氧化损伤[③]。MDA 的含量可作为衡量暴露于低温中的鸡氧

---

①   Şahin E,Gümüslü S. Cold-stress-induced modulation of antioxidant defence:role of stressed conditions in tissue injury followed by protein oxidation and lipid peroxidation. *International Journal of Biometeorology*,2004,48(4):165-171.

②   Finkel T,Holbrook N J. Oxidants,oxidative stress and the biology of ageing. Nature,2000,408 (6809):239;Monaghan P,Metcalfe N B,Torres R. Oxidative stress as a mediator of life history trade-offs: mechanisms,measurements and interpretation. *Ecology Letters*,2009,12(1):75-92.

③   Fang Y Z,Yang S,Wu G. Free radicals,antioxidants,and nutrition. *Nutrition*,2002,18(10):872-879;Surai P F. *Natural antioxidants in avian nutrition and reproduction*. Nottingham:Nottingham University Press,2002.

化损伤的一项指标[①]。Pan 等(2005)将 Avian 肉鸡 1～14 日龄常规饲养,从 15 日龄开始,低温组温度从 30℃开始以每天降低 1～2℃的幅度降温直至温度降到 12～14℃,此后温度保持不变直至试验结束,结果表明,低温组血浆中 MDA 含量升高[②]。此外,还有报道指出,15 日龄公鸡在(12±1)℃环境中分别进行 5 d、10 d 和 20 d 的冷应激后,其血清中 MDA 含量增加[③]。以上报道表明,温度较低的冷暴露可引起鸡体内 MDA 含量的增加,然而并不是所有的低温暴露都能引起 MDA 含量的增加。黄芳芳(2012)将 1 日龄 AA 肉鸡常规饲养至 21 日龄,在肉鸡 4～6 周龄时,每 2 d 对其进行一次冷刺激,比常规饲养温度低 3℃,冷刺激 3 h 减少了 6 周龄肉鸡血清中 MDA 含量[④]。前人研究结果并不一致,这可能是试验条件不同所致。本试验中的冷刺激条件并没有增加肉鸡血清中 MDA 含量,虽然在冷刺激方案上与黄芳芳的研究略有不同,但试验结果相似。低 3℃的冷刺激不会引起鸡血清中 MDA 含量增加,究其原因可能是本试验中的间歇式冷刺激降低温度较少(低 3℃),对肉鸡来讲该刺激比较温和,并没有破坏其氧化/抗氧化系统之间的平衡,所以并未造成 MDA 在体内大量产生。

目前,关于冷应激对鸡体内 H_2O_2 含量影响的报道比较少见。黄芳芳(2012)研究结果表明,比照常规饲养,温度低 3℃冷刺激 3 h,隔天刺激,刺激 3 周后减少了 6 周龄肉鸡血清中 H_2O_2 含量[④]。本试验中的冷刺激条件也有降低肉鸡血清中 H_2O_2 含量趋势,结果也与黄芳芳的研究相似。这说明降低 3℃的冷刺激未导致肉鸡血清中 H_2O_2 的大量产生。

在许多应激状态下,如强迫游泳、热、冷、高原、束缚等,NOS 活性处于高水平,导致 NO 生成量增多,过量 NO 能通过细胞毒性作用,并使神经细胞内 Ca^{2+} 超载,

① Zhao F,Zhang Z,Yao H,et al. Effects of cold stress on mRNA expression of immunoglobulin and cytokine in the small intestine of broilers. *Research in Veterinary Science*,2013,95(1):146-155;Zhao F Q, Zhang Z W,Wang C,et al. The role of heat shock proteins in inflammatory injury induced by cold stress in chicken hearts. *Cell Stress and Chaperones*,2013,18(6):773-783.

② Pan J Q,Tan X,Li J C,et al. Effects of early feed restriction and cold temperature on lipid peroxidation,pulmonary vascular remodelling and ascites morbidity in broilers under normal and cold temperature. *British Poultry Science*,2005,46(3):374-381.

③ 王金涛.冷应激对雏鸡神经内分泌及抗氧化功能的影响.哈尔滨:东北农业大学,2006.

④ 黄芳芳.间歇性低温刺激对肉鸡生产性能、抗氧化功能和组织结构的影响.硕士学位论文.哈尔滨:东北农业大学,2012.

导致神经元形态和功能受损,进而反馈抑制 NOS 的活性[1]。但不同应激强度和应激的不同时期会导致 NOS 活性有所不同[2]。吕朝晖(2009)以 15 日龄雏鸡为研究对象,将其置于(12±1)℃环境中分别冷应激 5、10 和 20 d,结果表明,血清中 NOS 活性随冷应激时间的延长先升高再降低[3]。本试验结果表明,各冷刺激组 NOS 活性在冷刺激中期(15 d)时略高于对照组,在冷刺激结束(22 d)时,NOS 活性低于对照组,NOS 活性随着冷刺激时间的延长呈先升高再降低的变化,与吕朝晖的试验结果相似。黄芳芳(2012)研究指出,隔天低 3℃冷刺激 3 h 使 5 周龄肉鸡血清中 NOS 活性升高,使 6 周龄肉鸡血清 NOS 活性降低[4],结果也与本试验高度一致。

3.2　不同间歇式冷刺激对 AA 肉鸡抗氧化功能的影响

冷应激会诱发与消耗氧有关的生理反应,诱导能量产生过程发生变化并生成活性氧 ROS(reactive oxygen species),从而引起机体的氧化损伤[5]。有机体内有效的抗氧化机制包括谷胱甘肽和抗氧化酶等,对于保护有机体免受 ROS 产生的损害至关重要[6]。总抗氧化能力(T-AOC)是血浆和体液中所有抗氧化剂的累积作用,是衡量机体抗氧化能力的一个综合参数[7]。王金涛将 15 日龄伊莎雏鸡暴露于(12±1)℃环境中分别进行 5、10、20 d 的冷应激,结果表明冷应激组血清 T-AOC 活性均显著增强[8]。本试验结果表明,冷刺激组血清 T-AOC 活性均高于对照组,但与对照组比差异不显著,与王金涛试验结果相似,说明低温有使鸡 T-AOC 活性增强的趋势。黄芳芳(2012)研究指出,冷刺激 1 d 3℃ 3 h 组血清 T-AOC 活性高

①　Nielsen L B,Perko M,Arendrup H,et al. Microsomal triglyceride transfer protein gene expression and triglyceride accumulation in hypoxic human hearts. *Arteriosclerosis*,*Thrombosis*,*and Vascular Biology*,2002,22(9):1489-1494.

②　吴永魁.仔猪冷应激反应中激素.HSP70 及其 mRNA 的动态分析.长春:吉林大学,2006.

③　吕朝晖.冷应激致雏鸡十二指肠损伤机制的研究.哈尔滨:东北农业大学,2009.

④　黄芳芳.间歇性低温刺激对肉鸡生产性能,抗氧化功能和组织结构的影响.硕士学位论文.哈尔滨:东北农业大学,2012.

⑤　Zhang Z W,Lv Z H,Li J L,et al. Effects of cold stress on nitric oxide in duodenum of chicks. *Poultry Science*,2011,90(7):1555-1561.

⑥　Yu B P. Cellular defenses against damage from reactive oxygen species. *Physiological Reviews*,1994,74(1):139-162.

⑦　Serafini M,Del Rio D. Understanding the association between dietary antioxidants,redox status and disease:is the total antioxidant capacity the right tool? *Redox report*,2004,9(3):145-152.

⑧　王金涛.冷应激对雏鸡神经内分泌及抗氧化功能的影响.哈尔滨:东北农业大学,2006.

于对照组,但与对照组相比差异不显著[1],与本试验的结果高度相似。冷应激反应机制十分复杂,不同试验研究的结果也并不一致,这些不同可能取决于冷暴露的时间、试验动物的遗传背景以及冷暴露的温度[2]。在本试验和黄芳芳试验中,血清T-AOC 活性对冷刺激的反应没有王金涛试验中的强烈,这可能是由于以上原因。

超氧化物歧化酶(SOD)是一种能够催化超氧化物通过歧化反应转化为氧气和过氧化氢的酶,是一种重要的抗氧化剂[3]。Ramnath 等每天将雄性蛋鸡暴露于(4 ± 1)℃环境 6 h,分别连续处理 5 和 10 d,结果表明,冷应激使血清中抗氧化酶SOD 活性显著下降[4]。王金涛研究指出,将 15 日龄雏鸡分别暴露于(12 ± 1)℃环境中 5、10、20 d 进行冷应激,冷应激使血清中 SOD 活性均显著下降[5]。而本试验中冷刺激组血清 SOD 活性在冷刺激一周时(15 d)低于对照组,但随着冷刺激持续,各冷刺激组 SOD 活性均逐渐升高,甚至高于对照组。这表明 SOD 对适度冷刺激具有适应性[1],黄芳芳的试验也证实了这一趋势。

H_2O_2 可在 GSH-PX 催化下被 GSH 还原成 H_2O,从而保护生物膜结构和功能免受 H_2O_2 损伤,以实现对有机体的保护作用[6]。有研究指出,(4 ± 1)℃环境冷应激使鸡血清中 GSH-PX 活性显著下降[4]。然而也有研究表明,鸡分别在(12 ± 1)℃环境中冷应激 5、10、20 d 后,血清中 GSH-PX 活性均显著增强[5]。黄芳芳研究表明,冷刺激 1 d 3℃ 3 h 组有增强肉鸡血清 GSH-PX 活性的趋势[1]。前人试验结果并不完全一致,这可能是试验条件不同(如刺激方案、品种等)所致。本试验中采用的温和冷刺激条件并没有降低肉鸡血清中 GSH-PX 活性,而 -3℃ 3 h 组和 -3℃ 5 h 组还有增强 GSH-PX 活性趋势,这与王金涛和黄芳芳的试验结果相似。可见,温和冷刺激条件可以提高或不影响机体内抗氧化酶的活性。

---

[1]　黄芳芳.间歇性低温刺激对肉鸡生产性能,抗氧化功能和组织结构的影响.哈尔滨:东北农业大学,2012.

[2]　Şahin E, Gümüşlü S. Cold-stress-induced modulation of antioxidant defence: role of stressed conditions in tissue injury followed by protein oxidation and lipid peroxidation. *International Journal of Biometeorology*,2004,48(4):165-171.

[3]　Noor R, Mittal S, Iqbal J. Superoxide dismutase-applications and relevance to human diseases. *Medical Science Monitor*,2002,8(9):RA210-RA215.

[4]　Al Hamedan W A, Anfenan M L K. Antioxidant activity of leek towards free radical resulting from consumption of carbonated meat in rats. *Life Sci J*,2002,8:169-176.

[5]　王金涛.冷应激对雏鸡神经内分泌及抗氧化功能的影响.哈尔滨:东北农业大学,2006.

[6]　Arthur J R. The glutathione peroxidases. *Cellular and Molecular Life Sciences*,2001,57(13-14):1825-1835.

3.3 不同间歇式冷刺激对 AA 肉鸡血清中细胞因子的影响

已有研究表明,冷暴露会影响机体免疫系统的功能[1]。Zhao 等指出,冷应激可能通过影响细胞因子的含量来影响免疫器官的正常功能,从而影响机体的免疫功能[2]。Hangalapura 等研究指出,冷应激促进了细胞因子 IL-4 和 IL-6 的 mRNA 表达,然而细胞因子 mRNA 表达量的增加并不一定等同于细胞因子水平的增加[3]。这能说明冷应激会刺激先天免疫系统和部分适应性免疫系统。Zhao 等研究结果表明,(12±1)℃环境冷应激使鸡小肠中 Th1(IFN-γ 和 IL-2)和 Th2(IL-4 和 IL-6)细胞因子 mRNA 表达增加[4]。

本试验的冷刺激条件对血清中 IL-2、IL-4 和 IL-6 含量影响均不显著,只对血清 IFN-γ 含量影响显著,并有增加其含量趋势。这说明本试验中冷刺激条件对鸡免疫系统产生刺激,并有使其免疫功能增强的趋势。先前的研究结果也表明,对4~6周龄 AA 肉鸡进行间歇式冷刺激,冷刺激降低温度为比正常饲养温度降低5℃,冷刺激时间分别为 3 和 6 h,不同间歇式冷刺激对血清 IL-2 含量影响不显著,但显著增加了血清中 IFN-γ 含量[5]。虽然本试验条件与本课题组前期试验条件不尽相同,但试验结果却相似。究其原因可能是本试验的间歇式冷刺激方式及刺激强度对肉鸡来讲不但没有造成其免疫功能下降,反而刺激了免疫系统有使其免疫

---

[1] Brenner I K M, Castellani J W, Gabaree C, et al. Immune changes in humans during cold exposure: effects of prior heating and exercise. *Journal of Applied Physiology*, 1999, 87(2): 699-710; Chang C K, Huang H Y, Tseng H F, et al. Interaction of vitamin E and exercise training on oxidative stress and antioxidant enzyme activities in rat skeletal muscles. *The Journal of Nutritional Biochemistry*, 2007, 18(1): 39-45; Felten S Y, Madden K S, Bellinger D L, et al. The role of the sympathetic nervous system in the modulation of immune responses, *Advances in pharmacology*. Academic Press, 1997, 42: 583-587; Finkel T, Holbrook N J. Oxidants, oxidative stress and the biology of ageing. *Nature*, 2000, 408(6809): 239.

[2] Zhao F Q, Zhang Z W, Qu J P, et al. Cold stress induces antioxidants and Hsps in chicken immune organs. *Cell Stress and Chaperones*, 2014, 19(5): 635-648.

[3] Brenner I K M, Castellani J W, Gabaree C, et al. Immune changes in humans during cold exposure: effects of prior heating and exercise. *Journal of Applied Physiology*, 1999, 87(2): 699-710.

[4] Fleshner M, Nguyen K T, Cotter C S, et al. Acute stressor exposure both suppresses acquired immunity and potentiates innate immunity. *American Journal of Physiology-Regulatory, Integrative and Comparative Physiology*, 1998, 275(3): R870-R878; Zhang Z W, Lv Z H, Li J L, et al. Effects of cold stress on nitric oxide in duodenum of chicks. *Poultry Science*, 2011, 90(7): 1555-1561.

[5] 王长平. 不同冷刺激对商品肉鸡生理、免疫、肉质、行为及生产性能的影响. 哈尔滨: 东北农业大学, 2012.

功能增强趋势。Blagojević 指出适宜的冷应激会增强细胞免疫功能[1],也支持了本试验的结果。

4 小结

对肉鸡进行早期适宜的间歇式冷刺激不会影响其抗氧化功能,并有提高其免疫功能趋势。根据本试验的结果作者建议 -3℃ 3 h 组刺激方案效果较佳,但仍然需要开展深入的研究工作。

---

① Blagojević D P. Antioxidant systems in supporting environmental and programmed adaptations to low temperatures. *CryoLetters*,2007,28(3):137-150.

放养密度和日龄对地方鸡屠宰
性能和肌肉品质的影响

侯林岳　孙宝盛　孙煜　卢营杰　杨玉 *

摘要：本试验研究了不同放养密度和日龄放养对地方鸡屠宰性能、肌肉品质及营养成分的影响，旨在确定适宜的放养密度和日龄，为生态养鸡提供理论依据。试验采用枣林地播种苜蓿、划区轮牧的养殖模式，用网将约 6 670 m² 的枣林苜蓿地隔成 15 块 445 m² 的小区。选择 1 日龄体重相近的健康雏鸡 1 000 只，1～49 d 室内平养，常规育雏，49 日龄末随机分成 6 个处理，其中处理 1、2、3 为 50 日龄放养，密度分别为每 445 m² 100、200、300 只，换算成每 667 m²（即每亩）150、300、450只；处理 4、5 网上平养至 80 日龄放养，密度与处理 1、2 相对应；均 10 d 轮牧一次。处理 6 为对照组，共 30 只，全程网上平养。预饲期 1 周，正式试验期 70 d。结果表明：（1）相同日龄放养条件下：50 日龄放养时，150 只/667 m² 的半净膛重、全净膛重及半净膛率、全净膛率明显低于 450 只/667 m²，胸肌剪切力显著低于其他两组（$P<0.05$），300 只/667 m² 的半净膛重、全净膛重明显低于 450 只/667 m²；80 日龄时，150 只/667 m² 的全净膛重、全净膛率及腿肌的肌内脂肪和粗蛋白含量显著高于 300 只/667 m²（$P<0.05$），胸肌剪切力极显著小于 300 只/667 m²（$P<0.01$）；（2）相同放养密度条件下：150 只/667 m² 时，50 日龄放养组的半净膛重、全净膛重、半净膛率、全净膛率以及腿肌 pH_{24h} 极显著低于 80 日龄放养组（$P<0.01$），胸肌肌内脂肪含量极显著高于 80 日龄放养组（$P<0.01$）；300 只/667 m² 时，50 日龄放养组的全净膛重、全净膛率及胸肌胆固醇含量显著低于 80 日龄放养组（$P<0.05$），腿肌率、腿肌肌苷酸含量显著高于 80 日龄放养组（$P<0.05$），肌内脂肪含量极显著高于 80 日龄放养组（$P<0.01$）；（3）各处理间肌纤维直径差异不显著（$P>0.05$），但有放养组腿肌剪切力、胸腿肌肌苷酸含量高于对照组的趋势；

*　山西农业大学动物科技学院，太谷 030801，山西。通讯作者：杨玉（1963），女，教授，博士生导师，E-mail：sxauywd@126.com。

Corresponding author：Yang Yu，College of Animal Science and Veterinary Medicine，Shanxi Agricultural University，Taigu 030801，Shanxi.

50 日龄放养组胸肌肌内脂肪含量显著高于对照组($P<0.05$)。综合考虑,本试验条件下,150 只/667 m²、80 日龄放养模式较好。

关键词:放养密度;放养日龄;屠宰性能;肉品质;肌苷酸

Effects of Free-Range Density and Age on the Slaughter Performance, Meat Quality and Nutrition Components of Chinese Native Chickens

HOU Linyue, SUN Baosheng, SUN Yu, LU Yingjie, YANG Yu

Abstract: This experiment aimed to determine an appropriate free-range density and age, and provide a theoretical basis for the ecological chicken raising by researching the effects of different density and ages on the slaughter performance, meat quality and nutrition components of native chickens. The rotational grazing pattern was used in this experiment and alfalfa had been planted in a jujube wood before the experiment. The area of land is 6 670 m², and it was divided into 15 squares. One thousand healthy 1-day old native chickens were chosen and they were reared on the ground from 0~49 ages. They were randomly divided into 6 treatments. The chickens of treatments 1~3 were free-range at 50-age, and their density was 150, 300 and 450 chickens per 667 m², respectively. The chickens of treatments 4, 5 were free-range at 80-days old, and the density was same to treatments 1, 2, respectively. Treatment 6 was reared on the net all the time as a control group. The experimendal period was 10 weeks. The results showed as follows: (1) when chickens were free-range at same age, 50 days old, the half eviscerated weight, total eviscerated weight, half eviscerated rate and total eviscerated rate of treatment 1 were lower than treatment 3, and the shear force of breast muscle was the lowest; Both the half eviscerated weight and the total eviscerated weight of treatment 2 were lower than treatment 3. When chickens were free-range at 80-days old. The total eviscerated weight and rate, the intramuscular fat (IMF) and crude protein in leg muscle of treatment 4 were significantly higher than treatment 5($P<0.05$), but the shear force of chest muscle was significantly lower than treatment 5 ($P<0.05$) (2) The half eviscerated weight, total eviscerated weight, half eviscerated rate, total eviscerated rate and pH_{24h} of the leg muscles of treatment 1 were extremely significantly lower than treatment 4 under the same density of 150 chickens per 667 m^2 ($P < 0.01$), however, the IMF of it was extremely significantly higher than treatment 4 ($P < 0.01$). (3) The total eviscerated weight, total eviscerated rate and the content of cholesterol in chest muscle of treatment 2 were significantly lower than treatment 5 ($P < 0.05$) when the density was 300 chickens per 667 m^2, however, leg muscle rate, the content of inosine monophosphate (IMP) and IMF were higher than treatment 5. (4) Though there were no differences among fiber diameters($P > 0.05$), there was a trend that the shear force of leg muscle and inosine monophosphate of free-range groups were higher than the control group. The content of IMF in chest muscle of treatments which were free-range at 50-days old was significantly higher than the control group($P < 0.05$). Overall, the pattern which was free-range at 80 days with a density of 150 chickens per 667 m^2 was the best in this experiment.

Key words: free-range; density; age; meat quality; inosine acid

近几年,废除传统笼养模式以改善鸡福利的呼声越来越高。利用草地、经济林等生态养鸡的模式亦随之兴起,并已成为一项促进当地农民收入[1]和社会-生态循环发展[2]的新兴产业。

自由放养有利于鸡的福利[3],鸡可以获得更自然的环境和更多的活动空间,并有更多的机会展现觅食、沙浴等自然行为[4]。为此国外比较重视:加拿大采用可移

---

[1] Sossidou E N, Dal Bosco A, Elson H A, et al, C. Pasture-based systems for poultry production: implications and perspectives. *World's Poult Sci J*, 2011, 67(1): 47-58; Glatz P C, Ru Y J, Miao Z H, et al. Integrating poultry into a crop and pasture farming system. *Int J Poult Sci*, 2005, 4(4): 187-191.

[2] Xu H, Su H, Su B Y et al. Restoring the degraded grassland and improving sustainability of grassland ecosystem through chicken farming: A case study in northern China. *Agriculture, Ecosystems and Environment*, 2014, 186(3): 115-123.

[3] De Jonge J, Van Trijp H C M. The impact of broiler production system practices on consumer perceptions of animal welfare. *Poult. Sci.* 2013, 92(12): 3080-3095; Vanhonacker F, Verbeke W, Tuyttens F A M. Perception of Belgian chicken producers and citizens on broiler chicken welfare in Belgium versus Brazil. *Poult Sci*, 2016, 95(7): 1555-1563.

[4] Knierim U. Animal welfare aspects of outdoor runs for laying hens: a review. NJAS -Wagening *J Life Sci*, 2006, 54(2): 133-145.

动式鸡舍在草场轮牧,以改善蛋鸡福利和肉蛋品质;欧盟 2012 年全面取消蛋鸡传统笼养模式,规定必须选择大笼饲养、自由散养、舍内平养或有机饲养等方式来生产鸡蛋;澳大利亚在 2017 年启用第一个散养鸡蛋标签制度,规定只有每公顷不超过 1 万只母鸡时,才允许在鸡蛋上贴上散养标签。

生态养鸡可谓发展蓬勃。然而,由于我国多为农户散养,放养密度过小则浪费了林地资源,密度过大又破坏了林地植被。因此,如何科学地充分利用经济林及荒山丘陵来生态养鸡,以实现生态和经济效益的双赢亟待解决。目前对于生态养鸡的研究,限于林地适宜放养密度的探索[①]、放养与笼养的比较[②]以及对土壤、植被的影响[③]等,而对枣林苜蓿地鸡适宜放养密度和日龄的研究较少。因此,本试验在种植苜蓿的枣林中,采用划区轮牧的方式,研究不同放养密度和日龄对鸡屠宰性能及肌肉品质的影响,以确定林下种植苜蓿适宜的放养密度和日龄,为生态养鸡良性循环提供理论依据。

1　材料与方法

1.1　材料与试验设计

本试验在山西太谷县生态养鸡场进行。枣林苜蓿地 6 670 m²,苜蓿条播行距 30 cm,生长整齐且茂盛。用网将苜蓿地隔成 15 块 445 m² 的小区,处理 1～5 各分得 3 个区,8～10 月划区轮牧。定做可网上平养的鸡笼。

选择 1 日龄体重相近的健康雏鸡 1 000 只,1～49 日龄为室内地面平养,0～4 周育雏期时密度约为 30 只/m²,以后逐渐脱温,疏成 12 只/m²。49 日龄末随机分成 6 个处理(表 1),其中处理 1、2、3 在 50 日龄时放养,密度分别为每 445 m² 100、200、300 只,换算成每 667 m²(即每亩)150、300、450 只;处理 4、5 先网上平养,密度均约为 10 只/m²,至 80 日龄时再放养,密度与处理 1、2 相对应,即每 445 m² 放养 100、200 只;处理 1～5 每个小区 10 d 轮牧一次。处理 6 共 30 只作为

　　① 魏忠华,李英,郑长山,等.棉田和果园放养鸡适宜密度的探讨.畜牧与兽医,2005,37(12):32-34.罗艺,王阳铭,潘学华,等.林下生态养鸡合理密度探索.上海畜牧兽医通讯,2012(2):39-40.

　　② 葛剑,崔文典,杨翠军.放养柴鸡与笼养鸡部分体指标和品质比较研究.河南农业大学,2012,41(3):146-148;陈冬梅,周材权,苏学辉.不同饲养方式对肉用土鸡生长性能和屠宰性能的影响.饲料工业,2005,26(4):377-380.

　　③ 苏本营.沙地草地散养柴鸡取食规律及其对草地生产力影响研究.泰安:山东农业大学,2011;Jones T,Feber R,Hemery G. Welfare and environmental benefits of integrating commercially viable free-range broiler chickens into newly planted woodland:A UK case study. *Agricultural Systems*,2007,94(2):177-188.

对照组,全程网上平养,密度为 10 只/m²。鸡 50～56 日龄时预饲 1 周,57～126 日龄为 70 d 的正式试验期。

表 1 试验设计

Table 1 The design of experiment

处理水平 Treatment	处理 1 Group 1	处理 2 Group 2	处理 3 Group 3	处理 4 Group 4	处理 5 Group 5	对照组 Control
放养密度(每 667 m² 鸡数)Density	150	300	450	150	300	网上平养
放养日龄 Age	50	50	50	80	80	

1.2 饲养管理与营养水平

参照鸡常规管理手册,控制好 1～49 日龄的温度、湿度和光照等。鸡 50～56 日龄时全价料预饲 1 周,记录各处理预饲期的总耗料量。随后开展为期 70 d 的正式试验。正式期的第 1 周,将预饲期时平均每天的耗料量作为各处理每天的喂料量。为了让鸡采食苜蓿为主,清晨仅喂喂料量的 20%,傍晚在鸡回笼前喂余料,若余料吃完则需补料并记录补料量。第 1 周的喂料量加上补料量为总耗料量,第 1 周平均每天耗料量作为第 2 周各处理每天的喂料量。以后每周的喂料量以此类推。试验所用饲料购自山西石羊集团,其代谢能及组成:代谢能 12.41 MJ/kg、粗蛋白质 19%、蛋氨酸 0.34%、赖氨酸 0.8%、钙 1%、总磷 0.32%、盐分 0.3%。

1.3 测定指标与方法

1.3.1 生长性能

从 50 日龄至试验结束,记录各处理每周的饲料耗料量,即每周的喂料量加补料量;每周定时给各处理的鸡称总重,取平均值。计算前后两周鸡的平均增重,进而计算出各处理每周的料肉比,取平均值。

1.3.2 屠宰性能

试验结束当天,取各处理体重相近的鸡 9 只,禁食 12 h 后称重,口腔放血宰杀,按《家禽生长性能名词术语和度量统计方法》(NYT 823—2004)测定鸡的屠体重、半净膛重、全净膛重、胸肌重、腿肌重等屠宰性能指标,计算半净膛率、全净膛率、胸肌率、腿肌率。

1.3.3　肉品质

1.3.3.1　肉色

称取每只鸡相同部位的腿、肌各 5 g,剪碎后放入 TCP2 型全自动色差仪自带的小钵中,测肉色。将肉样翻匀再测 2 次。记录 L * (亮度)、a * (红度)和 b * (黄度)值,取其平均值。

1.3.3.2　剪切力

取每只鸡同一部位、剔筋去膜、等长宽厚的胸腿肌各 3 条,放入编号的培养皿,置 80℃恒温水浴锅中漂浮水浴 15 min(时间以肌肉中心温度达 70℃为宜[①]),取出冷却 5 min,用 C-LM3B 型数显式肌肉嫩度测定仪分别测同一条肌肉的两端和中间的剪切力,取平均值。

1.3.3.3　纤维直径

取胸、腿肌各 3 小块,放入装有 20％硝酸的小瓶固定 24 h[②],用镊子在肉丝多的部位取一丁点放载玻片上,滴 1 滴甘油,用针尖将肉丝轻匀展平,盖上盖玻片轻轻揉匀,在带目镜测微尺的显微镜 10×40 倍下测 50 根纤维的直径,取平均值。

1.3.3.4　pH

取同一部位的胸、腿肌各 5 g,剪碎研匀,加蒸馏水 10 mL 再研匀,滤液 4℃冷藏至 24 h,用台式酸度计(Thermo Scientiic Orion Star™)测 pH_{24h}[③]。

1.3.4　营养物质的含量

1.3.4.1　肌内脂肪

按索氏抽提法(GB/T 14772—2008)测量。

1.3.4.2　肌肉粗蛋白

按凯氏定氮法(GB 5009.5—2010)测量。

1.3.4.3　肌肉胆固醇

取同一部位的胸、腿肌各 0.5 g,参照直接皂化-比色法[④]并结合酶法[⑤]测定。

---

①　李诚,谢婷,付刚,等.猪肉宰后冷却成熟过程中嫩度指标的相关性研究.食品科学,2009,30(17):163-166.

②　蔡治华,蔡旭冉.肉鸡肌纤维直径、嫩度变化与相关性分析.中国畜牧兽医,2007,34(2):36-38.

③　张盟,俞龙浩,何淑清,等.饲养方式对 AA 鸡屠宰后胸脯肌肉和腿肌肉僵直过程理化特的影响.食品安全质量检测学报,2012,3(2):93-97.

④　张佳程,骆承庠,黄赤男.直接皂化-比色法测定食品中胆固醇的研究.食品与发酵工业,2000,26(3):35-38.

⑤　江均平,蔡丽君,卢卫东,等.利用酶法简捷测定鸡蛋总胆固醇含量研究.畜牧与兽医,2010,42(5):37-39.

1.3.4.4　肌苷酸

1.3.4.4.1　标准曲线　用流动相将 1 mg/mL 肌苷酸标准储备液稀释成 6 个浓度梯度的标准使用液,各取 10 μL,分析色谱。然后制成标准曲线 $Y = 21\,516X - 199.52$,其中自变量(X)为肌苷酸浓度,变量(Y)为相应色谱峰面积。

1.3.4.4.2　样品制备[①]　先用娃哈哈纯净水[②]配制 5% 优级纯高氯酸和 0.5 mol/L NaOH 溶液,并用注射器套上一次性、有机系、0.45 μm 的尼龙膜针式过滤器过滤多遍(接口易崩开,注意防护面部)。取称 1.25 g 肉样,放入 10 mL 离心管中剪碎;加 2 mL 5% 优级纯高氯酸匀浆 1 min,再加 2 mL 匀浆 1 min。浆液静置消化 30 min,3 500 r/min 离心 5 min。用针式过滤器将清液滤入 50 mL 离心管,沉淀物加 2 mL 5% 高氯酸振荡 5 min 后离心,同法滤入 50 mL 离心管;用 0.5 mol/L NaOH 溶液调滤液 pH 至 6.5,娃哈哈纯净水定容 25 mL,摇匀,针式过滤器过滤。用移液枪吸 100 μL 滤液移入液相小瓶,再加流动相 300 μL。使用 Agilent1200 高效液相色谱仪进行色谱分析。

1.3.4.4.3　色谱条件　Agilent-1100 C18 色谱柱(填料粒径 5 μm,直径 4.6 mm,长度 150 mm)。流动相为甲醇-水溶液($V_{色谱纯甲醇} : V_{市售娃哈哈纯净水} = 95 : 5$),临用前用超声波水浴清洗机脱气 20 min,流速 1 mL/min,柱温 25℃,进样量 10 μL,紫外检测波长 254 nm。

1.4　数据与分析

用 SPSS 17.0 统计软件进行单因素方差分析和 Duncan 多重比较,各组数据以"平均值±标准差"表示。

2　结果与分析

2.1　放养密度和日龄对鸡生长性能的影响

由表 2 看出,除处理 4 日增重显著高于对照组外($P < 0.05$),各处理间其余指标差异均不显著($P > 0.05$),但处理 4 的日增重和料肉比相对较好。

---

① 陈国宏,侯水生,吴信生,等.中国部分地方鸡肌肉肌苷酸含量研究.畜牧兽医学报,2000,31(3):211-215.

② 郭彬,韩渊怀,黄可盛,等.HPLC 法测定 30 个荞麦品种芦丁含量的研究.山西农业科学,2013,41(1):26-29.

表 2　放养密度和日龄对鸡生长性能的影响(平均值±标准差)

Table 2　The effects of density and age on the production performance

生长性能 Production performance	处理 1 Group 1	处理 2 Group 2	处理 3 Group 3	处理 4 Group 4	处理 5 Group 5	对照组 Control	P 值
始重/kg The initial weight	0.20± 0.15	0.20± 0.12	0.20± 0.11	0.20± 0.13	0.20± 0.13	0.20± 0.12	0.72
末重/kg The final weight	1.03± 0.20	1.00± 0.11	1.11± 0.13	1.10± 0.13	1.06± 0.17	1.07± 0.18	0.38
日增重/kg ADG	0.013± 0.005^{ab}	0.015± 0.004^{ab}	0.016± 0.006^{ab}	0.017± 0.004^{a}	0.015± 0.005^{ab}	0.013± 0.006^{b}	0.042
料肉比 F/G	3.65± 1.38	4.30± 1.56	3.82± 1.43	3.31± 1.21	3.70± 1.22	3.45± 0.97	0.21

注:同行数据肩标不同小写字母表示差异显著($P<0.05$),不同大写字母表示差异极显著($P<0.01$),相同或无字母表示差异不显著($P>0.05$)。下同。

Note:In the same row,values with different small letter superscripts mean significant difference($P<0.05$),and different capital letter superscripts mean significant difference($P<0.01$),while same or no letter superscripts mean no significant difference($P>0.05$). The same below.

2.2　放养密度和日龄对鸡屠宰性能的影响

由表 3 看出,在相同日龄放养条件下:50 日龄时,处理 1、2 的半净膛重、半净膛率明显低于处理 3,处理 2 的腿肌率显著高于处理 3($P<0.05$);80 日龄时,处理 4 的全净膛重、全净膛率显著高于处理 5($P<0.05$)。

在相同放养密度条件下:150 只/667 m² 时,50 日龄放养组的半净膛重、半净膛率全净膛重和全净膛率极显著低于 80 日龄放养组($P<0.01$),胸肌重显著低于、腿肌率显著高于 80 日龄组($P<0.05$);300 只/667 m² 时,50 日龄放养组的全净膛重显著低于 80 日龄放养组($P<0.05$)。对照组的半净膛重、全净膛重和全净膛率极显著低于处理 4($P<0.01$)。

表 3　放养密度和日龄对鸡屠宰性能的影响(平均值±标准差)

Table 3　The effects of density and age on the slaughter performance

屠宰性能 Slaughter performance	处理 1 Group 1	处理 2 Group 2	处理 3 Group 3	处理 4 Group 4	处理 5 Group 5	对照组 Control	P 值
半净膛重/kg Half eviscerated weight	0.67± 0.20^{Cb}	0.74± 0.08^{BCbc}	0.91± 0.10^{ABa}	1.00± 0.18^{Aa}	0.85± 0.10^{ABCac}	0.83 ± 0.15^{BCbc}	0.003
全净膛重/kg Total eviscerated weight	0.54± 0.10^{BCb}	0.55± 0.06^{Bb}	0.68± 0.07^{ACac}	0.77± 0.18^{Aa}	0.65± 0.08^{ABc}	0.63± 0.09^{BCbc}	0.006
胸肌重/g Pecs weight	120.54± 19.40^{bc}	129.70± 17.19^{abc}	142.94± 16.80^{ab}	150.78± 26.81^{a}	136.43± 15.80^{abc}	135.14± 38.88^{abc}	0.034
腿肌重/g Leg muscle weight	148.92± 30.57	146.08± 20.06	163.00± 15.38	174.42± 37.48	159.56± 27.64	156.26± 27.11	0.323
半净膛率/% Half eviscerated rate	74.49± 8.65^{Bc}	75.01± 10.00^{ABbc}	84.23± 3.54^{Aab}	84.56± 7.15^{Aa}	80.71± 4.29^{ABabc}	77.07± 4.66^{ABabc}	0.004
全净膛率/% Tptal eviscerated rate	56.02± 3.02^{Bc}	56.29± 5.74^{BCbc}	62.82± 2.61^{ACb}	69.23± 8.01^{Aa}	61.96± 4.25^{ABCb}	59.42± 2.33^{BCb}	0.006
胸肌率/% Pecs rate	22.22± 1.86^{ab}	23.90± 3.86^{a}	21.21± 2.28^{ab}	19.88± 1.70^{b}	21.15± 3.11^{ab}	21.54± 3.15^{ab}	0.047
腿肌率/% Leg muscle rate	27.42± 3.80^{ABab}	27.54± 5.03^{Aa}	23.96± 1.70^{ABbc}	22.75± 0.76^{Bc}	24.43± 2.76^{ABbc}	24.96± 0.50^{ABabc}	0.005

2.3　放养密度和日龄对鸡肌肉品质的影响

由表 4 看出,在相同日龄放养条件下:50 日龄时,处理 1 的胸腿肌 pH$_{24h}$ 和胸肌剪切力明显最低;80 日龄时,处理 4 的胸肌剪切力和腿肌肉色 a * 值明显低于处理 5。

在相同密度放养条件下:150 只/667 m^2 时,50 日龄组的腿肌 pH$_{24h}$ 极显著低于 80 日龄组($P<0.01$);300 只/667 m^2 时,50 日龄组的胸肌 pH$_{24}$ 显著高于

80 日龄组（$P<0.05$）。对照组的肉色 a＊值和胸肌剪切力显著高于处理 4（$P<0.05$）。各处理间纤维直径差异不显著,但处理 4 的直径较大,剪切力却最小。

表 4　放养密度和日龄对鸡肌肉品质的影响（平均值±标准差）

Table 4　The effects of density and age on the meat quality

部位 Position	指标 Index	处理 1 Group 1	处理 2 Group 2	处理 3 Group 3	处理 4 Group 4	处理 5 Group 5	对照组 Control	P 值
胸肌 Pecs	肉色 L＊ MC L＊	37.01± 4.50	37.96± 3.47	36.27± 4.25	35.42± 2.78	37.34± 3.72	37.14± 3.89	0.566
	肉色 a＊ MC a＊	7.28± 2.09^{ab}	5.68± 1.04^{b}	6.79± 1.11^{ab}	4.92± 0.48^{b}	6.47± 1.94^{ab}	8.96± 1.17^{a}	0.044
	肉色 b＊ MC b＊	10.78± 2.61	13.20± 2.11	12.80± 1.78	12.82± 1.92	11.68± 1.47	11.00± 1.79	0.376
	pH$_{24h}$	5.64± 0.03^{b}	5.82± 0.09^{a}	5.77± 0.09^{ab}	5.81± 0.17^{ab}	5.68± 0.14^{b}	5.81± 0.04^{ab}	0.038
	剪切力（N） Shear force	16.41± 1.50^{BCb}	18.22± 1.50^{ABa}	17.76± 1.80^{ABCa}	14.97± 1.10^{Cb}	19.79± 2.30^{Aa}	18.70± 2.30^{ABCa}	0.007
	纤维直径/μm MFD	47.18± 4.59	47.99± 1.24	48.53± 2.98	51.01± 3.94	46.77± 2.44	52.85± 7.50	0.611
腿肌 Leg muscle	肉色 L＊ MC L＊	33.11± 1.41	33.61± 1.24	31.96± 3.19	33.55± 2.02	34.67± 1.78	34.03± 1.77	0.527
	肉色 a＊ MC a＊	8.10± 2.42^{ab}	7.84± 1.86^{ab}	7.13± 2.51^{a}	6.83± 1.48^{b}	10.61± 2.980^{b}	10.76± 2.55^{a}	0.013
	肉色 b＊ MC b＊	8.27± 1.30^{b}	9.33± 1.20^{ab}	9.21± 1.00^{ab}	9.66± 1.60^{ab}	10.17± 0.71^{a}	8.32± 1.70^{ab}	0.021
	pH$_{24h}$	6.00± 0.02^{Cb}	6.22± 0.15^{Ba}	6.19± 0.10^{BCa}	6.21± 0.10^{Ba}	6.21± 0.12^{Ba}	6.51± 0.07^{A}	0.005
	剪切力（N） Shear force	24.24± 2.74^{ab}	23.16± 1.86^{ab}	25.50± 3.63^{a}	21.41± 3.44^{ab}	23.82± 9.17^{ab}	19.98± 1.86^{b}	0.028
	纤维直径/μm MFD	43.23± 1.44	44.81± 6.11	46.17± 3.53	48.37± 5.03	44.93± 3.76	48.45± 7.93	0.142

2.4 放养密度和日龄对鸡肌肉营养物质的影响

由表 5 看出,在相同日龄放养条件下:50 日龄时,处理 1 的腿肌肌苷酸含量显著低于处理 2($P<0.05$);80 日龄时,处理 4 腿肌的肌内脂肪与粗蛋白质含量显著大于处理 5($P<0.05$)。

在相同密度放养条件下:150、300 只/667 m^2 时,50 日龄组的胸肌肌内脂肪极显著大于 80 日龄组($P<0.01$);300 只/667 m^2 时,50 日龄的胸肌胆固醇显著小于80 日龄组($P<0.05$)。对照组腿肌肌内脂肪极显著低于处理 1 和 3($P<0.01$),腿肌肌苷酸含量显著小于处理 2($P<0.05$)。

表 5　放养密度和日龄对鸡肌肉营养物质的影响

Table 5　The effects of density and age on the nutrition components

部位 Position	指标 Index	处理 1 Group 1	处理 2 Group 2	处理 3 Group 3	处理 4 Group 4	处理 5 Group 5	对照组 Control	P 值
胸肌 Pecs	胆固醇/(mg/g) CHO	1.16± 0.16[ab]	0.92± 0.34[b]	1.05± 0.18[a]	1.29± 1.00[ab]	1.44± 1.20[a]	1.30± 0.40[ab]	0.031
	肌苷酸/(mg/g) IMP	4.14± 0.86	4.65± 0.36	4.10± 0.39	4.16± 0.28	3.73± 1.00	3.87± 1.10	0.377
	肌内脂肪/% IMF	3.41± 0.63[Aa]	2.57± 0.80[ABab]	2.39± 0.70[Aa]	1.82± 0.35[BCbc]	1.18± 0.69[Cc]	1.87± 0.90[BCbc]	0.004
	粗蛋白质/% CP	22.82± 1.23	23.87± 0.77	23.17± 2.52	24.61± 2.59	24.27± 2.85	24.22± 1.21	0.628
腿肌 Leg muscle	胆固醇/(mg/g) CHO	1.29± 0.30[Aab]	1.41± 0.60[Aab]	0.89± 0.39[Ab]	1.43± 0.30[Aab]	1.52± 0.96[Ab]	1.73± 1.30[Aa]	0.006
	肌苷酸/(mg/g) IMP	3.54± 0.13[ab]	4.06± 0.26[a]	3.78± 0.19[ab]	3.78± 0.36[ab]	3.49± 0.41[b]	3.34± 0.63[b]	0.029
	肌内脂肪/% IMF	2.86± 0.50[Aa]	3.08± 0.29[Aa]	2.70± 0.88[Aa]	2.63± 0.91[ABa]	1.51± 0.62[Bb]	2.52± 1.2[ABab]	0.006
	粗蛋白质/% CP	21.82± 0.91[ab]	23.14± 3.06[ab]	22.03± 1.21[ab]	23.91± 1.81[a]	21.47± 2.21[b]	21.60± 3.79[ab]	0.035

3 讨论

3.1 放养密度和日龄对鸡生长性能、苜蓿恢复的影响

由于鸡刨食的天性,所以当放养密度过大或过早时,会对林下植被和地表土壤造成较严重的破坏,难以恢复;而放养密度过小或放养过晚则又降低了土地利用效率和经济效益。因此在倡导轮牧放养的同时,研究者也在探索适宜的放养密度和日龄。张海明[1]等研究表明,养殖密度与养殖小区的植物生物量密切相关:养鸡密度 150 只/hm² 时,植物生物量减少 9%;450 只/hm² 时,减少 49%,近一半。魏忠华[2]认为鸡 80 日龄以上时,果园中适宜放养密度为 450～600 羽。王成信[3]认为每批乌骨鸡放养密度以 100～150 只/667 m² 为宜,鸡以采食枸杞果及行间套种的牧草为主,补充少量饲料。对于放养日龄,陈冬梅[4]认为,过早放养组活动量强,日粮能量低,前期适应力差,其日增重、末重低于放养晚的组。

本试验中 150 只/667 m²、80 日龄放养组的生长性能较优。原因是该组放养晚,全价料供应期长且采食量较高;放养后运动增加,又采食大量苜蓿及蚯蚓[5]等,获得了额外的能量和蛋白质[6],故生产性能较好。本试验中,50 日龄放养早的组或放养密度大的组,苜蓿的恢复状况较差;尤其在试验后期,由于天气转冷苜蓿生长缓慢,残存的苜蓿满足不了鸡的觅食需要,于是出现了鸡刨土坑、刨苜蓿根而造成部分裸地的现象。而 150 只/667 m²、80 日龄放养组的苜蓿恢复状况相对较好,原因是该组鸡采食苜蓿的时间延迟,苜蓿的生长期得到延长;并且该组密度最小,小于苜蓿地的承载量,所以很少出现上述现象。

① 张海明,乔富强,张鸿雁,等.不同养殖密度的林下养鸡对林地植被及环境质量影响.北京农学院学报,2016,31(4):98-102.

② 魏忠华,李英,郑长山,等.棉田和果园放养鸡适宜密度的探讨.畜牧与兽医,2005,37(12):32-34.

③ 王成信,李志龙,王春生,等.枸杞园乌骨鸡生态放养技术研究.甘肃科技,2008,24(7):154-158.

④ 陈冬梅,周材权,苏学辉.不同饲养方式对肉用土鸡生长性能和屠宰性能的影响.饲料工业,2005,26(4):377-380.

⑤ Sossidou E N, Dal Bosco A, Elson H A, et al. Pasture-based systems for poultry production: Implication and perspectives. *World's Poultry Science Journal*, 2011,67(1):47-58.

⑥ Fanatico A. Alternative poultry production systems and outdoor access. *NCAT Agriculture Specialist: ATTRA Publications*, 2006.

3.2 放养密度和日龄对鸡屠宰性能的影响

郑云峰[①]等研究发现,散养能显著提高公母鸡的全净膛率、半净膛率。陈冬梅[②]发现,先笼养再放养的 4 个处理组与全期笼养组对比,放养时间长的全净膛率、半净膛率显著低于笼养时间长的组。杨翠军[③]等研究表明,由于长期粗放饲养环境及日粮养分不均衡,放养柴鸡的活重较低,产肉性能低于笼养鸡。

本试验中,150 只/667 m²、50 日龄放养组的半净膛率、全净膛率和胸肌重明显低于 150 只/667 m²、80 日龄放养组,原因是其放养期长又采食低能苜蓿较多,营养不均衡,故屠宰性能差。这与陈冬梅、杨翠军的研究一致。150 只/667 m²、80 日龄放养组的屠宰性能优于对照组,原因可能与采食的水溶性苜蓿多糖有关,它作为免疫增强剂,在提高机体免疫力的同时促进营养成分充分利用[④],从而提高屠宰性能。

3.3 放养密度和日龄对鸡肌肉品质的影响

肉色是肌肉外观评定的重要指标,它可以通过感官给消费者以好或坏的影响,在某种程度上也影响食欲和商品价值。肉色常用 L＊(亮度)、a＊(红度)、b＊(黄度)值来评定。其中最常用的是 L＊值,其值越小往往表示肉色越红。a＊值主要取决于肌红蛋白和血红蛋白的含量,含量多则数值大。姜娜[⑤]认为饲养方式对肉色影响显著,放养的 L、b 值明显升高,而 a 值显著降低,说明林下放养可明显改善肉色。本试验中,50 日龄放养条件下,密度对肉色影响不显著;150 只/667 m²、80 日龄放养组胸肌的 a＊值明显低于对照组,L＊值差异不显著,但也低于对照组,而 L＊值在胸肌中较重要,说明 150 只/667 m²、80 日龄放养组有改善胸肌肉色的趋势;放养组 b＊值整体高于笼养组,表明黄皮肤更多[⑥]。这与姜娜的研究结果基本

① 郑云峰.不同饲养方式对肉鸡胴体品质、脂肪代谢的影响.杨凌:西北农林科技大学,2005.

② 陈冬梅,周材权,苏学辉.不同饲养方式对肉用土鸡生长性能和屠宰性能的影响.饲料工业,2005,26(4):377-380.

③ 杨翠军,葛剑,谷子林.河北柴鸡放养与现代笼养对鸡屠体指标和部分器官发育比较的研究.中国农学通报,2012,28(11):71-74.

④ 李垚,付晶,王宝东,等.沙棘黄酮对 AA 肉仔鸡胴体和肉品质的影响.畜牧兽医学报,2008,39(9):1217-1223.

⑤ 姜娜.林草牧复合系统对优质肉鸡生产的影响.兰州:甘肃农业大学,2008.

⑥ Promket D,Ruangwittayanusorn K,Somchan T. The Study of Carcass Yields and Meat Quality in Crossbred Native Chicken(Chee). *Agriculture and Agricultural Science Procedia*,2016,11:84-89.

一致。

肌肉嫩度是决定肉品质的关键因素之一。通常肌束内的肌纤维数量越多，肌纤维越细，剪切力越小，肉越细嫩；结缔组织含量越多，则质地越坚硬[1]。杨烨等[2]研究发现，散养鸡的胸、腿肌纤维直径和剪切力显著大于笼养鸡。但也有研究[3]发现，散养的拜城油鸡肌肉剪切力显著低于网上平养组，袁君[4]研究也发现放养乌骨鸡的肌纤维直径比笼养的低17.2%。本试验表明，150只/667 m²、80日龄放养组的胸肌纤维直径较大，但剪切力小于其他处理组，具体原因有待进一步研究。本试验还发现，放养组的纤维直径整体小于对照组，但腿肌剪切力整体大于对照组，原因是放养组有更多的活动空间与环境丰度，腿部更健壮，骨骼发育更好[5]，腿肌结缔组织增厚，从而剪切力增加。

pH是肌肉酸度的直观表现，是测定肉品质的重要指标之一[1]。由于它对肉的质地、颜色和持水力的影响，所以动物死后pH下降是肌肉到肉转化过程中最重要的事件之一[6]。肌糖原酵解成乳酸，乳酸积累和ATP水解释放H^+致pH降低，利于抑菌和贮存。舒鼎铭等[7]认为，肌肉pH的初始值和降速可衡量肉质优劣，刚宰时pH为6~7，1 h后达最低，为5.4~5.6，然后缓慢上升。正常动物pH一般在5.8~6.2，Jaturasitha等[8]研究表明，骡鸡和泰国土鸡胸肉pH_{24}分别为5.88和5.77。本试验表明，除150只/667 m²、50日龄放养组和300只/667 m²、80日龄

① 余鹏.不同饲养方式对优质鸡的生长性能、屠宰性能以及肉质性状的影响.雅安：四川农业大学，2012.

② 杨烨，文杰，陈继兰，等.优质鸡肉质性状相互关系的研究.食品科学，2006，27(5)：90-91.

③ 沙尔山别克·阿不地力大，李海英，努尔江·买地亚尔，等.不同饲养方式对拜城油鸡生长、屠宰性能及肉品质的影响.新疆农业科学，2011，48(11)：2121-2128.

④ 袁君.枸杞园放养乌骨鸡血液指标、肉食用品质及风味物质的研究.兰州：甘肃农业大学，2009.

⑤ Stadig L M，Rodenburg T B，Ampe B，et al.Effect of free-range access，shelter type and weather conditions on free-range use and welfare of slow-growing broiler chickens. *Applied Animal Behaviour Science*，2017，192，15-23；Aguado E，Pascaretti-Grizon F，Goyenvalle E，et al.Bone mass and bone quality are altered by hypoactivity in the chicken. *PloS One*，2015，10(1)：e0116763.

⑥ Fanatico A C，Pillai P B，Emmert J L et al.，Meat Quality of Slow- and Fast-Growing Chicken Genotypes Fed Low-Nutrient or Standard Diets and Raised Indoors or with Outdoor Access. *Journal of Poultry Science*，2007，86(10)：2245-2255.

⑦ 舒鼎铭，刘定发，杨冬辉，等.鸡肉品质的评价方法.中国畜牧兽医，2005，32(4)：20-21.

⑧ Jaturasitha S，Srikanchai T，Kreuzer M，.Differences in Carcass and Meat Characteristics between Chicken Indigenous to Northern Thailand(Black-Boned and Thai Native)and Imported Extensive Breeds (Bresse and Rhode Island Red). *Journal of Poultry Science*，2008，87(1)：160-169.

放养组的胸肌外,其余放养组的胸、腿肌 pH_{24} 均介于 $5.8\sim6.2$,且胸肌 pH_{24} 为 $5.77\sim5.82$,与 Jaturasitha 的研究一致。

3.4　放养密度和日龄对鸡肌肉营养物质的影响

肌苷酸和肌内脂肪是影响鸡肉风味的重要物质,在肉烹调过程中参与美拉德等反应产生挥发性香味物[1]。韩剑众等[2]研究表明,与笼养组相比,放养组肌肉的肌苷酸和硫胺素含量显著升高。范京辉等[3]研究发现,添加红花油籽提取物组较对照组肌苷酸含量提高了 25.6%,表明皂苷类物质可提高肌肉鲜味。李慧芳[4]认为在相同饲养条件下,肌肉肌苷酸含量随周龄的增长呈增加趋势,原因是风味物质累积所致。本试验表明,放养组肌苷酸含量整体高于对照组,原因可能与放养组采食苜蓿且运动代谢增强有关。

肌内脂肪是肌肉滋润多汁的物理因子,也是产生风味化合物的前体物质。肌内脂肪沉积于肌外膜、肌束膜,氧化时能够溶解肌纤维束而提高肌肉的嫩度和多汁性。杨烨等[5]研究认为,放养鸡胸、腿肌的肌内脂肪分别比笼养鸡约低 31% 和 21%。但李肖梁等[6]发现,与封闭式饲养组相比,仙居土鸡圈放养结合能提高肌肉中肌内脂肪含量;Ugliness[7]、韩剑众等[2]也发现放养组肌内脂肪含量较高。本试验结果显示,50 日龄放养组胸肌肌内脂肪含量明显高于其他各组;除 300 只/667 m^2、80 日龄组腿肌肌内脂肪显著小于其他放养组外,其他各组间差异不显著。

---

①　刘华贵,徐淑芳,杨永平,等.鸡肉中肌苷酸及其相关物质代谢规律的研究.第十一次全国家禽学术讨论会,2003:58-62.

②　韩剑众,桑雨周,周天琼,等.饲养方式和饲喂水平对鸡肉肌纤维特性及肉质的影响.畜牧与兽医,2003,35(12):17.

③　范京辉,陈贤惠,寇瑞柏,等.植物源性鸡肉品质改进添加剂的试验研究.中国家禽业—机遇与挑战,2007:464-467.

④　李慧芳,陈宽维.不同鸡种肌肉肌苷酸和脂肪酸含量的比较.扬州大学学报,2004.

⑤　杨烨,文杰,陈继兰,等.优质鸡肉质性状相互关系的研究.食品科学,2006,27(5):90-91.

⑥　李肖梁,尹兆,正朱华,等.圈放养结合对土鸡生长性能和肉质影响的研究.饲料工业,2003(24):10.

⑦　Ugliness C,Scalage G,Chiasmal V,et al. Comparison of the performances of Nero Siciliano pigs reared indoors and outdoors. *Meat Science*,2004,68(4):523-528.

4 结论

150 只/667 m²、80 日龄放养组的生长性能、屠宰性能、嫩度以及苜蓿的恢复状况较好。同 80 日龄放养条件下,150 只/667 m² 组腿肌肌内脂肪和粗蛋白质含量较高。与对照组相比,放养组的鸡拥有更多的自然活动空间,可自由展现刨食、沙浴等自然行为,有利于鸡的福利;同时放养组的肉色 b * 值和肌肉肌苷酸含量整体较高,说明放养还可改善鸡肉的品质。综合考虑,以 150 只/667 m²、80 日龄放养模式较好。

不同低温冷刺激对商品肉鸡行为指标的影响

王长平[*]

摘要：本研究为三因素（冷刺激间隔时间、冷刺激降温幅度、冷刺激时间）三个水平（间隔 0 d、间隔 1 d、间隔 2 d；比对照组降低温度 3℃、比对照组降低温度 5℃、比对照组降低温度 7℃；刺激时间 1 h、刺激时间 3 h、刺激时间 6 h）重复（组内 4 个重复）试验。随机选择体重均匀、身体健康的 3 周龄 AA 商品肉鸡 560 只，按照试验设计分 28 组，每组 20 只鸡，组内设置 4 个重复，每个重复 5 只鸡。研究结果表明冷刺激间隔时间对采食和趴卧行为次数有显著的影响（$P < 0.05$），对修饰、饮水、站立和走动行为次数无显著的影响（$P > 0.05$）；冷刺激降低温度对采食、趴卧、修饰、饮水、站立和走动行为次数无显著的影响（$P > 0.05$）；冷刺激时间对采食、趴卧、修饰、饮水、站立和走动行为次数无显著的影响（$P > 0.05$）。

关键词：冷刺激；降低温度；间隔时间；冷刺激时间；行为

Effects of Different Cold Stimulation on the Behaviour Index of Commercial Broilers

WANG Chang-ping

Abstract：In this study, repeat experiments (4 repeats in groups) were conducted on three factors (interval days, decrease of temperature and stimulation time) and three levels (interval of 0 day, interval of 1 day, interval

* 佳木斯大学生命科学学院，佳木斯 154007。Wang Chang-ping, College of Life Science, Jiamusi University, Jiamusi.

of 2 days; with temperature decreasing 3 ℃, temperature decreasing 5 ℃, with temperature decreasing 7 ℃ respectively in different tested groups; stimulating time of 1 h, stimulating time of 3 h, stimulating time of 6 h). Three-week-old AA broilers, physically healthy and weighing evenly, were selected. Five hundred and sixty broilers were divided into 28 groups according to the design, 20 chickens in each group, four repeat experiments in one group, five chickens for each repetition. The results showed that the interval days of cold stimuli had great effects on feeding and lying of broilers($P<0.05$), while had no impact on the times of grooming, drinking, standing and walking($P>0.05$); the decrease of temperature of cold stimuli had no impact on the times of feeding, lying, grooming, drinking, standing and walking($P>0.05$); and the time of cold stimuli had no impact on the times of feeding, lying, grooming, drinking, standing and walking of broilers($P>0.05$).

Key words: cold stimulation; decrease temperature; interval days; time of cold stimuli; behaviour

寒冷应激是北方高寒地区畜禽特别是新生畜禽的一种最普遍的应激因素,对肉鸡养殖的整个饲养过程的影响都非常大。因环境低温所导致的冷应激常引起包括肉鸡在内的畜禽生长缓慢、抗病性差,甚至死亡,是制约北方畜牧业发展的主要因素之一。

在肉鸡生产上,大量试验事实证明,在极度选育使肉鸡生长速度大幅度提高的同时,肉鸡对冷环境的适应能力也在下降。选育耐冷力强的品种、在日粮中添加抗冷应激物质或进行营养调控、改善饲养管理和畜禽舍环境控制设施均可不同程度地增强肉鸡对极端冷环境的适应能力,但成本都较高,效果也不十分理想。如果通过某种简单而又经济的方法能增加肉鸡自身对冷环境的适应能力,将对我国北方高寒地区冬季的禽类生产产生重大影响。因此,为解决这一影响畜牧业生产中的难题,本课题组首先从商品肉鸡入手,通过对肉鸡进行适宜的低温刺激训练,在第4~6周从冷刺激间隔时间、温度降低幅度和冷刺激时间三方面对 AA 商品肉鸡雏进行适度的低温刺激尝试,通过行为方面的变化来鉴定肉鸡育雏过程中低温刺激尝试的效果,并从中找到有益的刺激手段。一旦找到有益的刺激手段,就可以使肉鸡雏在育雏过程中接受有益的低温刺激,从而提高肉鸡后期的免疫力,为健康养殖新工艺提供理论依据。

1 材料和方法

1.1 试验动物选择及日常饲养管理

本试验选取 AA 商品肉鸡作为试验动物。从 0 周龄开始饲养 650 只 AA 商品肉鸡,试验鸡都在人工气候室内饲养。正式试验从第 4 周开始,随机选取体重均匀、健康的肉鸡 560 只作为试验动物。

0～3 周采用笼养的育雏饲养方式,鸡自由采食和饮水,试验组与对照组的日粮组成均相同,采用商业化全价饲料日粮,日粮蛋能水平分别为:1～3 周龄(粗蛋白质 21.00%,能量 12.10 MJ/kg);4～6 周龄(粗蛋白质:19.00%,能量 12.60 MJ/kg)。严格按照 AA 商品肉鸡的饲养管理方式,控制舍内的温湿度和光照。温度方面,对照组第 1 周采用 32～35℃的育雏温度,第 2 周采用 29～32℃,第 3 周采用 26～29℃,第 4 周采用 23～26℃,从第 5 周舍内温度保持在 20～23℃,第 6 周温度一直控制在 20℃。湿度方面,舍内相对湿度为 60%～70%。试验期各低温组舍内温度根据试验方案的要求自动控制,温度计测量高度设定为鸡背高度上方 1 m,每个试验舍温度系统各自独立。光照方面,整个试验期采用密闭人工光照制度,用灯泡照明,1～3 日龄每天光照 23 h(早 6:00 到次日 5:00),3～42 日龄每天光照 16 h(早 6:00 到晚 10:00)。试验期间(4～6 周龄)每个重复的鸡分别置于带滑轮的鸡笼内饲养,饲养密度为 10 羽/m²,每天清洗水槽,保证水的供应和清洁。每日观察鸡群采食饮水是否正常以及粪便是否异常等。做好当日记录,包括当天的日期、鸡群是否正常等。其他饲养管理程序均按 AA 商品肉鸡生产常规进行。

1.2 人工气候室

利用人工气候室进行温度控制,该人工气候室可以通过电脑设置程序自动控制各个小室的温度、湿度、光照等环境条件。

1.3　低温冷刺激试验设计方案

肉鸡雏 0～21 日龄不给予低温刺激,采用正常传统的饲养条件,从 22 日龄到 42 日龄开始对随机选取的 3 周龄 560 只 AA 商品肉鸡从冷刺激间隔时间、温度降低幅度和冷刺激时间三个角度对肉鸡雏施加低温刺激。冷刺激具体方案见表 1 至表 6。按照试验设计分 28 组,每组 20 只鸡,组内设置 4 个重复,每个重复 5 只鸡。利用人工气候室使舍内温度达到试验方案的要求,同时利用温度计测量肉雏鸡背部高度的温度,以鸡背高度的温度为准。

表 1　冷刺激设计方案(1)

Table 1　The design of cold stimulus(1)

冷刺激间隔 0 d								
降低温度 3℃			降低温度 5℃			降低温度 7℃		
1 h	3 h	6 h	1 h	3 h	6 h	1 h	3 h	6 h

表 2　冷刺激设计方案(2)

Table 2　The design of cold stimulus(2)

冷刺激间隔 1 d								
降低温度 3℃			降低温度 5℃			降低温度 7℃		
1 h	3 h	6 h	1 h	3 h	6 h	1 h	3 h	6 h

表 3　冷刺激设计方案(3)

Table 3　The design of cold stimulus(3)

冷刺激间隔 2 d								
降低温度 3℃			降低温度 5℃			降低温度 7℃		
1 h	3 h	6 h	1 h	3 h	6 h	1 h	3 h	6 h

表 4　持续性冷刺激方案

Table 4　The design of constant cold stimulus

时间/d	对照组/℃	持续性冷刺激方案		
		降低温度 3℃	降低温度 5℃	降低温度 7℃
22	26	23℃	21℃	19℃
23	26	23℃	21℃	19℃
24	25	22℃	20℃	18℃
25	25	22℃	20℃	18℃
26	24	21℃	19℃	17℃
27	24	21℃	19℃	17℃
28	23	20℃	18℃	16℃
29	23	20℃	18℃	16℃
30	22	19℃	17℃	15℃
31	22	19℃	17℃	15℃
32	21	18℃	16℃	14℃
33	21	18℃	16℃	14℃
34	20	17℃	15℃	13℃
35	20	17℃	15℃	13℃
36	20	17℃	15℃	13℃
37	20	17℃	15℃	13℃
38	20	17℃	15℃	13℃
39	20	17℃	15℃	13℃
40	20	17℃	15℃	13℃
41	20	17℃	15℃	13℃
42	20	17℃	15℃	13℃

表5 间歇性冷刺激方案(间隔1 d)

Table 5　The design of intermittent cold stimulus(the interval of one day)

时间/d	对照组/℃	间歇性冷刺激方案(间隔1 d)		
		降低温度3℃	降低温度5℃	降低温度7℃
22	26	23℃	21℃	19℃
23	26			
24	25	22℃	20℃	18℃
25	25			
26	24	21℃	19℃	17℃
27	24			
28	23	20℃	18℃	16℃
29	23			
30	22	19℃	17℃	15℃
31	22			
32	21	18℃	16℃	14℃
33	21			
34	20	17℃	15℃	13℃
35	20			
36	20	17℃	15℃	13℃
37	20			
38	20	17℃	15℃	13℃
39	20			
40	20	17℃	15℃	13℃
41	20			
42	20	17℃	15℃	13℃

表6　间歇性冷刺激方案(2)(间隔2 d)

Table 6　The design of intermittent cold stimulus(2)(the interval of two days)

时间/d	对照组/℃	间歇性冷刺激方案(间隔2 d)		
		降低温度3℃	降低温度5℃	降低温度7℃
22	26	23℃	21℃	19℃
23	26			
24	25			
25	25	22℃	20℃	18℃
26	24			
27	24			
28	23	20℃	18℃	16℃
29	23			
30	22			
31	22	19℃	17℃	15℃
32	21			
33	21			
34	20	17℃	15℃	13℃
35	20			
36	20			
37	20	17℃	15℃	13℃
38	20			
39	20			
40	20	17℃	15℃	13℃
41	20			
42	20			

1.4 行为指标测定及方法

每个处理组 5 只肉鸡,每个重复中随机选取 2 只肉鸡作为目标动物,并通过在目标鸡的背部涂抹颜色的方法对其进行区分和标记,以利于进行行为观察。观察时用 DV 装置进行录像,之后回试验室进行分析。试验期间主要对目标动物的趴卧、采食、站立、饮水、走动和修饰等状态性行为进行观察(表 7)。每 5 s 观察一次目标动物的行为,看到哪一种行为就纪录这种行为发生一次。连续观测 720 次,获得 720 次行为数据样本。

表 7　行为类别及其定义

Table 7　Behavioral categories and definitions

行为	说　明
修饰	使用喙部轻轻摩擦、翻弄、梳理它的羽毛或使用脚趾轻轻地摩擦翅膀
趴卧	胸部着地同时没有表现出定义中的其他行为
采食	位于喂料器旁边,且头在食物上方或采食食物
饮水	嘴部距离饮水器 5 cm 以内,且朝向饮水器
走动	动物以正常的运步姿势行走,且没有表现出定义中的其他行为
站立	双腿站立,且没有表现出定义中的其他行为

1.5 数据的统计与分析

由于每个个体表现出的各种行为在总记录中所占的比例并不是独立的,所以我们对个体的每种行为的发生频率值进行了数据转换,以使这些数据服从正态分布。用 Spss17.0 统计软件进行分析($P > 0.05$ 为差异不显著,$P < 0.05$ 为差异显著)。结果用"平均数±标准差"表示。

2　结果与分析

2.1 低温冷刺激对商品肉鸡采食行为的影响

2.1.1 冷刺激间隔时间对商品肉鸡采食行为的影响

如表 8 所示,冷刺激间隔 0 d 试验组商品肉鸡采食行为高于对照组,冷刺激间隔 1 d 和 2 d 试验组商品肉鸡采食行为均低于对照组,但差异不显著($P > 0.05$)。

冷刺激间隔时间试验组中,冷刺激间隔 0 d 的试验组采食行为高于冷刺激间隔 1 d 和冷刺激间隔 2 d 的试验组,且组间差异不显著($P>0.05$)。经过方差分析,间隔时间对采食行为有显著的影响($P<0.05$),但组间差异不显著。

表8 冷刺激间隔时间对商品肉鸡采食行为的影响

Table 8 The effects of interval days of cold stimulus on feeding behavior of commercial broilers %

间隔时间/d	平均数 ± 标准差	差异显著性	
		$\alpha = 0.05$	$\alpha = 0.01$
0	18.53 ± 16.95	a	A
1	14.31 ± 14.08	b	A
2	14.05 ± 13.99	b	A
对照组	15.97 ± 8.52	ab	A

2.1.2 冷刺激降低温度对商品肉鸡采食行为的影响

如表9所示,冷刺激降低温度 7℃ 试验组商品肉鸡采食行为高于对照组,冷刺激降低温度 3℃ 和 5℃ 试验组商品肉鸡采食行为低于对照组,且差异不显著($P>0.05$)。冷刺激降低温度试验组中,降低温度 7℃ 的冷刺激试验组采食行为高于降低温度 3℃ 和 5℃ 的冷刺激试验组,且组间差异不显著($P>0.05$)。经过方差分析,冷刺激降低温度对采食行为无显著的影响($P>0.05$)。

表9 冷刺激降低温度对商品肉鸡采食行为的影响

Table 9 The effects of decreased temperature of cold stimulus on feeding behavior of commercial broilers %

降低温度/℃	平均数 ± 标准差	差异显著性	
		$\alpha = 0.05$	$\alpha = 0.01$
3	15.65 ± 14.91	a	A
5	15.58 ± 34.07	a	A
7	18.47 ± 18.02	a	A
对照组	15.97 ± 8.52	a	A

2.1.3 冷刺激时间对商品肉鸡采食行为的影响

如表 10 所示,冷激刺激时间 3 h 和 6 h 试验组商品肉鸡采食行为均高于对照组,冷激刺激时间 1 h 试验组商品肉鸡采食行为低于对照组,且差异不显著($P>$ 0.05)。冷刺激刺激时间试验组中,刺激时间 6 h 的冷刺激试验采食行为高于刺激时间 1 h 和刺激时间 3 h 的冷刺激试验组,且组间差异不显著($P>$0.05)。

表 10　冷刺激刺激时间对商品肉鸡采食行为的影响

Table 10　The effects of the time of cold stimulus on feeding behavior

of commercial broilers %

刺激时间/h	平均数 ± 标准差	差异显著性	
		$\alpha = 0.05$	$\alpha = 0.01$
1	14.24 ± 14.76	a	A
3	16.19 ± 15.54	a	A
6	20.52 ± 17.04	a	A
对照组	15.97 ± 8.52	a	A

2.2　低温冷刺激对商品肉鸡趴卧行为的影响

2.2.1　冷刺激间隔时间对商品肉鸡趴卧行为的影响

如表 11 所示,冷刺激间隔 1 d 和 2 d 试验组商品肉鸡趴卧行为均高于对照组,冷刺激间隔 0 d 试验组商品肉鸡趴卧行为低于对照组,且差异不显著($P>$0.05)。冷刺激间隔时间试验组中,冷刺激间隔 1 d 的试验组趴卧行为高于冷刺激间隔 0 d 和冷刺激间隔 2 d 的试验组,且组间差异不显著($P>$0.05)。经过方差分析,间隔时间对趴卧行为有显著的影响($P<$0.05),但组间差异不显著。

表 11　冷刺激间隔时间对商品肉鸡趴卧行为的影响

Table 11　The effects of interval days of cold stimulus on lying

behavior of commercial broilers %

间隔时间/d	平均数 ± 标准差	差异显著性	
		$\alpha = 0.05$	$\alpha = 0.01$
0	51.70 ± 21.32	a	A
1	58.63 ± 21.13	b	A
2	56.18 ± 17.96	ab	A
对照组	53.89 ± 18.83	ab	A

2.2.2 冷刺激降低温度对商品肉鸡趴卧行为的影响

如表 12 所示,冷刺激降低温度 3℃ 和 5℃ 试验组商品肉鸡趴卧行为高于对照组,冷刺激降低温度 7℃ 试验组商品肉鸡趴卧行为低于对照组,且差异不显著($P>0.05$)。冷刺激降低温度试验组中,降低温度 3℃ 的冷刺激试验组趴卧行为高于降低温度 5℃ 和 7℃ 的冷刺激试验组,且组间差异不显著($P>0.05$)。经过方差分析,冷刺激降低温度对趴卧行为无显著的影响($P>0.05$)。

表 12　冷刺激降低温度对商品肉鸡趴卧行为的影响

Table 12　The effects of decreased temperature of cold stimulus on lying behavior of commercial broilers %

降低温度/℃	平均数 ± 标准差	差异显著性	
		$\alpha=0.05$	$\alpha=0.01$
3	55.77 ± 20.23	a	A
5	53.97 ± 18.97	a	A
7	53.38 ± 23.14	a	A
对照组	53.89 ± 18.83	a	A

2.2.3 冷刺激刺激时间对商品肉鸡趴卧行为的影响

如表 13 所示,冷激刺激时间 1 h 试验组商品肉鸡趴卧行为次数均高于对照组,冷激刺激时间 3 h 和 6 h 试验组商品肉鸡趴卧行为低于对照组,且差异不显著($P>0.05$)。冷刺激刺激时间试验组中,刺激时间 1 h 的冷刺激试验采食行为高于刺激时间 3 h 和刺激时间 6 h 的冷刺激试验组,且组间差异不显著($P>0.05$)。

表 13　冷刺激刺激时间对商品肉鸡趴卧行为的影响

Table 13　The effects of the time of cold stimulus on on lying behavior of commercial broilers %

刺激时间/h	平均数 ± 标准差	差异显著性	
		$\alpha=0.05$	$\alpha=0.01$
1	59.21 ± 19.51	a	A
3	53.63 ± 20.99	a	A
6	48.25 ± 20.88	a	A
对照组	53.89 ± 18.83	a	A

2.3 低温冷刺激对商品肉鸡修饰行为的影响

2.3.1 冷刺激间隔时间对商品肉鸡修饰行为的影响

如表 14 所示,冷刺激间隔 1 d 和 2 d 试验组商品肉鸡修饰行为均高于对照组,冷刺激间隔 0 d 试验组商品肉鸡修饰行为低于对照组,且差异不显著($P>0.05$)。冷刺激间隔时间试验组中,冷刺激间隔 2 d 的试验组修饰行为高于冷刺激间隔 0 d 和冷刺激间隔 1 d 的试验组,且组间差异不显著($P>0.05$)。经过方差分析,间隔时间对修饰行为无显著的影响($P>0.05$)。

表 14 冷刺激间隔天数对商品肉鸡修饰行为的影响

Table 14 The effects of interval days of cold stimulus on grooming behavior of commercial broilers %

间隔时间/d	平均数 ± 标准差	差异显著性	
		$\alpha = 0.05$	$\alpha = 0.01$
0	5.74 ± 6.58	a	A
1	5.97 ± 6.28	a	A
2	7.48 ± 7.34	a	A
对照组	6.15 ± 4.53	a	A

2.3.2 冷刺激降低温度对商品肉鸡修饰行为的影响

如表 15 所示,冷刺激降低温度 3℃ 和 5℃ 试验组商品肉鸡修饰行为高于对照组,冷刺激降低温度 7℃ 试验组商品肉鸡修饰行为低于对照组,且差异不显著($P>0.05$)。冷刺激降低温度试验组中,降低温度 3℃ 的冷刺激试验组修饰行为高于降低温度 5℃ 和 7℃ 的冷刺激试验组,且组间差异不显著($P>0.05$)。经过方差分析,冷刺激降低温度对修饰行为无显著的影响($P>0.05$)。

表 15 冷刺激降低温度对商品肉鸡修饰行为的影响

Table 15 The effects of decreased temperature of cold stimulus on grooming behavior of commercial broilers %

降低温度/℃	平均数 ± 标准差	差异显著性	
		$\alpha = 0.05$	$\alpha = 0.01$
3	6.58 ± 7.24	a	A
5	6.33 ± 6.75	a	A
7	5.54 ± 6.05	a	A
对照组	6.15 ± 4.53	a	A

2.3.3 冷刺激刺激时间对商品肉鸡修饰行为的影响

如表 16 所示,冷激刺激时间 1 h 和 3 h 试验组商品肉鸡修饰行为均高于对照组,冷激刺激时间 6 h 试验组商品肉鸡修饰行为低于对照组,且差异不显著($P>$ 0.05)。冷刺激刺激时间试验组中,刺激时间 3 h 的冷刺激试验修饰行为高于刺激时间 1 h 和刺激时间 6 h 的冷刺激试验组,且组间差异不显著($P>0.05$)。经过方差分析,冷刺激时间对修饰行为无显著的影响($P>0.05$)。

表 16　冷刺激刺激时间对商品肉鸡修饰行为的影响

Table 16　The effects of the time of cold stimulus on grooming behavior
of commercial broilers

%

刺激时间/h	平均数 ± 标准差	差异显著性	
		$\alpha = 0.05$	$\alpha = 0.01$
1	5.87±6.50	a	A
3	6.51±7.13	a	A
6	6.02±6.32	a	A
对照组	6.15±4.53	a	A

2.4　低温冷刺激对商品肉鸡饮水行为的影响

2.4.1 冷刺激间隔时间对商品肉鸡饮水行为的影响

如表 17 所示,各冷刺激间隔时间试验组商品肉鸡饮水行为均高于对照组,但差异不显著($P>0.05$)。冷刺激间隔时间试验组中,冷刺激间隔 0 d 的试验组饮水行为高于冷刺激间隔 1 d 和冷刺激间隔 2 d 的试验组,且组间差异不显著($P>$ 0.05)。经过方差分析,间隔时间对饮水行为无显著的影响($P>0.05$)。

表 17　冷刺激间隔时间对商品肉鸡饮水行为的影响

Table 17　The effects of interval days of cold stimulus on drinking
behavior of commercial broilers

%

间隔时间/d	平均数 ± 标准差	差异显著性	
		$\alpha = 0.05$	$\alpha = 0.01$
0	7.52±6.88	a	A
1	5.89±6.38	a	A
2	6.41±6.63	a	A
对照组	5.66±5.71	a	A

2.4.2 冷刺激降低温度对商品肉鸡饮水行为的影响

如表 18 所示,各冷刺激降低温度试验组商品肉鸡饮水行为高于对照组,但差异不显著($P>0.05$)。冷刺激降低温度试验组中,降低温度 5℃的冷刺激试验组饮水行为高于降低温度 3℃和 7℃的冷刺激试验组,且组间差异不显著($P>0.05$)。经过方差分析,冷刺激降低温度对饮水行为无显著的影响($P>0.05$)。

表 18   冷刺激降低温度对商品肉鸡饮水行为的影响

Table 18   The effects of decreased temperature of cold stimulus on drinking

behavior of commercial broilers   %

降低温度/℃	平均数 ± 标准差	差异显著性	
		$\alpha=0.05$	$\alpha=0.01$
3	6.26±6.65	a	A
5	7.92±7.61	a	A
7	6.42±5.67	a	A
对照组	5.66±5.71	a	A

2.4.3 冷刺激刺激时间对商品肉鸡饮水行为的影响

如表 19 所示,各冷激刺激时间试验组商品肉鸡饮水行为均高于对照组,但差异不显著($P>0.05$)。冷刺激刺激时间试验组中,刺激时间 6 h 的冷刺激试验饮水行为高于刺激时间 1 h 和刺激时间 3 h 的冷刺激试验组,且组间差异不显著($P>0.05$)。经过方差分析,冷刺激时间对饮水行为无显著的影响($P>0.05$)。

表 19   冷刺激刺激时间对商品肉鸡饮水行为的影响

Table 19   The effects of the time of cold stimulus on drinking

behavior of commercial broilers   %

刺激时间/h	平均数 ± 标准差	差异显著性	
		$\alpha=0.05$	$\alpha=0.01$
1	5.95±6.69	a	A
3	7.14±7.06	a	A
6	7.9±6.15	a	A
对照组	5.66±5.71	a	A

2.5 低温冷刺激对商品肉鸡站立行为的影响

2.5.1 冷刺激间隔时间对商品肉鸡站立行为的影响

如表 20 所示,各冷刺激间隔时间试验组商品肉鸡站立行为均低于对照组,但差异不显著($P>0.05$)。冷刺激间隔时间试验组中,冷刺激间隔 2 d 的试验组站立行为高于冷刺激间隔 0 d 和冷刺激间隔 1 d 的试验组,且组间差异不显著($P>0.05$)。经过方差分析,间隔时间对站立行为无显著的影响($P>0.05$)。

表 20 冷刺激间隔时间对商品肉鸡站立行为的影响

Table 20 The effects of interval days of cold stimulus on standing behavior of commercial broilers %

间隔时间/d	平均数 ± 标准差	差异显著性	
		$\alpha = 0.05$	$\alpha = 0.01$
0	6.66 ± 6.44	a	A
1	6.90 ± 6.49	a	A
2	7.45 ± 6.35	a	A
对照组	10.00 ± 4.96	a	A

2.5.2 冷刺激降低温度对商品肉鸡站立行为的影响

如表 21 所示,各冷刺激降低温度试验组商品肉鸡站立行为低于对照组,但差异不显著($P>0.05$)。冷刺激降低温度试验组中,降低温度 5℃ 的冷刺激试验组站立行为高于降低温度 3℃ 和 7℃ 的冷刺激试验组,且组间差异不显著($P>0.05$)。经过方差分析,冷刺激降低温度对站立行为无显著的影响($P>0.05$)。

表 21 冷刺激降低温度对商品肉鸡站立行为的影响

Table 21 The effects of decreased temperature of cold stimulus on standing behavior of commercial broilers %

降低温度/℃	平均数 ± 标准差	差异显著性	
		$\alpha = 0.05$	$\alpha = 0.01$
3	6.31 ± 6.87	a	A
5	7.81 ± 6.57	a	A
7	6.45 ± 5.74	a	A
对照组	10.00 ± 4.96	a	A

2.5.3 冷刺激刺激时间对商品肉鸡站立行为的影响

如表 22 所示,各冷激刺激时间试验组商品肉鸡站立行为均低于对照组,但差异不显著($P>0.05$)。冷刺激刺激时间试验组中,刺激时间 3 h 的冷刺激试验站立行为高于刺激时间 1 h 和刺激时间 6 h 的冷刺激试验组,且组间差异不显著($P>0.05$)。经过方差分析,冷刺激时间对站立行为无显著的影响($P>0.05$)。

表 22 冷刺激刺激时间对商品肉鸡站立行为的影响

Table 22 The effects of the time of cold stimulus on standing behavior of commercial broilers
%

刺激时间/h	平均数 ± 标准差	差异显著性	
		$\alpha = 0.05$	$\alpha = 0.01$
1	6.5±6.33	a	A
3	7.20±6.46	a	A
6	6.97±6.54	a	A
对照组	10.00±4.96	a	A

2.6 低温冷刺激对商品肉鸡走动行为的影响

2.6.1 冷刺激间隔天数对商品肉鸡走动行为的影响

如表 23 所示,冷刺激间隔 0 d 试验组商品肉鸡走动行为均高于对照组,冷刺激间隔 1 d 和 2 d 试验组商品肉鸡走动行为低于对照组,且差异不显著($P>0.05$)。冷刺激间隔时间试验组中,冷刺激间隔 0 d 的试验组修饰行为高于冷刺激间隔 1 d 和冷刺激间隔 2 d 的试验组,且组间差异不显著($P>0.05$)。经过方差分析,间隔时间对走动行为无显著的影响($P>0.05$)。

表 23 冷刺激间隔天数对商品肉鸡走动行为的影响

Table 23 The effects of interval days of cold stimulus on moving behavior of commercial broilers
%

间隔时间/d	平均数 ± 标准差	差异显著性	
		$\alpha = 0.05$	$\alpha = 0.01$
0	9.04±7.01	a	A
1	8.29±6.29	a	A
2	8.37±6.52	a	A
对照组	8.65±4.96	a	A

2.6.2 冷刺激降低温度对商品肉鸡走动行为的影响

如表 24 所示,冷刺激降低温度 3℃试验组商品肉鸡趴走动行为高于对照组,冷刺激降低温度 5℃和 7℃试验组商品肉鸡走动行为低于对照组,且差异不显著($P>0.05$)。冷刺激降低温度试验组中,降低温度 3℃的冷刺激试验组走动行为高于降低温度 5℃和 7℃的冷刺激试验组,且组间差异不显著($P>0.05$)。经过方差分析,冷刺激降低温度对走动行为无显著的影响($P>0.05$)。

表 24 冷刺激降低温度对商品肉鸡走动行为的影响

Table 24 The effects of decreased temperature of cold stimulus on moving behavior of commercial broilers %

降低温度/℃	平均数±标准差	差异显著性	
		$\alpha=0.05$	$\alpha=0.01$
3	9.38±7.17	a	A
5	8.40±6.38	a	A
7	8.42±6.65	a	A
对照组	8.65±4.96	a	A

2.6.3 冷刺激刺激时间对商品肉鸡走动行为的影响

如表 25 所示,冷激刺激时间 3 h 和 6 h 试验组商品肉鸡走动行为均高于对照组,冷激刺激时间 1 h 试验组商品肉鸡走动行为低于对照组,且差异不显著($P>0.05$)。冷刺激刺激时间试验组中,刺激时间 6 h 的冷刺激试验修饰行为高于刺激时间 1 h 和刺激时间 3 h 的冷刺激试验组,且组间差异不显著($P>0.05$)。经过方差分析,冷刺激时间对走动行为无显著的影响($P>0.05$)。

表 25 冷刺激刺激时间对商品肉鸡走动行为的影响

Table 25 The effects of the time of cold stimulus on moving behavior of commercial broilers %

刺激时间/h	平均数±标准差	差异显著性	
		$\alpha=0.05$	$\alpha=0.01$
1	7.74±6.35	a	A
3	9.23±7.27	a	A
6	9.43±6.34	a	A
对照组	8.65±4.96	a	A

3 讨论

本试验观测了与运动有关的有代表性的采食、行为、趴卧、修饰、饮水、站立和走动6种行为。Preston 和 Murphy 曾报道,7 周龄的肉仔鸡每天的休息时间占75%,而采食占7%;成鸡的休息时间占20%,采食时间占40%,成长过程中肉鸡行为模式发生变化。[①] 通过本试验的行为观测,发现在低温冷刺激时,鸡取蹲位以遮盖腿部,趴卧来遮盖腹部的行为方式来减少身体的散热,肉鸡的行为大多以趴卧行为为主。环境温度降低时,鸡通过中枢神经系统的调节、末稍毛细血管的收缩、血流量减少、皮温下降等途径可使辐射、对流和传导散热减少,此外趴卧行为较多,鸡体蜷缩聚集在一起,也是减少体表面积和散热最简单的调节方式。现在的商品肉鸡大约要花费80%以上的时间休息[②]。同时由于休息行为所占时间增多,势必会减少肉鸡其他一些必须的行为所占的比例。

本研究从环境温度角度研究不同冷刺激时间对 AA 商品肉鸡行为的影响,丰富了在商品肉鸡行为和福利方面的科学研究,为尝试完善肉鸡福利养殖质量评分体系提供依据。在肉鸡福利养殖质量评分体系研究方面,张宏福也认为环境因素对肉鸡健康的影响研究和技术发展主要集中在温度、光照和畜舍环境改善等方面[③]。

4 结论

本研究从 22 日龄到 42 日龄开始对随机选取的 3 周龄 560 只 AA 商品肉鸡从冷刺激间隔时间、温度降低幅度和冷刺激时间三个角度对肉鸡雏施加低温刺激。研究结果表明冷刺激间隔时间对采食和趴卧行为次数有显著的影响($P < 0.05$),对修饰、饮水、站立和走动行为次数无显著的影响($P > 0.05$);冷刺激降低温度对采食、趴卧、修饰、饮水、站立和走动行为次数无显著的影响($P > 0.05$);冷刺激时间对采食、趴卧、修饰、饮水、站立和走动行为次数无显著的影响($P > 0.05$)。

---

① Preston A P, Murphy L B. Movement of broiler chickens reared in commercial conditions. *Br. Poult. Sci*, 1989, 30:519-532.

② Newberry R C Hall J W. Use of Pen Space by Broiler Chickens: Effects of Age and Pen Size. *Appl Anim Behav Sci*, 1990, 25:125-136; Weeks C A, Danbury T D, Davies H C et al. The behaviour of broiler chickens and its modification by lameness. *Appl. Anim. Behav. Sci*, 2000, 67:111-125.

③ 张宏福,李绍钰,占秀安,等.世界肉鸡生产与环境控制研究和技术发展报告.中国家禽,2015,37(11):4-6.

一种用于蛋鸡发声类型识别的方法

杜晓冬　滕光辉*

摘要：声音技术是监测动物行为的有效方法，受环境等外界因素所影响的蛋鸡发声可以作为一种动物福利的评价指标。本研究介绍了一种无接触式的、基于蛋鸡声音的监测手段，并提出了一个新的音色模型，该模型采用同蛋鸡声音密切相关的音色特征：梅尔倒谱系数、共振峰、共振峰比例等，筛选出最优特征组合，利用神经网络建模训练、识别，最终实现较准确地区分不同的蛋鸡叫声类型，本文设计的四组对比试验结果表明，12 维梅尔频率倒谱系数、3 维梅尔频率倒谱系数＋三色共振峰、共振峰＋三色共振峰、3 维梅尔频率倒谱系数特征值的平均识别率分别 96.1%、89.2%、65.9% 和 81.9%。3 维梅尔频率倒谱系数＋三色共振峰可以有效地实现蛋鸡声音分类，且计算量较小。本文研究可以为饲养员提供一种连续监测蛋鸡发声行为、蛋鸡福利状况的有效方法。

关键词：动物声音识别；蛋鸡；三色共振峰；动物行为

A Method for Call Type Recognition in Laying Hens

DU Xiaodong，TENG Guanghui

Abstract：With the incremental scale of the farms and the corresponding higher number of laying hens，it is increasingly difficult for farmers to monitor their animals in a satisfactory way. Sound technique is a valid method for

---

* 中国农业大学水利与土木工程学院，农业部设施农业工程重点实验室，北京 100083，duxiaodong@cau.edu.cn. 通讯作者邮箱：futong@cau.edu.cn.

Corresponding authors：DU Xiaodong and TENG Guanghui，Key Laboratory of Agricultural Engineering in Structure and Environment，Engineering Research Center for Livestock and Poultry Healthy Environment，College of Water Resources & Civil Engineering，China Agricultural University，Beijing，China.

monitoring animal behavior and the results reflected by environment can be regarded as an assessment index of animal welfare. This study introduces a non-invasive, vocal-based method for monitoring laying hens and puts forward a Timbre-ANN model involving formant characteristic for recognizing different kinds of animal behavior through different call types. A floor-rearing region including 18 hy-line laying hens was consecutively monitored by a top-view Kinect mounted at a height of 1.8m during 10 experimental days. Sound data processing techniques were used to extract the feature of various call types and to classify animal vocalization based on LabVIEW software. The results show that the situation where the laying behavior, drinking behavior, vocal behavior, stress behavior were correctly recognized with the accuracy of 85%, 90%, 78%, 82%, respectively. Finally, the method described in this paper can provide the farmer with a useful tool for monitoring laying hens' welfare.

Key words：animal sound recognition；laying hens；Timbre-ANN model；animal behavior

0 引言

随着农场规模的扩大和饲养动物的增多,实现畜禽舍 24 h 连续监测是一件很困难的事情[1]。现代科学技术使用相机、麦克风和传感器代替了农民的眼睛和耳朵,实现了近距有效地监测动物行为[2]。借助一种自动的声音监测、分析技术,可以获得更多有关动物行为的信息。声音分析技术可以通过监测啄食声音来预测肉

---

① Guarino M，Norton T，Berckmans D，et al. A blueprint for developing and applying precision livestock farming tools：A key output of the EU-PLF project. *Animal Frontiers*，2017,7(1):12.

② Norton T，Berckmans D. Developing precision livestock farming tools for precision dairy farming. *Animal Frontiers*，2017,7(1):18.

Kashiha M，Pluk A，Bahr C，et al. Development of an early warning system for a broiler house using computer vision. *Biosystems Engineering*，2013,116(1):36-45.

鸡采食量[①],声音定位技术可以用来监测猪呼吸道疾病[②]。不同的发声类型代表着动物本体的不同需求,精确地捕捉到这些声音可以帮助人们更深入了解动物的行为。在动物发声研究中,人们通常从声谱图中提取有关声音的信息,而特征参数的选择常常是由研究者的直觉决定的,这可能会忽略有价值的信息。人工提取方式不适用于在线识别分析和大型数据收集的条件[③]。本文介绍了一种自动辨识蛋鸡发声类型的方法,由特征提取和分类识别两部分组成。特征提取是数据降维的过程,保留足够的特征维数进行处理,而分类器算法则用来识别新的样本声音属于哪一类别。大量研究表明,梅尔频率倒谱系数(MFCCs)特征被广泛应用于分类、识别动物声音信号[④]。音色,通常在声音识别过程中起着关键作用。尽管音色是一个直观的概念,但它的官方定义却不那么简单[⑤]。美国国家标准学会将音色描述为使人们能够区分具有相同的持续时间、响度和音高的不同的声音,例如,两种不同的乐器演奏完全相同的音符[⑥]。声音四要素是持续时间、音调、音强和音色,

① Aydin A，Berckmans D. Using sound technology to automatically detect the short-term feeding behaviours of broiler chickens. *Computers and Electronics in Agriculture*，2016,121:25-31；Aydin A，Bahr C，Berckmans D. A real-time monitoring tool to automatically measure the feed intakes of multiple broiler chickens by sound analysis. *Computers and Electronics in Agriculture*，2015,114:1-6；Aydin A，Bahr C，Viazzi S，et al. A novel method to automatically measure the feed intake of broiler chickens by sound technology. *Computers and Electronics in Agriculture*，2014,101:17-23.

② Exadaktylos V，Silva M，Aerts J M，et al. Real-time recognition of sick pig cough sounds. *Computers And Electronics In Agriculture*，2008,63(2):207-214；Silva M，Ferrari S，Costa A，et al. Cough localization for the detection of respiratory diseases in pig houses. *Computers and Electronics in Agriculture*，2008,64(2):286-292.

③ Mielke A，Zuberbühler K. A method for automated individual，species and call type recognition in free-ranging animals. *Animal Behaviour*，2013,86(2):475-482.

④ Alonso J B，Cabrera J，Shyamnani R，et al. Automatic anuran identification using noise removal and audio activity detection. *Expert Systems with Applications*，2017,72:83-92；Noda J，Travieso C，Sánchez-Rodríguez D. Automatic taxonomic classification of fish based on their acoustic signals. *Applied Sciences*，2016,6(12):443；Elie J E，Theunissen F E. The vocal repertoire of the domesticated zebra finch：a data-driven approach to decipher the information-bearing acoustic features of communication signals. *Animal Cognition*，2016，19(2):285-315；Chung Y，Oh S，Lee J，et al. Automatic detection and recognition of pig wasting diseases using sound data in audio surveillance systems. *Sensors*，2013,13(10):12929-12942.

⑤ Patil K，Pressnitzer D，Shamma S，et al. Music in our ears:the biological bases of musical timbre perception. *PLOS Computational Biology*，2012,8:e100275911.

⑥ American National Standards Institute. ANSI S1.1-2013 American National Standard Acoustical Terminology，2013.

前三者可以用一维数据表示，但音色是一个多维度的。因此，多维音色特征参数的组合要比单一的 MFCCs 特征识别效果好。此外，MFCCs 通常具有大量的特征维度，会降低计算效率。本文提出一种三色共振峰特征（TF），由三色谐波特征转换而来，可以弥补 MFCCs 计算量大的不足，我们在此应用于蛋鸡发声的识别[①]。

第二个关键因素是分类算法，到目前为止，相关研究主要使用的分类器有：k最近邻算法[②]、决策树算法[③]、高斯混合模型[④]、隐马尔科夫模型[⑤]、神经网络算法[⑥]、

---

① Pollard H F, Jansson E V. A tristimulus method for the specification of musical timber. *Acustica*, 1982,51(3):162-171.

② Noda J, Travieso C, Sánchez-Rodríguez D. Automatic taxonomic classification of fish based on their acoustic signals. *Applied Sciences*, 2016,6(12):443; Xie J, Michael T, Zhang J, et al. Detecting frog calling activity based on acoustic event detection and multi-label learning. *Procedia Computer Science*, 2016,80:627-638.

③ Moi M, Naeaes I D A, Caldara F R, et al. Vocalization data mining for estimating swine stress conditions. *Engenharia Agricola*, 2014,34(3):445-450; Digby A, Towsey M, Bell B D, et al. A practical comparison of manual and autonomous methods for acoustic monitoring. *Methods in Ecology and Evolution*, 2013,4(7):675-683.

④ Alonso J B, Cabrera J, Shyamnani R, et al. Automatic anuran identification using noise removal and audio activity detection. *Expert Systems with Applications*, 2017,72:83-92; Elie J E, Theunissen F E. The vocal repertoire of the domesticated zebra finch: a data-driven approach to decipher the information-bearing acoustic features of communication signals. *Animal Cognition*, 2016,19(2):285-315; Jahn O, Ganchev T D, Marques M I, et al. Automated sound recognition provides insights into the behavioral ecology of a tropical bird. *PLOS ONE*, 2017,12(1):e169041.

⑤ Yusuf S A, Brown D J, Mackinnon A. Application of acoustic directional data for audio event recognition via HMM/CRF in perimeter surveillance systems. *Robotics and Autonomous Systems*, 2015, 72:15-28;Milone D H, Galli J R, Cangiano C A, et al. Automatic recognition of ingestive sounds of cattle based on hidden Markov models. *Computers and Electronics in Agriculture*, 2012,87:51-55.

⑥ González-Hernández F R, Sánchez-Fernández L P, Suárez-Guerra S, et al. Marine mammal sound classification based on a parallel recognition model and octave analysis. *Applied Acoustics*, 2017, 119:17-28; Pertila P, Nikunen J. Distant speech separation using predicted time-frequency masks from spatial features. *Speech Communication*, 2015,68:97-106; Khunarsal P, Lursinsap C, Raicharoen T. Very short time environmental sound classification based on spectrogram pattern matching. *Information Sciences*, 2013,243:57-74; Ellison W T, Southall B L, Clark C W, et al. A new context-based approach to assess marine mammal behavioral responses to anthropogenic sounds. *Conservation Biology*, 2012,26(1): 21-28; Dhanalakshmi P, Palanivel S, Ramalingam V. Pattern classification models for classifying and indexing audio signals. *Engineering Applications of Artificial Intelligence*, 2011,24(2):350-357;El Ayadi M, Kamel M S, Karray F. Survey on speech emotion recognition: Features, classification schemes, and databases. *Pattern Recognition*, 2011,44(3):572-587.

动态时间规整算法[①]、支持向量机算法[②]。本文选择了神经网络算法,它能较好地解决特征重叠或交叉的问题,而不用关注于阈值的选择,是一种有监督的分类模型。基于神经网络的算法可以结合不同的特征值来识别发声动物、声音类型和物种等。

在本研究中,我们探索了四种特征值＋分类器组合,选择最优的组合应用于识别海兰褐蛋鸡的不同类型声音,例如:饮水声、产蛋声、鸣叫声、呼噜声等。

1 材料和方法

1.1 试验鸡舍

试验于 2016 年 10 月 26 日至 11 月 7 日期间,在中国农业大学上庄试验站模拟鸡舍进行。研究对象为 6 只海兰褐蛋鸡,35～36 周龄,饲养模式为网上平养,饲养场地规格:长 1.5 m、宽 1.35 m、高 1.8 m。随意采食和饮水,光周期由光照控制器控制,试验阶段光期为上午六点至晚上十点,模拟鸡舍的环境温度在 15～18℃之间。

1.2 数据采集

Kinect for Windows V1 安装在饲养区域正上方高 1.8 m 的地方,用于连续监测、采集动物声音数据,音频格式为.wav,默认单通道,32 位,16 000 Hz 采样频率,设定声音采样周期为 55 s(图 1)。Kinect 设备是通过一个 USB 数据线连接端口至小型工控机传输和采集数据,大量数据存储使用 2 TB USB 3.0 移动硬盘。本文基于 LabVIEW 2015 进行声音信号预处理、特征提取和分类识别。

---

① Zhang M, Li K, Hu Y. Classification of power quality disturbances using wavelet packet energy and multiclass support vector machine. *COMPEL-The international journal for computation and mathematics in electrical and electronic engineering*, 2012,31(2):424-442.

② Özbek M E, Özkurt N, Savac1 F A. Wavelet ridges for musical instrument classification. *Journal of Intelligent Information Systems*, 2012,38(1):241-256; Steen K A, Therkildsen O R, Karstoft H, et al. A Vocal-Based Analytical Method for Goose Behaviour Recognition. *Sensors*, 2012,12(12):3773-3788.

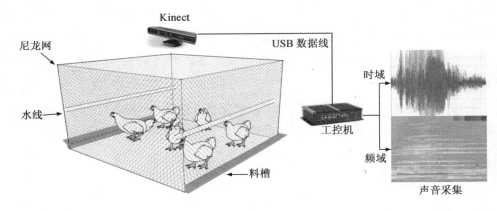

图 1　试验平台

1.3　特征提取

1.3.1　梅尔频率倒谱系数

在声音分类应用中,梅尔频率倒谱系数是最受欢迎的特征之一。它们是一种基于短时的频谱特征,具有较好的分辨力。MFCCs 的一般步骤包括:

(1)预加重　为了降低噪声,加强高频频谱成分,采用有限脉冲响应滤波器处理音频信号。它的系统函数是 $H(z) = 1 - az^{-1}, a \in [0.95, 0.98]$。

(2)分帧　为了避免丢失信息,我们采用 50% 的重叠帧。窗口函数通常选择汉明窗。

(3)离散傅里叶变换　每一帧经过离散傅里叶变换,因为人类对音调的感知是非线性的,采用三角形滤波器组成的滤波器组(1 kHz 以下,呈近似线性;1kHz 以上,呈对数曲线)进行分割[①]。

$$Mel(f) = 2\ 595\ \log(1 + f/700) \tag{1}$$

(4)离散余弦变换　对频谱包络应用离散余弦变换,因为第 0 系数是平均对数能量值,通常被舍弃。大多数时候,一阶和二阶 MFCCs 也可作为特征值,在本文中,我们仅考虑 MFCCs 的 12 维静态特征向量作为特征参数的输入。

---

① 　Noda J,Travieso C,Sánchez-Rodríguez D. Automatic taxonomic classification of fish based on their acoustic signals. *Applied Sciences*,2016,6(12):443.

1.3.2　三色共振峰

声源-滤波器理论中的声音产生机制是研究哺乳动物发声交流的有力理论依据,根据这一理论,声音是由喉部的声带振动产生的(声源,决定着基音频率的大小),并经声道过滤(滤波器,产生诸多共振声波的峰值,即共振峰)。相比之下,在鸟类中,声音是通过气管中的鸣管发声。在哺乳动物的发音中,咽鼓管的收缩功能与喉部的功能类似,气管作为一个滤波器,可以去除某些频率,或者保持其他的频率不变[1]。基频特征同其鸣管中的振动体的振动相关(蛋鸡发声的基频大多数位于 $400\sim2\,500$ Hz)[2]。然而,蛋鸡的不同类型叫声的共振峰特征是变化多端的,而共振峰又同其声道特点密切相关。本文中,我们仅提取前三个主要共振峰特征和三色共振峰特征。三色特征首先在视觉研究中的颜色属性方面提出,最初关联音色属性是在乐器发声研究中,采用三色谐波特征描述三种不同的频谱能量比,对各成分谐波特征进行精细描述[3]。本文中,定义一种新的三色共振峰特征,突显不同发声类型的共振峰变化特点。

$$TF_i = \frac{F_i}{F_1 + F_2 + F_3} \tag{2}$$

式(2)中,TF_i 表示三色共振峰值,F_i 表示不同共振峰,$i=1,2,3$。

本文中所有声学参数的输入和描述如表1所示。

表1　输入特征参数的描述

特征参数	描述
F_1(Hz)	第一共振峰
F_2(Hz)	第二共振峰
F_3(Hz)	第三共振峰
TF_1(%)	第一共振峰能量比值
TF_2(%)	第二共振峰能量比值
TF_3(%)	第三共振峰能量比值
MFCCs-12	12 维梅尔频率倒谱系数的静态特征

① Favaro L, Gamba M, Gili C, et al. Acoustic correlates of body size and individual identity in banded penguins. *PLOS ONE*, 2017, 12(2):e170001.

② Yanfei C, Ligen Y, Guanghui T, et al. Feature extraction and classification of laying hens' vocalization and mechanical noise. *Transactions of the Chinese Society of Agricultural Engineering*, 2014, 18 (30):190-197.

③ Pollard H F, Jansson E V. A tristimulus method for the specification of musical timber. *Acustica*, 1982, 51(3):162-171.

1.4　分类

本研究采用反向传播神经网络（backpropagation neural network，BPNN）建模，总共 4 304 个声音样本中，50% 的样本作为训练集，50% 的样本作为测试集。

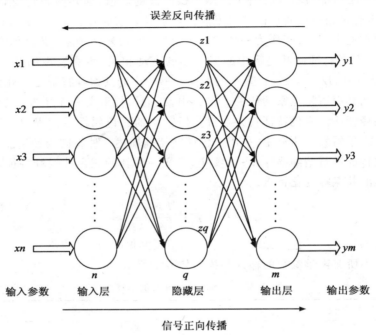

图 2　反向传播神经网络（BPNN）结构示意图

本研究选择的神经网络是一个多层次、前馈神经网络，它由三个部分组成，①输入层：由提取特征创建输入向量，输入至输入层；②隐藏层：根据经验预先设定隐藏层的数目，通常由试验和误差决定，并进一步对具体问题进行优化；③输出层：输出训练集中设定的不同类别。BPNN 算法的基本原理是，学习过程由两个过程组成，即信号正向传播和误差反向传播。当信号向前传播时，输入样本通过输入层传递至网络中，经过每个隐藏层后传输到输出层。如果实际输出与预期的输出不匹配，则进入误差反向传播阶段。反向传播时，将输出以某种形式通过隐藏层向输入层逐层反传，并将误差分摊给各层的所有单元，从而获得各层单元的误差信号，此误差信号即作为修正各单元权值的依据（图 2）。误差函数的定义是期望输出和实际输出之差的平方和[①]。

$$e = \frac{1}{2} \sum_m (y_m - q_m)^2 \tag{3}$$

式(3)中,e 是误差函数,y_m 是实际输出,q_m 是期望输出,m 是输出向量的索引值。训练数据集用来优化分类,使预测分类和实际分类之间的误差最小化。采用梯度下降函数和自适应学习速率对权重进行了调整[②]。本文设置 1 000 次最大迭代次数和 0.001 最小步长。

2 结果和讨论

本试验探索了四种特征 + 分类器组合,研究不同的特征组合应用于识别海兰褐蛋鸡的不同类型声音的效果。表 2 和图 3 分别描述了不同声音类型的定义和其典型的声谱图,使我们直观地了解不同发声类型的特点。

表 2 不同声音类型的定义

声音类型	定义	样本数量
饮水声	蛋鸡饮水时,啄击打饮水器的声音	353
鸣叫声	蛋鸡正常的鸣叫声音	744
产蛋叫声	蛋鸡的产蛋过程发出的声音	1 984
呼噜声	蛋鸡夜间打鼾声,打呼噜声音	893
风机噪声	蛋鸡舍常见机械噪声,风机运转的声音	330

本文设计四种对比试验,包括 MFCCs-12 + BPNN、MFCCs-3 + TF + BPNN、共振峰 + TF + BPNN、MFCCs-3 + BPNN(表 3)。试验表明,MFCCs-12 识别率最高,可达 96.1%,但是其特征的建模时间较长。对大量数据集和在线识别来说,必须要减少计算量,缩短建模时间。为实现特征降维,我们对 MFCCs 各特征向量分别进行测试,最终提取其 3 维识别率较高的特征向量(第 1、2、5 维向量)作为 MFCC-s-3 特征,其识别率为 81.9%(表 3、表 4)。文献研究表明,多特征参数的融

① Theodoridis S. *Pattern Recognition*,Fourth Edition. Beijing:Electronics Industry Press,2010.

② Khunarsal P,Lursinsap C,Raicharoen T. Very short time environmental sound classification based on spectrogram pattern matching. *Information Sciences*,2013,243:57-74.

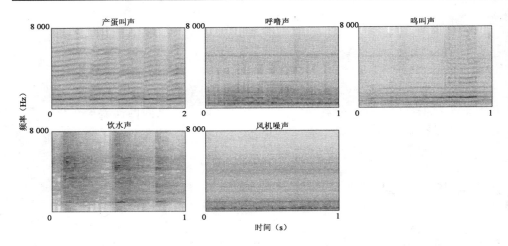

图 3　五种类型声音的声谱图

合可以提高算法识别率[①]。尽管共振峰-TF 音色特征的识别率较低，但是，联合特征 MFCCs-3＋TF 的识别率很理想，且建模时间相比于 MFCCs-12 显著降低（图 4）。

表 3　不同声音特征的识别率

特征类别	建模时间/ms	声音类型	识别率/%
MFCCs-12	3 285	饮水声	85.3
		鸣叫声	92.5
		产蛋叫声	98.4
		呼噜声	96.9
		风机噪声	100.0
		平均	96.1
MFCCs-3＋TF	2 660	饮水声	78.5
		鸣叫声	87.5
		产蛋叫声	92.1
		呼噜声	84.7
		风机噪声	100.0
		平均	89.2

①　Fukushima M，Doyle A M，Mullarkey M P，et al. Distributed acoustic cues for caller identity in macaque vocalization. *Royal Society Open Science*，2015，2(12)：150432.

Scheumann M，Roser A E，Konerding W，et al. Vocal correlates of sender-identity and arousal in the isolation calls of domestic kitten (Felis silvestris catus). *Front Zool*，2012，9(1)：36.

续表 3

特征类别	建模时间/ms	声音类型	识别率/%
共振峰＋TF	2 678	饮水声	77.4
		鸣叫声	51.4
		产蛋叫声	72.0
		呼噜声	62.9
		风机噪声	59.1
		平均	65.9
MFCCs-3	2 111	饮水声	49.6
		鸣叫声	68.1
		产蛋叫声	89.5
		呼噜声	83.0
		风机噪声	98.8
		平均	81.9

表 4　不同维 MFCCs 特征的识别率

MFCCs 向量	1	2	3	4	5	6	7	8	9	10	11	12
识别率/%	75	65	57	58	67	60	63	54	55	63	58	49

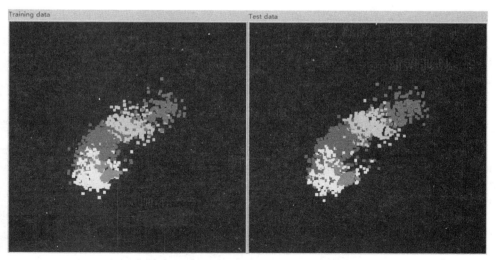

图 4　BPNN 建模数据集(左图)和测试数据集(右图)

表 5 的混淆矩阵体现了基于 BPNN 的不同发声类型的识别准确率。根据声源滤波器理论,噪声的产生机制与动物发声机制有明显的区别,所以风机噪声很容易分辨,本文研究中噪声的识别率为 100%[1]。饮水声的识别率较低,主要原因可能是声音样本数偏少,随着训练样本的增加,分类的成功率将会增加[2]。

表 5　基于 MFCCs-3＋TF＋BPNN 的声音识别混淆矩阵

声音类型	基于 MFCCs-3＋TF 音色特征分类						
	饮水声	鸣叫声	产蛋叫声	呼噜声	风机噪声	总计	识别率/%
饮水声	311	42	0	0	0	353	78.5
鸣叫声	33	706	5	0	0	744	87.5
产蛋叫声	0	14	1 885	85	0	1 984	92.1
呼噜声	0	0	52	841	0	893	84.7
风机噪声	0	0	0	0	330	330	100
总计	344	762	1942	926	330	4 304	89.2

结果表明,本文的方法可用于分类蛋鸡的声音类型,且具有相对较高的准确率,如 MFCCs-12＋BPNN 组合,96.1%;MFCCs-3＋TF＋BPNN 组合,89.2%。其他相似的动物发声识别方法识别率为 73%～98%[3]、66%～98%[4]、89.1%～92.5%[5]、90%[6]、84%[7]。现场噪声是一个较大的干扰因素,会阻止我们获得更高

---

[1]　Favaro L，Gamba M，Gili C，et al. Acoustic correlates of body size and individual identity in banded penguins. *PLOS ONE*，2017，12(2)：e170001；Yeon S C，Jeon J H，Houpt K A，et al. Acoustic features of vocalizations of Korean native cows (*Bos taurus coreanea*) in two different conditions. *Applied Animal Behaviour Science*，2006，101(1-2)：1-9.

[2]　Mielke A，Zuberbühler K. A method for automated individual，species and call type recognition in free-ranging animals. *Animal Behaviour*，2013，86(2)：475-482.

[3]　Mielke A，Zuberbühler K. A method for automated individual，species and call type recognition in free-ranging animals. *Animal Behaviour*，2013，86(2)：475-482.

[4]　Steen K A，Therkildsen O R，Karstoft H，et al. A vocal-based analytical method for goose behaviour recognition. *Sensors*，2012，12(12)：3773-3788.

[5]　Cheng J，Sun Y，Ji L. A call-independent and automatic acoustic system for the individual recognition of animals：A novel model using four passerines. *Pattern Recognition*，2010，43(11)：3846-3852.

[6]　González-Hernández F R，Sánchez-Fernández L P，Suárez-Guerra S，et al. Marine mammal sound classification based on a parallel recognition model and octave analysis. *Applied Acoustics*，2017，119：17-28.

[7]　Chelotti J O，Vanrell S R，Milone D H，et al. A real-time algorithm for acoustic monitoring of ingestive behavior of grazing cattle. *Computers and Electronics in Agriculture*，2016，127：64-75.

的识别率。本文采用一种新式的去除噪声方法,该方法能提取相对纯净的样本数据,获得更好的识别结果,而不是剔除大量含有背景噪声的声音数据[①]。此外,隐藏层的个数也是影响识别准确率的一个相关因素,然而,理论上估计隐藏层个数相当困难,往往根据经验进行选择,本文选择 5 个隐藏层[②]。时间序列特征有利于识别动物发声类型、动物个体,本文没有进一步展开研究。未来研究可探索一种多模式的视频和音频相结合的方法,应用于学习蛋鸡行为和蛋鸡福利中。

3 结论

本文提出一种新特征用于蛋鸡发声识别,MFCCs-3 + TF + BPNN 组合的识别率可达 89.2%,能有效地对蛋鸡不同类型声音进行分类辨识,并且计算量较小。该方法在动物行为、动物福利研究方面具有很大的潜力。下一步研究将使用多模式的视频和声音结合技术,关注于同动物叫声相关的动物行为的识别。

---

① Du X D,Teng G H. Research on an improved de-noising method of laying hens′ vocalization. *Transactions of the Chinese Society for Agricultural Machinery*,2017,48(12):327-333.

② Khunarsal P,Lursinsap C,Raicharoen T. Very short time environmental sound classification based on spectrogram pattern matching. *Information Sciences*,2013,243:57-74.

猪福利问题及其改进措施

矫婉莹　王京晗　韩齐　黄贺[*]　滕小华[*]

摘要:随着集约化养猪的发展,从仔猪出生到屠宰的不同阶段,出现了许多动物福利问题,给食品安全也带来了安全隐患,已经引起社会广泛的关注。本文探讨了集约化农场中哺乳仔猪、生长育肥猪、妊娠母猪、哺乳母猪饲养环节以及装卸、运输、屠宰环节存在的动物福利问题及其改进措施,以期为提高我国集约化农场猪的福利水平提供参考。

关键词:动物福利问题;集约化猪场;改进措施

Pig Welfare Problems and Improvement Measures

JIAO Wanying，WANG Jinghan，HAN Qi，
HUANG He[*]，TENG Xiaohua[*]

Abstract: With the development of intensively raised pigs，various animal welfare problems arose at the different stages from the birth of piglets to the slaughter of pigs. Such welfare issues have impact on international trade，economic growth，food safety，and the sustainable development of the pig industry. This paper discusses the welfare problems concerning pregnant sows，

---

　*　基金项目:养猪环境控制技术与应用(国家生猪产业技术体系子课题)(CARS-35-XXX)。

　　矫婉莹,女,硕士研究生,动物生产专业,主要研究方向环境毒理和动物福利,E-mail:18745072096@163.com;王京晗,女,硕士研究生,动物生产专业,主要研究方向环境毒理和动物福利,E-mail:Wangjinghan0323@163.com;韩齐,男,硕士研究生,动物生产专业,主要研究方向环境毒理和动物福利,E-mail:1060524942@qq.com。

　　通讯作者:黄贺,男,副教授,博士,主要研究方向动物生殖毒理,E-mail:huanghe@neau.edu.cn;滕小华,女,教授,博士,博士生导师,主要研究方向环境毒理和动物福利,E-mail:tengxiaohua@neau.edu.cn。

　　Corresponding authors:Huang He, and Teng Xiaohua, College of Animal Science and Technology, Northeast Agricultural University, Harbin 150030。

lactating sows, suckling piglets, and growing-finishing pigs in intensive farms, and also loading and unloading, transportation and slaughter of pigs. It aims to provide insight and reference for improving the welfare level of pigs raised under the intensive management system.

Key words: animal welfare problem; intensive swine farm; improvement measure

0 引言

从 20 世纪 80 年代开始,我国畜牧业逐步地从传统的小规模养殖模式向集约化模式转变。由于集约化规模化养猪方式具有规模经济的优势,因此集约化规模化生产方式是世界各国的主要生产方式。但是随着集约化生产的发展,集约化生产给商品猪带来的许多福利问题越来越引起社会的广泛关注。比如在集约化养猪的工业化设施中,由于过度拥挤和环境贫瘠,这种饲养条件下的猪无法表达其重要的自然行为,如打滚、拱地、筑巢和觅食等,也无法形成自然的社会群体。因此集约化养殖的猪容易出现诸如咬尾和攻击等异常行为。此外,活动受到限制可能导致猪的健康问题。装卸、运输和屠宰处理不当也会给猪带来较大的应激,导致一些猪疲惫、受伤甚至死亡。

1 哺乳仔猪的福利问题及其改进措施

1.1 哺乳仔猪的福利问题

哺乳仔猪主要面临仔猪的外科损伤、过早断奶、环境贫瘠及易被母猪挤压和前肢损伤五个方面的福利问题。

1.1.1 仔猪的外科损伤

新生仔猪面临剪牙、断尾和公猪去势的外科损伤。生产实践中,一般在仔猪出生后一周进行剪牙、断尾和公猪去势,这些外科手术通常是在没有麻醉或止痛的情况下进行,导致仔猪疼痛或沮丧。

1.1.2 过早断奶

集约化养猪场,为了增加母猪的年产窝次,通常采用仔猪早期断奶,但仔猪早期断奶,使仔猪与母猪过早分离,会导致哺乳仔猪产生严重的生理应激和焦虑等问题①。这主要由于以下几个原因。

①母子分离 由于断奶仔猪突然丧失母猪喂奶、养育和保护,给断奶仔猪带来不安全感。经历这种突然间的变化后,断奶仔猪会持续几天不采食,体重下降。

②断奶仔猪消化不良 仔猪断奶时间过早,消化道机能尚不完全,断奶仔猪日粮的突然改变会使断奶仔猪消化不良,甚至导致断奶仔猪下痢。

③混群 仔猪断奶后,混群是不可避免的,仔猪一旦与不熟悉的个体混在一起,断奶仔猪便会为建立新的社群序列而发生打斗。

④仔猪断奶后运输 断奶仔猪有时被运到其他农场,陌生的环境会加剧仔猪的不安全感和焦虑。

1.1.3　哺乳仔猪环境贫瘠

在集约化规模化的产仔房中,仔猪的发育环境相当贫瘠,没有给哺乳仔猪提供玩耍的材料。哺乳仔猪可能转而嚼咬母猪身体,这会引发母猪不适和愤怒,甚至会严重伤害母猪②。

1.1.4　仔猪易被母猪挤压

仔猪被母猪挤压的潜在的原因是仔猪在面临低温应激时,会在母猪身旁躺卧取暖,当母猪变换躯体姿势时容易被压死。

1.1.5　前肢损伤

哺乳仔猪的福利问题还包括由于仔猪的跪立吮乳的习惯,前肢损伤较为普遍和严重③。

1.2　改进措施

1.2.1　麻醉

给每头去势公猪局部麻醉,会减轻去势造成的许多疼痛。但这样也仍有可能在去势后一周内出现术后疼痛,可通过服用止痛剂来缓解术后疼痛。

1.2.2　逐渐断奶,断奶前后采用液态饲料

在宽松型产房或室外生产中,母猪可以随时离开仔猪,断奶时母猪可以延长

---

① 顾宪红,李升生.现代养猪生产中的福利问题.猪营养与饲料研究进展——第四届全国猪营养学术研讨会论文集.昆明:中国畜牧兽医学会动物营养学分会,2003,11.

② 贾幼陵.动物福利概论.2版.北京:中国农业出版社,2017.

③ Edwards S A. Perinatal mortality in the pig:environmental or physiological solutions. *Livestock Production Science*,2002,78(1):3-12.

每次的哺乳间隔时间，减少哺乳次数，进行逐渐的断奶。在该过程中可以让仔猪慢慢地咀嚼一些稻草或干草以适应饲料，使仔猪断奶的生理应激到达最小。断奶仔猪在断奶前后采用液态饲料进行饲喂，合理配制日粮，合理使用添加剂[①]。

1.2.3 环境丰容

给断奶前和断奶后的仔猪提供一个丰富的环境，对于仔猪的福利有积极作用。给室内仔猪提供丰富的环境可促进仔猪玩耍以及自然觅食习性的发展。给仔猪提供觅食的机会，可减轻仔猪给母猪施加的压力。最佳形式的丰容包括提供温暖的环境和可供玩耍的材料。

1.2.4 设置安全区、安全栏

可以采用多种方法降低仔猪被挤压的风险，但所有方法都不应该限制母猪的活动范围。主要有以下方法。

①为仔猪提供母猪无法进入的安全区域，在仔猪的安全区域加上厚厚的垫料和红外线灯能鼓励仔猪到安全区域休息。

②在母猪躺卧、活动周围设置安全栏。

③优秀的饲养员对于降低仔猪死亡率至关重要。

1.2.5 改善地板材质，减轻损伤

改良地板材质有利于减轻其前肢损伤，但是需要考虑地板抗污染的能力，饲料散落在地面上（非漏缝地板），容易增加地面的摩擦系数[②]。在地面上添加适量稻草可以减轻损伤。

2 生长育肥猪的福利问题及其改进措施

2.1 生长育肥猪的福利问题

生长育肥猪主要面临饲养环境贫瘠、饲养密度高、饲料浓度高和生长过快等福利问题。

2.1.1 饲养环境贫瘠

集约化饲养环境贫瘠，育肥猪缺乏拱、啃、咬的材料，使猪的正常行为得不到充分表达，导致异常行为（如无食咀嚼、啃咬栏杆）频繁。随着时间的推移，猪对玩具

① 张莉，朱雯，吴跃明. 断奶仔猪腹泻成因及其综合防治措施. 饲料工业，2010，31(9):48-51.

② Gu Z B, Xin H W, Wang C Y,et al. Effects of neoprene mat on diarrhea, mortality and foreleg abrasion of pre-weaning piglets. *Preventive Veterinary Medicine*,2010,95(1-2):16-22.

的探究行为减少,因此猪的玩具需要经常更换①。此外,年幼的猪对一些易碎的玩具更感兴趣。

2.1.2　饲养密度高

事实上,猪是一种喜爱清洁的动物。经过调教的猪一般在排泄区域排泄。在饲养密度较大或高温条件下,就会随意排泄,并在排泄物上躺卧②。

2.1.3　高浓度饲料和生长过快

高浓度饲料以及生长速度过快会增加疝气和脱肛的发病率。生长速度过快还会导致代谢不适,进而引发溃疡、心脏衰竭和瘸腿等问题。

2.2　改进措施

通过以下措施改善生长育肥猪的福利。

2.2.1　给生长育肥猪提供丰富的环境

与环境贫瘠的猪相比,垫料能满足猪的拱土和探究行为。泥块、锯末、沙子、树皮、稻草等柔软材料都可以作为垫料。给生长育肥猪提供一个丰富的环境,可降低诸如无食咀嚼、啃咬栏杆、咬尾的异常行为③,同时也没有必要给仔猪剪尾。尝试提供不同形式的材料,如树根、泥炭,吃剩的蘑菇渣,这些材料都能减少甚至防止咬尾行为的发生。

2.2.2　降低饲养密度

为生长育肥猪提供足够的空间和躲避区,可以使猪在发生争斗时能及时躲避和逃跑。此外,猪对长方形猪栏各区域的识别能力较正方形猪栏更强,因此,猪栏的合理设计和合理的环境调控,有利于改善猪的排泄行为,增加猪栏采食区和休息躺卧区的清洁度,改善其福利水平。

2.2.3　饲料中添加粗纤维和进行育种

日粮中添加足够的粗纤维,降低日粮营养浓度,通过育种来降低代谢健康问题的发生率以及饲养生长不太快的品种,都能起到很好的效果。

---

① Studnitz M, Jensen M B, Pedersen L J. Why do pigs root and in what will they root? A review on the exploratory behaviour of pigs in relation to environmental enrichment. *Applied Animal Behaviour Science*, 2007, 107(3): 183-197.

② 顾招兵, 杨飞云, 林保忠, 等. 农场动物福利现状及对策. 中国农学通报, 2011, 27(3): 251-256.

③ 席磊, 施正香, 耿爱莲, 等. 生长育肥猪对环境丰富度材料的选择倾向性研究. 中国农业大学学报, 2007, 12(6): 75-79.

3 妊娠母猪的福利问题及其改进措施

3.1 妊娠母猪的福利问题

妊娠母猪主要面临限位栏和限饲方面的福利问题。

3.1.1 限位栏空间不足

在空间狭小的限位栏里(妊娠限位栏长 2.0~2.1 m,宽 0.6~0.7 m,仅比猪大一点),母猪只能前进或后退,难以转身,运动量不足,体质和疾病抵抗力都很差,仔猪死胎率和弱仔率较高。有研究结果表明,限位栏不利于母猪的身心健康,母猪易患乳房炎、子宫炎症、尿道感染等疾病[1]。

3.1.2 限位栏环境贫瘠

在环境贫瘠的限位栏内,母猪异常行为明显,福利水平低下。

3.1.3 限饲

在集约化养殖场中母猪一般采用限饲,以避免母猪肥胖,降低其繁殖性能。尽管限饲的前提是满足母猪营养需要,但是母猪常常会有饥饿感,出现一些异常行为,如空咀等。统一供给饲料,却常因抢夺饲料而发生争斗,造成母猪肥胖或消瘦,都不利于发挥其生产性能。

3.2 改进措施

妊娠母猪的福利有以下几项改善措施。

3.2.1 给母猪提供足够的空间

活动对母猪的健康有利,给母猪提供足够的活动空间(最好包括母猪单独的活动、休息和排泄区),实行群养,使母猪在白天能保持活跃状态,有利于母猪的身心健康,提高母猪的福利。

3.2.2 提供垫草

虽然在饲养条件下猪不缺乏食物,但猪的觅食天性却并未消失,因此应该为猪提供有垫草或其他实物供猪觅食和探究。为猪提供可食并且含纤维的垫料,能促使猪觅食,以缓解饥饿感,同时也使猪有事可做。提供稻草、蘑菇或其他含纤维的

---

[1] Chapinal N. Evaluation of welfare and productivity in pregnant sows kept in stalls or in 2 different group housing systems. *Appl Anim Welf Sci*, 2010, 76:105-117.

食物,还可减少投喂时的争斗行为,因为有垫料的环境能减低母猪的饥饿感。

3.2.3 提供合理的供料方法来弥补限饲带来的母猪福利问题

①单体栏饲喂,母猪进入栏内采食,其臀部后方有保护构件,不受其他母猪的干扰。

②滴式饲喂,饲料输送机械将饲料缓慢而少量地送入饲料槽内。

③电子饲喂系统,根据母猪生理参数供应相应的饲料。

以上三种供料方式能弥补限饲带来的母猪福利问题。

4 哺乳母猪的福利问题及其改进措施

4.1 哺乳母猪的福利问题

哺乳母猪主要面临产仔限位栏所导致的福利问题,在集约化养殖中,为了防止母猪突然转身或躺卧造成仔猪意外伤亡,多数集约化猪场采用哺乳母猪产仔限位栏。产仔限位栏类似于妊娠母猪限位栏,哺乳母猪自然习性受到阻碍,母猪的许多正常行为被剥夺,给猪造成了挫折感和痛苦。

产仔限位栏宽和长都太小,母猪站立和躺卧困难,移动受到限制。限位栏内母猪的运动量不足,腿部疾病较多,骨骼与肌肉强度低,使用年限短[1]。母猪无法随意走动和转身,也满足不了其到休息区域以外的地方排泄粪尿的本能。

4.2 改进措施

改善产仔母猪福利的关键是应始终给母猪提供活动的自由,给母猪提供搭窝用的稻草,母猪有单独的休息空间以减少干扰。为了提高哺乳母猪的福利,人们对传统产仔限位栏进行了改良,但这些分娩栏还是难以同时兼顾母猪和仔猪的健康与福利[2]。有人研究出了哺乳母猪产仔限位栏的替代系统,主要有哺乳母猪的室内饲养系统和户外饲养系统。但不论哪个系统,最好给哺乳母猪提供活动的自由以及垫料,同时还要避免仔猪被挤压。为避免此类事件的发生,需要注意以下几点。

---

[1] Sapkota A，Marchant-Forde J N，Richert B T，et al. Including dietary fiber and resistant starch to increase satiety and reduce aggression in gestating sows. *Journal of Animal Science*，2016，94(5)：2117-2127.

[2] Farmer C，Devillers N，Widowski T，et al. Impacts of a modified farrowing pen design on sow and litter performances and air quality during two seasons. *Livestock Science*，2006，104(3)：303-312；Devillers N，Farmer C. Effects of a new housing system and temperature on sow behavior during lactation. *Acta Agriculturae Scand Section A*，2008，58(1)：55-60.

①给母猪提供搭窝需要的充足稻草或其他垫料。

②为即将产仔的母猪提供单独的产房,母猪一般会选择在一个角落产仔。

③选择哺育能力强品种的母猪。

④为仔猪提供安全区域。

⑤培养优秀饲养员。

⑥为母猪提供足够的空间,这一点很重要。母猪需要活动的空间,这样她才能使自己的行为与其幼仔保持协调,从而避免母猪躺下哺乳时挤压到他们。

5 装卸、运输与屠宰环节的福利问题与改进措施

将养猪场的猪运到屠宰场屠宰的过程中,会经过以下环节:将猪装上卡车、运输、到屠宰场后卸载、宰前处理、猪被击晕和放血。由于猪在运输或屠宰过程受到应激,严重影响肉质或导致胴体损伤,甚至造成死亡[①],造成了大量的经济损失。

5.1 装卸环节的福利问题及其改进措施

5.1.1 装卸环节的福利问题

①长时间移动。有研究结果显示,与短距离相比,长时间移动的猪在装载过程中显示出更多的身体应激迹象[②]。

②身体磨损。装卸时,猪与周围墙壁的强烈接触会导致身体磨损,猪很容易发生擦伤。

③装卸坡道过高。陡峭的坡道会导致猪心率升高,并且花更多的时间攀登坡道。与走上装载坡道相比,猪更难走下卸载坡道。卸载坡道是猪的主要障碍,高坡度的卸载坡道会导致猪心率升高,并花费较长的卸猪时间。

④噪声。噪声使猪心率升高,移动加快,行动改变,试图逃跑。

---

① 滕小华. 动物福利科学体系框架的构建. 哈尔滨:东北农业大学,2008.

② Ritter M J, Ellis M, Bertelsen C R, et al. Effects of distance moved during loading and floor space on the trailer during transport on losses of market weight pigs on arrival at the packing plant. *Journal of Animal Science*, 2007, 85(12):3454-3461; Ritter M J, Ellis M, Bowman R, et al. Effects of season and distance moved during loading on transport losses of market-weight pigs in two commercially available types of trailer. *Journal of Animal Science*, 2008, 86(11):3137-3145; Ritter M J, Ellis M, Anderson D B, et al. Effects of multiple concurrent stressors on rectal temperature, blood acid-base status, and longissimus muscle glycolytic potential in market-weight pigs. *Journal of Animal Science*, 2009, 87(1):351-362.

⑤电刺激。当工人使用电刺棒强行让猪从卡车下来时,猪会拒绝移动。电刺激给猪带来非常大的应激,导致心率升高和血液参数变化,进而导致胴体损伤和猪肉品质变差。

5.1.2 改进措施

①装载过程中,尽量缩短猪移动时间。装载时,尽量使猪容易移动,没有阻碍,猪不停下或倒退,缩短移动时间。

②尽可能平稳地卸猪。当猪到达屠宰场时可能疲惫,避免卸载过快。装卸设备必须有足够的能力处理需要处理猪的数量。

③使用较低坡道。最好进行小群装卸,单列通道,通道两面设隔板。装卸坡道合理,建议使用低于20°的斜坡来装卸猪[①]。坡道下面安装假地板,消除猪的视觉悬空效应。最好采用地面水平卸载方法,可以与运输车结合。

④减少噪音。装卸猪时,要尽量不干扰猪,减少周围噪音,一头安静的猪会朝向吸引他注意力的方向看,除非找到和消除所有的干扰,不可能安静地装卸猪。

⑤尽量不使用驱赶棒。最好不使用驱赶棒驱赶猪。当不得不使用驱赶棒时,应做到尽量减少猪应激,但仍可以保持猪向前移动,如使用面板、旗帜、塑料划桨类驱赶棒。另外,仅限于使用靠电池供电的电刺棒,且电刺棒不能触及猪的敏感区域,如眼睛、耳朵、嘴等。应在猪处于平静状态下进行装卸。

5.2 运输环节的福利问题及其改进措施

5.2.1 运输环节的福利问题

①运输车。Ritter 等(2006)[②]研究表明运输车上每一头猪的地面空间和运输条件都会影响运输损失和猪的健康。

②运输温度过高。猪皮下脂肪厚,体表汗腺退化,对热非常敏感,出栏猪最适宜的温度在 20～23℃ 之间,运输温度过高或过低都会使猪产生应激,从而导致猪

---

① Garcia A, McGlone J J. Loading and unloading finishing pigs: effects of bedding types, ramp angle, and bedding moisture. *Animals*, 2014, 5(1):13-26.

② Ritter M J, Ellis M, Bertelsen C R, et al. Effects of distance moved during loading and floor space on the trailer during transport on losses of market weight pigs on arrival at the packing plant. *Journal of Animal Science*, 2007, 85(12):3454-3461.

肉品质变差①。猪群在运输途中,由于运输时间长、密度大、温度高等问题导致猪群应激极为严重,尤其在夏季易出现中暑、缺水、机体功能紊乱等情况②。

③冬季低温运输。猪在冬季运输时,会增加猪的新陈代谢和渴感,同时胴体皮肤损伤增加,宰后 24 h 胴体 pH 显著上升,肉色变暗,产生类似黑干肉(DFD肉)③。

④运输时间过长。长时间的运输刺激使猪感觉到疲惫不堪,而短时间的运输会使猪在短时间内遭受装载和卸载、适应陌生的运输环境等多重应激④。

5.2.2　改进措施

①合理设计运输车。运输车内地面、墙和屋顶绝缘,无突出物,地面不滑,运输车水平放置,通风良好,运输车里猪的密度适中,确保猪不堆积和互相踩踏。

②注意运输季节的影响。尽量避免在气候炎热和寒冷的季节运猪。夏季,尽量在夜晚运输,冬季要对运输车采取保温措施。运输时间在夏季可随温度进行调度,可在早晚或夜间凉爽时进行;冬季则应适当做好保温工作,以减少冷应激对猪健康的影响。

③合理的运输时间。每 24 h 运输车至少停 8 h,在车停下时提供饲料和足够的水,饲料不能太多,因为猪吃得太饱有较高病死率的危险。运输路途时间达到6 h,中途必须休息,并提供饮水供给,保证猪群健康,对动物的肉质以及福利均有很大的提高。此外,尽量短途运输。

5.3　屠宰环节的福利问题及其改进措施

5.3.1　屠宰环节的福利问题

猪从运输车上被卸下到屠宰场以及被宰杀的过程中存在许多动物福利问题。

---

① Ferrari S, Costa A, Guarino M. Heat stress assessment by swine related vocalizations. *Livestock Science*, 2013, 151(1):29-34; Mitchell M A, Kettlewell P J, Villarroell M, et al. Assessing potential thermal stress in pigs during transport in hot weather-continuous physiological monitoring. *Journal of Veterinary Behavior*, 2010, 5(1):61-62.

② Goumon S, Brown J A, Faucitano L, et al. Effects of transport duration on maintenance behavior, heart rate and gastrointestinal tract temperature of market-weight pigs in 2 seasons. *Journal of Animal Science*, 2013, 91(10):4925-4935.

③ 甄少波,刘奕忍,郭慧媛,等. 运输季节对生猪应激及猪肉品质的影响. 农业工程学报,2015, 31(1):333-338.

④ 柴进. 宰前应激对猪肉质的影响及其机制研究. 武汉:华中农业大学,2010.

5.3.1.1　屠宰前的动物福利问题

①许多猪遭受装卸和运输后疲劳,移动过快会使体弱的猪滑倒,摔伤。

②当猪被卸载后立即被驱赶到屠宰间时,与休息过的猪相比,其行动缓慢、精神萎靡、疲惫不堪[1]。

③待宰圈设计不合理会加剧猪群打架,加上待宰圈里的猪一般得不到好的照顾,使待宰圈里的猪健康状况变差。

5.3.1.2　电击晕的福利问题

在猪放血前,集约化的屠宰场通常采用的一种方法是电击晕,但是电击晕容易出现以下问题。

①电击晕过程中会给猪带来痛感,如击晕时有金属叮当声等噪声,使猪烦躁。

②电流波动会导致猪瘀伤出血。

③击晕钳压力过度,导致猪挣扎和发出叫声。

④击晕没达到猪无意识状态,电击晕的目的是使猪从击晕到猪放血结束一直处于无意识状态,避免给猪带来不必要的痛苦。

5.3.2　改进措施

5.3.2.1　宰前猪福利的改进措施

①猪到达屠宰场后,尽可能缩短待宰时间。

②猪在宰前最好休息,合理的宰前休息主要使猪的生理、心理、行为恢复到正常状态,同时避免猪因为长时间休息导致一些能量过多消耗而影响肉质与猪的福利[2]。

③保证良好的待宰环境,待宰圈里提供垫料,供水充足,保证所有的猪始终能获得饮水。通风良好,保持一定的环境温度。

5.3.2.2　电击晕导致猪福利问题的改进措施

①避免噪声,尤其是金属的叮当声,击晕时有金属叮当声的噪声,使猪烦躁。

②电流强度适当,不波动;最好采用电子系统,来控制电流强度的波动,因为电流强度波动会导致猪瘀伤出血。

③猪在被刺杀前必须被致昏,应能够使他们瞬间失去意识和对疼痛的知觉,并且维持这种状态直到死亡。

④只有确保猪击晕后会立即刺杀放血才可实施击晕操作,击晕、刺杀的间隔不

---

① Warriss P D. Optimal lairage times and conditions for slaughter pigs: a review. *The Veterinary Record*, 2003, 153(6):170-176.

② 柴进. 宰前应激对猪肉质的影响及其机制研究. 武汉:华中农业大学, 2010.

应超过 15 s。

6 结语

本文探讨了集约化生产中从仔猪出生到屠宰的不同阶段动物福利问题及改进措施。在改进集约化生产过程中动物福利问题时应该充分考虑猪的生理习性、综合考虑饲养管理制度、圈舍设计、经济效益,以期达到提高集约化产业链中猪的福利,同时提高猪业的经济效益和猪肉安全。

肉羊运输福利问题的成因及对策研究

张玉　赵硕　张国平 [*]

摘要：肉羊运输环节的福利问题已经备受人们的关注，在我国每年有大量肉羊在"三北"地区流动，长途运输给肉羊带来了严重的福利问题，所以，如何减少肉羊运输应激已成为研究热点。运输应激对肉羊生产、机体的内分泌代谢、机体免疫机能和肉羊产品品质产生负面影响，进而造成经济损失。分析了肉羊运输应激，找出了造成肉羊运输应激的成因及危害，研究了肉羊运输环节福利要求，提出了减少肉羊运输应激的措施。本论文借鉴前人对家畜运输应激的研究经验，从运输条件、肉羊机体、运输环境和运输时间等着手，深入分析了肉羊运输应激及其危害，系统研究了肉羊运输环节中的福利问题，并针对这些问题提出了减少肉羊运输应激的相应措施；以期将肉羊运输应激造成的损失降到最低点，确保肉羊的运输安全和肉羊产品的品质，提高养羊业的经济效益。

关键词：肉羊；运输；应激；福利

Study on the Causes and Countermeasures of Transportation Welfare of Mutton Sheep

ZHANG Yu，ZHAO Shuo，ZHANG Guoping

Abstract：The welfare of sheep during transport has been of concern. There are a lot of sheep being transported in the "Three North" area in China every year. The long-distance transportation brings serious problems to animal

---

＊　张玉，男，内蒙古通辽市人，双博士，教授，硕士生导师，主要研究方向是特种经济动物养殖与生态，内蒙古农业大学，呼和浩特 010018，E-mail：07210@163.com；赵硕，男，河南省商丘市人，硕士研究生，主要从事动物福利研究，E-mail：119895662@qq.com；张国平，内蒙古股权交易中心，呼和浩特 010010。

Authors：ZHANG Yu，ZHAO Shuo，ZHANG Guoping，Inner Mongolia Agricultural University.

welfare，so how to reduce the mutton sheep transport stress has become a hot research topic. Transport stress on sheep production，endocrine metabolism，immune function and quality of mutton products have a negative impact，resulting in economic losses. We analyzed livestock transport stress and its harms，found out the causes of sheep transport stress and hazards，transportation welfare requirements. This will be helpful for proposing measures to reduce sheep stress during transport. This study draws on the experience of previous studies on pigs，cattle，poultry transport stress，starting from the transportation condition，sheep body，transport environment and transportation time. The researchers carried out an in-depth analysis of the livestock transport stress and harms to the welfare of sheep during transportation. The paper proposes corresponding measures to these questions for the purpose of reducing transport stress in sheep in order to bring sheep losses due to stress to the lowest level，to ensure the safe transport of sheep and sheep product quality，and to improve the economic benefits for the sheep industry.

Key words：sheep；transport；stress；animal welfare

进入 21 世纪,随着人们对食品安全的关注,对动物福利的重视程度越来越高。起初,动物福利的概念在科学家当中讨论得非常广泛,大家都在努力地从不同角度进行定义。但核心内容就是在动物养殖、畜禽运输和畜禽屠宰过程中减少动物的痛苦,保障畜禽的健康,其中健康包括生理健康和心理健康。所以动物福利的内涵就是动物的康乐,事实上,用健康和愉快代替福利更具有实际意义。

动物福利在我国起步较晚,作为地域辽阔的大国,提高和改善畜禽的生活质量以及运输环境到了势在必行的地步,尤其是近年来我国畜牧业迅速发展,畜禽养殖业规模不断扩大,需要福利的畜禽种类数量越来越多,特别是运输方面福利的需求值得重视,运输应激导致的畜禽发病和死亡给我国畜牧业造成了巨大的经济损失[①]。我国常年有肉羊的运输,特别是肉羊出栏季节。研究肉羊运输应激的措施,有利于肉羊养殖业的发展。在运输过程中对肉羊实施管理,可有效低降低死亡率,改

---

① 张国平,赵硕,阿丽玛,等.肉羊运输应激及其危害.家畜生态学报,2017,38(12):83-86.

善其生产性能①。研究肉羊的运输福利,适应肉羊养殖业的发展,符合人类社会进步的发展方向。所以,中国要在畜牧业生产和肉羊运输领域中吸收国外成功经验,进行必要的改革,兼顾动物福利和肉羊运输效率,研究其运输过程中产生福利问题的应激反应机制,以及对肉羊生产性能、运输和肉品质的影响,对降低肉羊应激反应、提高肉羊的运输福利水平和肉羊产业的经济效益,具有重大的科学意义和十分重要的现实意义。

1 肉羊运输应激的成因及种类

造成肉羊运输的应激源比较多,各应激源并非独立发生作用,应激的产生都是诸多应激因子综合作用的结果。肉羊从一个地方到另一个地方,从一个群体混入另一个群体,被动导致的应激反应伴随着肉羊运输的全过程,影响肉羊的福利。在肉羊的运输过程中最大的应激及危害就是密度大、受挤压引发的应激和羊的死亡,其次是运输过程中道路不好或者工作人员责任心不强,造成的颠簸以及急刹车造成羊的伤害和死亡。主要的应激有以下几种。

1.1 混群应激

肉羊是社会性动物,具有很强的合群性,放牧也好、舍饲也罢,肉羊都会拥挤在一起休息,都喜欢头尾相依,靠在一起。肉羊与其他同伴在一起时才能处于安乐和正常的生理状态。由于不同的品种、性别、年龄的羊新陈代谢不同,身体机能不同,当肉羊被强制重组混群时,肉羊由分散到集中、由放牧到圈养、由小群到大群、由自由运动到装车运输,环境的变化,肉羊会出现心理应激,不能从心理上适应新的群体,出现高度的神经紧张、内分泌系统活动增强。同时,肉羊之间在混群初期,由于排斥作用,出现争斗、啃咬、打斗和相互竞争,产生生理应激反应。影响肉羊的免疫力,导致生产性能下降,甚至出现病理反应。

1.2 冷热应激

冷应激主要发生在冬季温度在0℃以下,羊在转移过程机体散热,使自身体温降低从而发生冷应激,尤其是未成年的羔羊、断奶羔羊环境适应性和抵抗力还不完

---

① 曲月秀,田兴贵,石照应,等.山羊长途运输应激简单防控处理的效果.家畜生态学报,2013,34(8):10-13.

善,容易出现冷应激。研究认为冷应激能引起动物的一般症状和影响,并且由于动物之间的品种差异及个体差异,其受寒冷影响也有较大的差别[①]。在冷应激的状态下,机体的能量主要用于维持体温的恒定,导致机体的生长发育减缓,新陈代谢减慢,机体各系统的活动减弱[②]。热应激在运输过程中发生次数要多于冷应激,一方面羊耐冷不耐热,对高温调节能力较低,另一方面我国运输时节一般集中在夏末以及秋季,肉羊因为装载密度过大,羊群拥挤,车上肉羊的新陈代谢,排泄产热,粪尿蒸发,以及车外气温的影响等,导致车厢内温度升高,湿度加大。加之肉羊的汗腺不发达,羊不易出汗,厚实的皮毛加上瘤胃发酵产生的热量使羊有很强的产热能力,容易造成热应激。

1.3 装卸应激

肉羊在装车和卸车过程中,如不加以关爱很容易出现肉羊的福利问题。肉羊从出生就没有受过装车、卸车的训练,初次进行装卸都会出现应激反应。在装卸时肉羊首先出现不适,其次就出现强烈的抵触,这些源于肉羊对通道、转角、斜坡、地面,以及工作人员的驱赶和肉羊之间的拥挤,而这些应激原或其他复合应激因子引发的应激反应最重要的是反映在动物心理上的恐惧。装卸过程既要选择适宜的运输车辆,抓捕人员也要注意不要强制硬拉拖拽,以免造成羊机体损伤,既影响了肉质品质,也不符动物福利要求。

在运输过程中应激的种类还可以细分多种,如拥挤应激、暂养应急、运行应激和禁饲应激,还有其他环境因子、生物因子和人为因素造成的应激,如蚊虫叮咬、捕抓保定、人员呵斥、车辆噪音等都是肉羊运输应激的应激原。

2 肉羊运输应激造成的危害

肉羊运输过程中出现的应激反应,对肉羊的机体机能、免疫机能、生产性能和产品质量都有影响。如不注意肉羊的运输福利,将造成严重经济损失。运输造成的肉羊危害不是单一的,它将综合反映到肉羊机体方方面面。

---

① 周灿平,王伽伯,张学儒.基于动物温度趋向行为学评价的黄连及其炮制品寒热药性差异研究.中国科学(C辑:生命科学),2009(07):669-676.

② 陈亚坤,郭冉,夏辉,等.密度胁迫对凡纳滨对虾生长、水质因子及免疫力的影响.江苏农业科学,2011(03):292-294.

2.1 肉羊运输应激对机体机能、免疫机能的影响

肉羊的运输过程中,应激因子作用于机体,影响到机体的免疫能力和抗疾病的能力,从而,给疾病的发生创造了机会,比如传染病和寄生虫病的感染机会加大等。运输应激对肉羊免疫机能的影响既有对体液免疫的影响,还有对细胞免疫影响。

2.2 肉羊运输应激对生产性能的影响

在运输过程中,肉羊要受到机体和精神双重的应激压力,为了应对来自外界的应激压力,出现体重减轻,甚至出现病理反应直至死亡,造成严重的经济损失。

运输应激导致肉羊机体的代谢发生变化,需氧量增多,加快了代谢分解,消耗养分,机体将动员内源性营养素,从而降低其体重。研究表明:肉羊受到运输应激后,机体必定积极调整以应对外界的干扰,这个过程消耗大量的能量,分解加快,合成减弱,造成发育不良、生长停滞、泌乳下降、膘情下降、体重锐减[①]。

2.3 肉羊运输应激对产品质量的影响

捕捉保定、驱赶转群、装车卸车、运输颠簸等也会对肉羊造成影响,导致肉羊能量损耗、离子损失、机体脱水等,进而影响到畜产品的品质。畜产品的检测指标有颜色、系水性、纹理和 pH 等,运输应激形成白肌肉(pale soft exudative,简称 PSE)的概率很大。PSE 是肉羊运输中受到应激,肌肉中糖原发生变化,产生一系列的生化反应,糖原会迅速降解,机体呈现酸性,pH 降到 5.4~5.6。机体胴体肌肉的 pH 值是衡量肉产品的重要指标之一。乳酸的合成受到糖原降解的速度和肌肉糖原含量影响,同时也影响到肌肉 pH 的变化。肌肉内糖原的分解加速,乳酸的大量积蓄,H^+ 浓度的提升,会造成肌肉蛋白质的变形,出现组织液渗出、质地松软、肌肉苍白、肌纤维收缩变粗等现象[②]。

3 改善肉羊运输福利的措施

运输应激将影响肉羊的福利,导致肉羊的生理机能发生改变,直接影响到畜产品的品质,降低产品质量,出现食品安全隐患,造成畜牧业经济之巨大损失。肉羊

---

① 热孜万古丽·热依木,罗生金.多胎肉羊长途调运应激性综合防制措施.新疆畜牧业,2014(7):31-33.

② 郭守立.猪宰后不同部位 PSE 肉与正常肉肉品质及理化特性的比较研究.乌鲁木齐:新疆农业大学,2016.

运输福利的改善可以通过培育耐受品种、改善运输环境、调整日粮组成和合理使用药物等手段加以改善。

3.1　培育耐受品种

肉羊的运输是一个简单的动物转移工作,但对肉羊来讲是一个经历应激到适应的复杂过程。有的肉羊品种能够很好地适应运输过程中来自环境的各种刺激,使自己平稳地应对应激而机体所受的影响较小;有的品种则很难适应运输应激,造成机体的伤害较大。只有培育耐受性强的肉羊品种,才能从根源上减少运输造成的肉羊应激。在肉羊品种的选育中有目的地选留抗逆性强、胆量大、性情温顺的肉羊,淘汰抗逆性差、易受惊、胆量小、性格粗暴的肉羊。

3.2　改善运输环境

环境因子是肉羊运输时主要考虑的应激原。肉羊在运输过程中应激率和死亡率与运输时间和运输距离呈正相关;与环境条件的优劣也密切相关,所以要改善运输环境,同时要加强运输管理以减少肉羊的运输应激。

①在运输前要对羊舍、通道以及运输工具进行消毒。

②逐个检查肉羊的健康状态,病羊不上车。

③合理装载羊,保证一个合理的密度。

④肉羊运输前,要饲喂缓解应激的添加剂,这样对肉羊生理机能起到调节作用,能够保障肉羊的体力。

⑤不进行禁食,但不能吃得过饱,以满足其日常需要的三分之一为宜。这样可减小肉羊因饥饿而产生的应激,也可有效地控制运输过程中机体体重的损失。

⑥使用适宜的运输车辆在平坦的道路上行进,尽量保持较低车速,减少频繁启动和刹车,确保肉羊在运输过程中的平稳和舒适。

⑦夏季运输,肉羊的死亡率比较高,主要是季节炎热,温度高,热应激造成的。所以在夏季起运肉羊时要合理安排运输时间,避开白天高温时段,选择夜间运输。温度过高时,可采取降温措施。

⑧冬季运输,肉羊的死亡率亦较高,主要是没有做好保温工作和空气不佳造成的。所以在冬季运输肉羊时要确保肉羊机体不能受冻,同时做好通风换气,防止肉羊的冷应激、缺氧性应激。

3.3 调整日粮组成

在肉羊的日粮中添加油脂、无机盐离子、维生素、微量元素和益生菌,进行蛋白质和氨基酸的合理搭配可减轻肉羊运输应激的强度。

①添加氨基酸:在日粮中添加有较强的抗疲劳作用的氨基酸能够缓解运输应激。

②添加油脂:在肉羊日粮中添加一定量的油脂,降低日粮中可消化碳水化合物水平[①]。

③添加无机盐离子:肉羊日粮中添加无机盐离子,确保机体电解质相对平衡,可缓解运输应激[②]。运输应激时机体酸碱失衡,从而改变细胞膜通透性,造成机体的损伤,严重时出现代谢性碱中毒症状。所以在运输前,在日粮或饮水中添加电解质溶液(氯化钾、氯化铁、碳酸氢钠),能够保持电解质平衡,防止运输过程中的肉羊脱水和肉羊体重的损失。运输过程中添加电解质溶液无机盐离子对肉羊机体酸碱平衡的恢复和改善应激后肉羊产品品质具有一定的作用[③]。

④添加微量元素:某些微量元素具有抗应激作用,如硒、铜、镁、铬等。

⑤添加维生素:在肉羊日粮中添加具有抗氧化作用的维生素可以防止运输应激的发生。肉羊在应激时代谢活动增强,需要的维生素量增加,同时,应激发生后,肉羊的食欲减退,采食能力减弱,维生素的供应能力不足,合成能力变弱,机体不良反应加剧。

⑥添加益生菌:在肉羊日粮中添加益生菌,这些益生菌在肠道中降解代谢产物被宿主利用,产生一些特殊的酶,阻止肠道致病菌的增加[④]。还可以影响到下丘脑——垂体——肾上腺轴(HPA)对应激的反应[⑤]。所以添加益生菌不仅促进机体的新城代谢、提高体质,还能够减弱肉羊运输应激的产生。

① 双金,敖力格日玛,敖长金.苏尼特羊体脂脂肪酸组成的研究.畜牧兽医学报,2015,46(8):1363-1374.

② 陈清平.氨基酸螯合微量元素对肉羊生产性能及血液生理生化指标的影响.成都:四川农业大学,2003.

③ 徐淑玲.日粮电解质平衡与动物营养的关系.吉林畜牧兽医,2006,26:20-22.

④ Bernabucci U,Lacetera N,Baumgard L H , et al. Metabolic and hormonal acclimation to heat stress in domesticated ruminants. *Animal* ,2010,4(7):1167-1183.

⑤ Sudo N. Stress and gut microbiota:Does postnatal microbial colonization programs the hypothalamic-pituitaryadrenal system for stress response. *Int . Congr* ,2006,1287:350-354.

3.4 合理使用药物

在肉羊的运输过程中,为了预防运输应激的发生或者减少运输应激对肉羊造成的影响。可合理使用中草药添加剂以及药物等。如使用"消滞汤""藿香正气液""桂枝汤""麻黄汤""头痛粉""小儿安"等,可削弱肉羊的应激反应①。

4 小结

总之,肉羊运输环节的福利问题已经备受人们的关注,中国,特别北方地区,每年有大量肉羊在"三北"地区流动,研究如何减少肉羊运输应激已成为热点。减少肉羊运输应激对肉羊生产、机体的内分泌代谢、机体免疫机能和肉羊产品品质均有益处。否则会对肉羊生产、机体的内分泌代谢、机体免疫机能和肉羊产品品质产生影响,进而造成经济损失。目前生猪、肉牛、家禽运输应激的研究比较多,肉羊的研究不多,但我们可借鉴前人的经验,从运输条件、肉羊机体、运输环境和运输时间等着手,紧紧围绕机体神经—内分泌—免疫网络的互作关系开展研究,借助分子生物学的手段深入研究肉羊运输应激的机理,同时开展减缓运输应激的添加剂应用研究,同时,结合新型饲料的开发,研制抗应激的专用添加剂,减少运输过程中应激的强度,将运输应激造成的损失降到最低点,确保肉羊的运输安全,进而确保肉羊产品的品质,提高养羊的经济效益。

---

① 吉克拉古.调运种公羊隔离期间疫病的治疗.中国畜禽种业,2016(5):27-29.

规模化奶牛场主要动物福利问题及解决对策

靳爽　顾宪红[*]

摘要:规模化奶牛养殖在提升了生产效率的同时,也对奶牛福利造成了很多不利影响。本文围绕奶牛养殖生产过程中出现的一些福利问题进行论述,并提出了解决对策,以期引起行业内的重视。为奶牛生产创造良好的条件,以提高奶牛的福利和生产水平,促进奶牛业的健康发展。

关键词:奶牛;动物福利;设施;解决对策

Major Animal Welfare Problems and Their Solutions in Large-Scale Dairy Farm

JIN Shuang，GU Xianhong

Abstract：Though the large-scale dairy farming improves the production efficiency，it also has a negative impact on the dairy cows' welfare. This paper discusses some of welfare problems in the dairy industry and puts forward some

---

* 基金项目:国家重点研发计划课题(2017YFD0502003;2016YFD0500507);奶牛产业技术体系北京市创新团队项目(BAIC06-2018);中国农业科学院科技创新工程(ASTIP-IAS07)。

作者简介:靳爽(1995—),女,河北廊坊人,硕士生,主要从事畜禽应激、健康养殖与环境控制方面研究,E-mail:1921517936@qq.com。

通讯作者:顾宪红(1966—),女,研究员,博导,主要从事畜禽应激、福利与健康养殖研究,E-mail:guxianhong@vip.sina.com;中国农业科学院北京畜牧兽医研究所,动物营养学国家重点实验室,北京100193。

Authors:JIN Shuang, GU Xian-hong, State Key Laboratory of Animal Nutrition,Institute of Animal Science，Chinese Academy of Agricultural Sciences，Beijing 100193，China.

Funding sources:National Key Research and Development Program of China (2017YFD0502003,2016YFD0500507),Beijing Dairy Industry Innovation Team Project (BAIC06-2018), The Agricultural Science and Technology Innovation Program (ASTIP-IAS07).

solutions for the purposes of drawing people's attention to animal welfare, creating good production conditions for dairy cows, improving the welfare level and production performances of dairy cows and promoting the sound development of the dairy industry.

Key words:dairy cows; animal welfare; facility; solutions

随着我国畜牧业的不断发展,规模化、集约化的养殖方式已取代传统的散户养殖方式,提升了畜牧业的经济效益,满足了人民对于畜产品的数量需求。然而,在这种人为控制的养殖模式下,动物成了单纯为人类生产畜产品的机器,恶劣的饲养环境、不规范的饲养管理造成应激和疾病频发,影响了动物正常的行为表达及健康状况,也威胁着畜产品的质量与安全,无法满足富裕起来的人民对优质畜产品的需要,成为我国畜牧业可持续发展和畜产品贸易的一个瓶颈[1]。因此,在养殖生产过程中,我们应做到"以动物为本",满足动物的需求,以促进畜禽养殖业的健康可持续发展。

1 动物福利的内涵

1822 年,被称为"人道的迪克"的理查德·马丁提出的"反对虐待以及不恰当地对待牛的行为"的法案在英国国会获得通过。自此以后,研究动物福利问题的脚步从未停止。目前,国际公认的动物福利的内涵为:

(1)使动物免受饥渴;

(2)使动物免受痛苦、伤害和疾病;

(3)使动物免受恐惧和不安;

(4)使动物生活地舒适;

(5)使动物自由地表达正常行为[2]。动物福利所强调的,不是我们不能利用动物,而是要尽量确保为人类做出贡献和牺牲的动物的需求得到满足,从而更合理、人道地利用动物。同人类一样,动物也是有生命的,他们也会感受到痛苦和喜悦,因此在养殖过程中我们要对动物的感受加以关注,为其提供适宜的生存条件,尽量减少其应激反应,促其可以健康成长,同时提升动物的生产性能,促进畜牧业的健

---

① 孙忠超.我国农场动物福利评价研究.呼和浩特:内蒙古农业大学,2013.

② Hurnik J F. Welfare of farm animals. *Applied Animal Behaviour Science*,1988,20(1):105-117.

康可持续发展[①]。现代奶牛业养殖规模越来越大,密集的饲养、工厂化流水线作业管理无法关注到奶牛自身的需要,本文就牛舍的环境设施以及牛场的管理方面出现的一些福利问题进行了分析,并提出解决对策。

2 规模化奶牛养殖中的福利问题

2.1 饲养密度大导致牛舍环境质量问题

随着奶牛养殖数量的增多,有些牛场为了降低生产成本,往往会采用高密度的养殖方式饲养奶牛,这很大程度地影响了奶牛的健康与福利水平。如果饲养密度过大会限制其自由活动,牛可能就会产生应激,并表现出异常行为。饲养密度越大,单位空间内饲养的牛越多,呼出的二氧化碳量就越多,如果通风不良,则会导致牛舍空气质量下降,氧气含量降低,奶牛长期处于缺氧环境下,其免疫机能以及生产性能就会受到损害。奶牛养殖数量大,排泄废物增多,会使舍内氨气含量增多,长期低浓度的氨气中毒也会使奶牛健康受损,生产性能下降。饲养密度过高,牛舍中病原菌易大量繁殖并传播,奶牛在牛舍中进行活动,感染乳房炎的风险也会增加[②],使奶牛感觉到疼痛、不适,降低福利水平,同时也会影响牛场经济效益。

2.2 环境设施存在问题

2.2.1 地面

在集约化规模化的养殖环境下,奶牛主要在牛舍内进行活动,其在行走、站立、休息时是否舒适,地面环境是否干净卫生,都影响着奶牛的健康。混凝土是牛舍卧栏和通道最常见的地基材料,新的混凝土地面容易造成奶牛擦伤,旧的混凝土地面又容易使奶牛滑倒[③],再加上地面设计不佳,易导致肢蹄磨损或其他伤害,因此很可能对奶牛的福利造成影响。为了方便清理粪污,现在有很多奶牛场使用漏缝地板,但是由于漏缝地板采用水泥、塑料或金属等材料制成,硬度较大,会对牛的腿、

---

① 杨敦启,李胜利,曹志军,等.奶牛福利让奶牛业增产增收.中国奶牛,2009,(2):2-5;顾宪红.动物福利和畜禽健康养殖概述.家畜生态学报,2011,3(6):1-5.

② 伍清林,金兰梅,葛继文,等.乳牛舍内环境空气中细菌数量与乳房炎的关系研究.中国奶牛,2010(1):39-42.

③ Mason W A, Laven L J, Laven R A. An outbreak of toe ulcers, sole ulcers and white line disease in a group of dairy heifers immediately after calving. *New Zealand Veterinary Journal*,2012,60(1):76-81.

蹄、肘及乳房等部位造成危害,增加乳房炎、肢蹄病的发生,对奶牛造成伤痛,也会造成生产性能的下降[①]。

2.2.2　卧床

反刍行为和休息行为是奶牛行为中的重要部分,能直接影响奶牛的消化、吸收、健康和生产性能[②]。奶牛每天有 50%～60% 的时间趴卧在卧床上休息和反刍[③],充足的休息可以增加采食量和产奶量,增加反刍效果,减少对蹄的压力和跛行的发生。卧床作为奶牛的重要休息场所,其舒适度影响着奶牛的休息时间。Haley 等(2001)研究发现,在舒适度较高的卧床条件下,奶牛每天多躺卧 4 h,且更愿意站起来以及调整姿势,而在低舒适度卧床条件下,奶牛更多时间是处于漫无目的的站立状态[④]。牛床的尺寸不适宜,或者牛床垫料使奶牛感觉不舒适,都会使奶牛躺卧时间减少,影响奶牛的休息、反刍,从而对产奶性能造成影响。同时也有研究表明,牛床舒适度等级越低,越容易发生乳房炎、肢蹄病等疾病[⑤]。

2.2.3　饮水设施

在现代化规模化的奶牛养殖过程中,科学化的日粮配制基本能够满足奶牛的需要,但是饮水的重要性很可能会被忽视。然而,对于奶牛健康和生产来说,充足优质的饮水是至关重要的。据齐海建等报道,当前奶牛场对奶牛饮水方式重视程度不够,易出现水质差、水温过低、饮水器配置不合理等问题,这使得奶牛不能获得充足、清洁的饮水,影响奶牛的福利,不利于奶牛健康,同时也会造成产奶量下降[⑥]。

2.2.4　运动场

运动场是奶牛运动、休息、乘凉的场所,牛在挤奶、饲喂后需要到舍外进行自由

---

① 贾幼陵.动物福利概论.北京:中国农业出版社,2014:204.

② 韩志国,江燕,高腾云,等.从行为学角度思考奶牛福利.家畜生态学报,2011,32(6):6-11.

③ Jensen M B, Pedersen L J, Munksgaard L. The effect of reward duration on demand functions for rest in dairy heifers and lying requirements as measured by demand functions. *Applied Animal Behaviour Science*, 2005, 90(3):207-217.

④ Haley D B, De Passille A M, Rushen J. Assessing cow comfort:effects of two floor types and two tie stall designs on the behaviour of lactating dairy cows. *Applied Animal Behaviour Science*,2001,71(2):105-117.

⑤ 李世歌.牛床舒适度等级对泌乳牛泌乳性能、繁殖性能和健康状况的影响研究.兰州:甘肃农业大学,2014.

⑥ 齐海建,洪锋,孙虹.奶牛饮水与产奶量、原料奶品质的关系.中国乳业,2010(3):48-49.

活动、休息。当前有很多牛场的牛舍不配备运动场,或者有些运动场的地面材质不适,表面凹凸不平,如遇阴雨天气易造成粪污积存,蹄部长期浸没在其中,易造成损伤。在地面有坚硬突起的运动场上休息起卧,乳房也易受外伤而引发乳腺炎。赖景涛通过研究发现,运动场地不舒适,乳牛运动不足,会严重影响泌乳牛的食欲和体况,从而降低采食量和产奶量,增加肢蹄病发生率,降低奶牛受胎率,而改善泌乳牛的运动场地,使之充分运动放松,可提高采食量,延长泌乳高峰期时间,从而提高产奶量。适宜的运动场地也可增强体质,改善体况,降低肢蹄发病率,并且提高治愈率[①]。

2.3　人员操作管理问题

在畜牧业生产中,家畜的生活完全依靠于养殖人员的饲养和管理,人、畜关系是畜牧业生产中的主要关系。大量研究表明,饲养人员的行为和态度对农场动物的福利和生产性能有重要影响[②]。饲养人员操作管理不当,很容易使奶牛产生应激和恐惧。在应激条件下牛的体液免疫和细胞免疫会发生变化,导致奶牛患病率上升[③],当奶牛处于恐惧状态时,会造成产奶量下降30%,并影响妊娠率和乳中体细胞数[④]。在饲养过程中,饲养人员可能会经常采取粗暴的行为对待奶牛,这都会影响奶牛的健康以及产奶性能。在驱赶奶牛进行挤奶的过程中,因地面较滑或空间较小,饲养人员经常会采取较为暴力的方式来加快奶牛的行进速度,易使奶牛拥挤和产生应激,影响挤奶效率以及奶品质。奶牛对恶劣的人畜关系会形成恐惧记忆,当再次遇到相同的饲养人员时,会出现躲避行为,不利于牛场的管理。

3　解决对策

3.1　改善奶牛的生存空间

牛舍的建筑构造首先应以满足奶牛的需求为首要目标,设计时要综合考虑牛

---

①　赖景涛.改善运动场地对泌乳牛的效果观察.上海畜牧兽医通讯,2011(5):34-35.

②　李凯年.饲养人员行为对农场动物福利与生产性能的影响.中国动物保健,2012,14(1):4-8.

③　Carroll J A, Forsberg N E. Influence of stress and nutrition on cattle immunity. *The Veterinary Clinics of North America Food Animal Practice*, 2007, 23(1):105-149.

④　Fulwider W K, Grandin T, Rollin B E. Survey of dairy management practices on one hundred thirteen north central and northeastern United States dairies. *Journal of Dairy Science*, 2008, 91(4):1686-1692; Hemsworth P H, Coleman G J, Barnett J L, et al. Relationships between human-animal interactions and productivity of commercial dairy cows. *Animal Science Journal*, 2000, 78(11):2821-2831.

场的饲养规模、牛群结构及各类奶牛的个体需要,从而确定适宜的饲养面积。Nordlund 等建议在建设牛舍时要建造能够适应牛群数量激增情况的牛舍[①]。王封霞等研究发现,与 129% 的养殖密度相比,82% 和 100% 的养殖密度对奶牛的躺卧、采食和反刍行为的表达更为有利[②]。因此要对奶牛数量进行合理配置,在不损害奶牛行为表达的基础上选择适宜的饲养密度。同时也要加强牛舍通风设施的建设,防止奶牛养殖过程中产生的有害气体对奶牛造成危害。

3.2　加强牛场相关设施的建设

3.2.1　地面

牛舍地面应该保持平整、干净、干燥,同时要有适当的摩擦力,这样有利于奶牛舒适自由地行走。牛舍地面垫料的选用,对于奶牛舒适度有很大影响。研究发现,与水泥地面相比,生活在橡胶地面的奶牛蹄的生长和磨损程度显著降低,表明柔软的散栏地面有利于奶牛的蹄部健康[③],但是橡胶地面的吸湿能力以及对湿度的缓冲能力比水泥地面要差。在奶牛自由运动和休息的区域应尽可能制成橡胶地面,以提高舒适度,在奶牛经常集中活动的区域,可以对地面进行硬化处理,从而有效地抵抗牛群践踏,防止地面泥泞,也便于排水和粪尿处理。牛舍地面要有一定的倾斜度,保证尿液排出顺畅,最好在采食通道上铺设部分橡胶漏缝地板,配备刮粪板,同时建设坚固的排水管道及排污系统[④],这样既可以使奶牛感到舒适,也利于环境卫生。

3.2.2　卧床

卧床的设计需要考虑奶牛起卧和活动的生理规律。牛床的长度设计应充分考虑奶牛在站立过程中前后移动所需要的空间距离,牛床不能太短,否则会使奶牛无法正常躺卧,但牛床也不能太长,否则粪便易排在牛床上,影响卧床卫生,以致污染乳房。2007 年我国农业部颁布了《标准化奶牛场建设规范》(NY/T/1567—2007),规定了散栏式牛床的长度和宽度,成母牛所需卧床长度和宽度分别为 2.2～2.5 m、1.1～1.2 m,青年母牛所需卧床尺寸为长 1.6～1.8 m,宽 1.1～1.2 m。也有研究

① Nordlund K,黄鸿威,史伟娜,等.围产期奶牛需要更多空间和舒适度.中国奶牛,2014 (18):51-55.

② 王封霞,邵大富,李胜利,等.不同饲养密度对奶牛行为、生产性能及舒适度指标的影响.∥杨秀文.第七届中国奶业大会论文集.北京:中国奶牛编辑部,2016:165-171.

③ Vanegas J, Overton M, Berry S L, et al. Effect of rubber flooring on claw health in lactating dairy cows housed in free-stall barns. *Journal of Dairy Science*, 2006, 89(11):4251-4258.

④ Bergsten C,黄鸿威,宋扬,等.不同牛舍地面设计对奶牛的影响.中国奶牛,2015(11):61-63.

表明,奶牛在较宽的卧栏卧下休息的时间比较窄的卧栏多,建议卧床宽度头胎牛为122 cm,成母牛 127 cm,临产牛 137 cm[①]。在生产中需要根据奶牛群体情况来配置卧床。

卧床表面垫料对于奶牛的休息和生产性能也有很大影响。黄雷等研究了不同垫料对奶牛趴卧行为的影响,发现在不同温度条件下,奶牛在橡胶垫和干牛粪垫料上的趴卧时间均显著高于沙土垫料[②]。金晓东等研究了橡胶垫、牛粪、沙土 3 种卧床垫料对奶牛生产性能的影响,发现使用橡胶垫和牛粪卧床的奶牛每天的产奶量接近,且显著高于沙土卧床,乳脂率与乳蛋白率也有相同的表现[③]。Norring 等通过比较沙子和垫草铺垫的牛床对奶牛躺卧行为的影响,发现在稻草卧床上奶牛躺卧时间较长($P<0.05$),但是沙子卧床利于牛体清洁和肢蹄健康,可以减少跛行,且利于蹄部损伤的恢复[④]。孟妍君比较了夏季在橡胶垫卧床上铺垫牛粪垫料与没有铺垫的效果,发现在铺有干牛粪的卧床上,奶牛躺卧休息时间更长,且奶牛在躺卧之前准备时间较短($P<0.05$),证明在橡胶垫上铺垫牛粪的卧床舒适性更高[⑤]。综上所述,从产奶量水平来看,沙子不适宜作为卧床垫料,但是在肢蹄健康方面,沙子垫料较为有利;从卧床舒适度来看,牛粪垫料以及稻草更利于奶牛躺卧,增加了奶牛的休息时间;从卧床表面清洁程度看,铺设橡胶垫的卧床易于清洁,也利于管理。在进行垫料的选择时,需要综合考虑适用性和价格等因素,选用的材料应该舒适且具有良好的吸水性能,奶牛站立起卧时不易受到伤害。

3.2.3 饮水设施

为保证奶牛有充足的饮水,饮水设置应满足 15% 的奶牛能够同时饮水。在设备的选择上,奶牛更喜欢在饮水槽中饮水,水深以 7 cm 为宜[⑥]。水温对于奶牛健康和产奶量有很大影响,春秋季节饮水温度宜维持在 9~15℃[⑦];冬季要禁止奶牛饮冰水、雪水,为奶牛提供温水;夏季高温情况下,奶牛宜饮用清凉的深井水。夏季奶牛对饮水的需求更大,因此在夏季来临之前应对奶牛饮水环境进行检查,以保障

---

① 孙建萍.规模化奶牛场奶牛福利的探讨.饲料博览,2012(2):31-33.

② 黄雷,王丽丽,李彦猛,等.不同卧床垫料对奶牛趴卧行为的影响.畜牧与兽医,2016,48(1):67-70.

③ 金晓东,邱殿锐,王丽丽,等.不同卧床垫料对奶牛生产性能的影响.当代畜牧,2015(10):4-7.

④ Norring M, Manninen E, Passillé A M D, et al. Effects of sand and straw bedding on the lying behavior, cleanliness, and hoof and hock injuries of dairy cows. *Journal of Dairy Science*, 2008, 91(2):570-576.

⑤ 孟妍君.牛粪垫料对泌乳牛趴卧行为和环境卫生的影响.哈尔滨:东北农业大学,2014.

⑥ Visconi L,罗宝京.奶牛的饮水行为和饮水需要.中国乳业,2006(7):25-28.

⑦ 刘斌.奶牛养殖要注意温度.农村·农业·农民(B版),2014(9):59.

奶牛有充足的饮水。为确保水质良好,应经常对饮水进行监测,饮水槽要每天冲刷,定期消毒,保持水槽清洁。

3.2.4 运动场

奶牛在干燥舒适的运动场休息、活动,乳房炎、肢蹄病的患病概率会降低,因此要保证运动场地面软硬适度,减少疾病的发生。赵锋杰报道,水泥材质的运动场,奶牛的肢蹄病患病率高于砖砌运动场,砖砌运动场的患病率高于沙土运动场[①]。丛慧敏等对比了立砖面运动场和干牛粪铺垫的运动场对奶牛的影响,结果表明,干牛粪铺垫的运动场奶牛感觉更加舒适,肢蹄、乳房更健康($P<0.05$)[②]。刘辉等比较了立砖地面铺垫干牛粪与黄土地面运动场的饲养效果,结果显示,立砖地面铺垫干牛粪组奶牛的产奶量、泌乳持续力、高峰奶量都优于黄土地面运动场组,而体细胞数与体细胞线性评分明显低于黄土地面运动场组[③]。可见,奶牛在干牛粪和沙土等软质地面行走、休息时较为舒适。但在雨雪天气这些地面易出现泥坑、水坑,粪污不易处理,卫生情况较差。在建造运动场时,可以考虑在运动场内的地面设置多个分区,分别铺以不同的材料,在不同的天气条件下使奶牛可以选择适宜的活动区域[④]。同时要注意改善奶牛活动区域的环境卫生,及时清理粪污,定期进行消毒,保证运动场清洁、干燥。

3.3 提高人员饲养管理水平

作为与奶牛养殖生产直接接触的人员,如饲养员、兽医、配种员等,首先要提高自身的专业技能,利用科学的方式方法来饲养、操作处置奶牛,尽量减少奶牛应激反应,保障奶牛健康,如在挤奶时要保持挤奶厅环境安静,或者播放一些较为舒缓的轻音乐,养殖人员应温和地对待牛。挤奶过程中要充分刺激乳房,促使其快速、完全放乳,保证乳头干净、干燥,尽量缩短每头牛的挤奶时间,以高质高效地生产牛奶[⑤]。其次,在养殖生产的过程中,应该细心观察,及时发现奶牛的一些异常行为和身体疾病等,及时进行诊治,例如在肢蹄病的诊断治疗方面,任何仪器或者操作

① 赵锋杰.浅谈环境对奶牛蹄病的影响.北方牧业,2014(20):40-41.

② 丛慧敏,沙里金,王爽,等.奶牛场立砖面运动场与干牛粪铺垫运动场的饲养效果对比.中国奶牛,2012(15):41-43.

③ 刘辉,李亚君,宋忠峰,等.运动场舒适度对奶牛生产性能及乳体细胞数的影响.中国奶牛,2014(19):1-3.

④ 高腾云,付彤,廉红霞,等.奶牛福利化生态养殖技术.中国畜牧杂志,2011,47(22):53-58.

⑤ 麦尔哈巴,丑武江,张伟,等.浅谈集约化奶牛饲养条件下挤奶质量管理技术.新疆畜牧业,2011(10):39-41.

系统都不能取代一个优秀且有耐心的养殖人员,饲养人员需要每天观察牛群,检查奶牛的健康状况,对于患有肢蹄病的奶牛,及时进行标记,尽快治疗,以降低损失[①]。最后,作为畜牧行业从业人员,要改变自身观念,意识到奶牛同人类是一样的,他们也拥有喜怒哀乐,对待动物要有耐心,有同情心,不能任意打骂,以建立良好的人、畜关系。奶牛场也要加强对相关人员的培训工作,让动物福利的理念以及实施动物福利的重要性深入人心,以在生产实践中实现良好的动物福利,达到人畜共赢。

4　小结

本文总结了规模化奶牛养殖中常见的福利问题,并提出了改善对策。在实际生产中,要把握好每一个环节,才能把奶牛福利落到实处,从而提高奶牛的生产性能及牛奶品质,提升牛场经济效益。

---

① Berry S,黄鸿威,夏建民,等.肢蹄病的预防、诊断和治疗.中国奶牛,2015(22):58-60.

下　篇

农场动物福利科学普通课题

中国农场动物福利保护的舆情分析

王梦雅　李苏阳　常杰中　孙畅　段啸安　王胜男　常纪文[*]

摘要：目前我国大陆地区农场动物福利的保护取得了很大的成就，但是也确实存在观念滞后、保护力度不足等问题。中国大陆地区问卷调查显示，多数公众对农场动物福利的了解并不充分，对农场动物福利的保护现状印象有好有坏，普遍希望尽快立法提高农场动物的福利。港澳台地区和域外存在中国大陆动物福利差的印象，一些地区限制进口我国大陆的动物源制品。此外，域外的一些公众人物也曾经谴责我国发生的虐待农场动物等事件，并表示将抵制来自中国的相关动物制品，甚至可能上升到对中国这一国家的偏见，影响了中国的国际形象。为此，应当通过立法、宣传等措施予以科学应对。

关键词：农场动物；福利；舆情分析

Analysis of the Public Opinions on Farm Animal Welfare Protection in China

WANG Mengya，LI Suyang，CHANG Jiezhong，SUN Chang，
DUAN Xiao-an，WANG Shengnan，CHANG Jiwen

Abstract：At present，the protection of farm animal welfare in mainland China has made great achievements，but there are still some problems such as the lack of knowledge of farm animal welfare and lack of protection. The questionnaire survey conducted for this study in China in 2017 shows that most of the Chinese public have an insufficient understanding for farm animal

＊　作者单位：王梦雅、李苏阳、孙畅为中国地质大学人文经管学院研究生，常杰中为美国普渡大学社会与法专业学生；段啸安、王胜男为中国社会科学院法学研究所研究生；常纪文为中国社会科学院法学研究所、中国地质大学人文经管学院教授。

Authors：WANG Mengya，LI Suyang，CHANG Jiezhong，SUN Chang，DUAN Xiao-an，WANG Shengnan，CHANG Jiwen.

welfare. Their impressions on the welfare of farm animals are both positive and negative. Further, they generally hope the legislature can legislate as soon as possible to improve the welfare of farm animals. Hong Kong, Macao and other regions generally have a negative impression on the Chinese mainland animal welfare situation, and some regions restrict the import of mainland China animal source products as a result. In addition, some public figures outside greater China have also condemned China's abuse of farm animals and other abusive incidents and indicated they would boycott animal products from China. This may be turned into prejudice against China, affecting China's international image. In view of these, it is imperative to legislate for farm animals and strengthen our efforts to promote farm animal welfare to deal with these issues.

Key words: farm animals; welfare; public opinion analysis

1　中国大陆地区农场动物福利保护的舆情分析

1.1　中国大陆关于农场动物福利保护问题的问卷调查

为获知公众对大陆地区农场动物福利保护的了解及看法的整体情况,研究组发起了一项问卷调查,问卷共十个问题,涉及受访者的年龄、职业、对农场动物福利概念的理解、对我国农场动物福利保护的整体情况及运输等各环节的保护情况的看法、对农场动物福利与肉制品的质量和安全的关联性的看法、是否更愿意购买在良好福利条件下养殖、运输和屠宰的畜禽产品、我国保护动物福利是否有利于农场动物及其制品出口到发达国家和地区、是否支持加强法制建设以适度保护农场动物的福利等问题。

参与问卷调查的受访者共 170 人。问卷结果表明,在年龄分段上,本次调研受访者的年龄在 21～60 岁间的比例达到了 94.71%,考虑到以农场动物福利相关问题为调查主题,受访者应具备一定的生活经验,对于肉类产品质量、农场动物福利、贸易出口等问题有一定的知识储备,该年龄阶段的受访者所给出的答案较有代表性,由此得出的分析更具有参考价值。在所有受访者的职业分类方面,有 12.94% 的受访者从事与动物有关的职业;11.18% 的受访者从事与健康有关的职业;7.06% 的受访者从事与经贸有关的职业,以上三种职业对动物及动物福利情况应有基本的了解,剩余 68.82% 的人从事其他职业,使所得的问卷结果也具有参考性、客观性。

问卷调查结果可从一个角度反映公众对我国大陆地区农场动物福利情况的了解和看法，但由于问卷采用网络调查方式，受受访人数及受访人职业等的限制，并不能获知全部公众，尤其是不经常使用网络的部分公众的意见和看法。但结合研究组实地走访等方式，也能得到比较客观的当前社会公众对我国大陆地区农场动物福利意见和看法的基本概况，调查结果具有一定可信度。

1.2　中国大陆地区关于农场动物福利保护问题的舆情分析

1.2.1　对农场动物福利概念的理解

随着自媒体的兴起与相关知识的普及，越来越多的人们开始关注、了解农场动物的福利问题，社会公众对"农场动物福利"①这一概念已不再陌生。但调查结果的数据显示，仅有近一半的受访者能够正确理解"农场动物福利"的概念为农场动物无疾病、无行为异常、无心理痛苦，另一半则未能对动物权利与动物福利的概念准确区分，这表明动物福利的社会关注度仍然没有处于理想的状态，相关领域的宣传报道工作仍不到位。

1.2.2　公众对我国农场动物福利保护整体状况及运输等各环节保护情况的印象

对农场动物保护的整体状况，问卷结果显示：25.88%的人认为保护情况一般，35.29%的人认为保护得较差，19.41%的人认为保护得很差。对农场动物福利保护中饲养、运输等环节保护情况的调查结果则与上述问题的结果较为一致。虽然目前农场动物福利保护仍存在很多问题，但近几年无论从政策还是实践中我国农场动物福利情况均有所改善。由此可见，我国在对农场动物福利保护的宣传力度上仍欠缺，社会公众对我国农场动物福利发展的自信心不足，整体状况的公众印象亟待改善。

1.2.3　农场动物福利与肉制品的质量和安全关联度认知及消费选择

调查结果显示，近83.53%的人认为动物福利与肉制品的质量和安全有关联且关联度很高；9.41%的人认为虽有关联但关联度较低。由此可见，社会公众对于肉制品质量安全的关心程度日益提升，消费者对于农场动物福利与肉制品质量安全的关联度有较准确的认知，这对于我国农场动物福利的社会监督与消费市场的

---

①　农场动物福利，动物如何适应其所处的环境，满足其基本的自然需求。科学证明，如果动物健康、感觉舒适、营养充足、安全、能够自由表达天性并且不受痛苦、恐惧和压力威胁，则满足动物福利的要求。

选择非常有利。虽有此认识,但近半数的消费者并不能接受高动物福利带来的肉质产品的高价格,这说明消费者在对肉类产品选择时,价格依然是主导因素。通过积极的产业转型、科学的规模升级等形式,处理好"高福利"与价格间的关系,将是我国农场动物福利保护发展的一个重要方向。

1.2.4 我国保护动物福利是否有利于农场动物及其制品出口到发达国家和地区

在出口贸易方面,73.53%的人认为,提高农场动物福利保护标准,有利于我国的农场动物及其制品的出口贸易。西方国家设立的"动物福利壁垒"①,对我国大陆地区的经济产生了极大影响,对此,经营者与消费者多已认识到原因所在,这在一定程度上奠定了群众基础,有利于我国农场动物福利保护活动的开展和实施。

1.2.5 立法民意趋向

农场动物保护立法这一问题的数据结果表明:79.41%的人支持通过立法加强农场动物保护,这说明公众已认识到农场动物保护立法的必要性;16.47%的人表明还未到合适的时机,可能认为我国的经济发展水平、公众的观念及消费水平等还未发展到相应的程度;且5.11%的人对立法不太支持或者持反对意见。由此可见,虽然针对我国农场动物福利保护立法有持反对、不支持意见的群体存在,但绝大多数的社会公众还是支持的,且认为现阶段就应当对我国农场动物福利进行立法保护。这无论对于公共食品安全、贸易产业发展,还是国家形象树立、人道主义象征来说,都是必由之路。

2 中国港台地区关于中国大陆地区农场动物福利的舆情分析

2.1 中国香港地区的舆情与影响

香港地区通过制定一系列相关法规条例对农场动物的保护做了规定,其中涉及农场动物福利的,如:《公众卫生(动物及禽鸟)(牛只、绵羊及山羊的饲养)规例》对饲养牛等的建筑物登记程序、空间大小、粪便处理等做了较详细的规定;《公众卫生(动物及禽鸟)(禽畜饲养的发牌)规例)》则规定了农场动物养殖需领取牌照;《防止残酷对待动物条例》中保护的对象,实际也包含农场动物②,该条例禁止不人道

---

① 动物福利壁垒,指在国际贸易活动中,一国以保护动物或以维护动物福利为由,制定一系列动物保护或维护动物福利的措施,以限制甚至拒绝外国货物进口,从而达到保护本国产品和市场的目的。

② 香港《防止残酷对待动物条例》释义"动物"(animal),包括任何哺乳动物、雀鸟、爬虫、两栖动物、鱼类或任何其他脊椎动物或无脊椎动物,不论属野生或驯养者。

地对待动物,并规定了相应的惩罚措施。

香港的肉制产品多依靠内地供应,大陆地区发生的多起食品安全事件,引发了香港媒体和公众的广泛关注。其中,苏丹红事件、三鹿三聚氰胺事件等,引起了社会的广泛关注。2006 年,苏丹红事件发生后,来自内地的鸭蛋在港销售量急剧下降,反映出香港消费者对大陆食品安全的信心不足;香港《南华早报》也发表社论《必须加强消费者对食品的信心》,在对食品安全担忧的同时,表达了对大陆地区和香港相关监管部门的工作的期望①。在内地猪肉瘦肉精事件后,香港媒体在评论报道中,表明大陆地区法律的不健全,甚至戏称"18 道检验却管不了一头猪",直指大陆地区监管的漏洞和监管的不力②。上述事件造成了香港市民的恐慌,严重影响了香港市民对大陆动物福利及肉制品安全的印象。尽管香港加强了检测与监管,2016 年香港食环署在对内地供港的部分生猪的尿检中又检测出药物残留物。因此,香港食环署采取一系列手段和措施加强调查,并对现行的检验机制进行检讨。该事件对大陆地区生猪供港产生了负面影响,香港渔农界立法议员依此建议香港提高对涉事省份的供港生猪抽检比例③。

鉴于之前的经验教训,香港食环署与国家质检总局两地通力合作,尤其是大陆地区对禽畜产品质量严格把关后,大陆供港食物及安全得到了一定的保证。随着大陆地区对农场动物福利认识有所加强,香港食环署官员多次与内地供港禽肉加工等企业就动物福利与动物检疫等问题进行交流,并对目前深圳等供港禽肉加工企业的硬件设施及卫生情况等表示肯定④。

2.2　中国台湾地区的舆情与影响

我国台湾地区早在 20 世纪 90 年代就制定了关于农场动物福利保护的法律,如 1991 年的《台湾保护牲畜办法》规定了牲畜的福利内容,对不得虐待动物的具体事项也予以列举,以改善牲畜的饲养和管理条件;2004 年的《动物保护法》增加了动物福利的内容,其中对经济动物的定义,并对经济动物基本的饲养、运送、屠宰等

①　参见"盘中餐把关者别老马后炮",中国日报 http：// news. 163. com/06/1123/12/30K5EH1N0001121M.html,最后访问时间 2017 年 8 月 12 日。

②　参见符闻:"港媒评瘦肉精事件:18 道检验却管不了一头猪",凤凰网 http：// news. ifeng. com/opinion/gundong/detail_2011_03/23/5316418_0.shtml,最后访问时间 2017 年 8 月 12 日。

③　参见"40 瘦肉精猪已流入 27 零售点",大公资讯 http：// news. takungpao. com/paper/q/2016/0806/3354260.html,最后访问时间 2017 年 8 月 12 日。

④　参见"香港食环署官员检查深圳供港畜禽肉屠宰企业及养殖场",深圳出入境检验检疫局官网 http：// www.szciq. gov.cn/cn/News_bulletin/News_reports/20150603/45603.html,最后访问时间 2017 年 8 月 12 日。

作出的要求,均属于农场动物福利的内容。2017 年中国台湾地区《动物保护法》修订,新增了关于禁吃猫狗肉的规定,同时加重对虐杀动物行为的惩罚[①]。

在之前暴发的食用猫狗肉争议热潮,中国台湾地区相关媒体报道,中国台湾地区立法院在《动物保护法》修改中对食用猫狗肉以及虐待动物的行为进行禁止。国际人道协会媒体部门主任希金斯(Wendy Higgins)表示,该条文的颁布是在向大陆地区释放强烈的信息,即建议大陆地区禁止这种行为并完善相关立法[②]。2013年大陆地区发生"速成鸡"事件,引发了社会对激素、抗生素问题的普遍关注。虽然在台湾抗生素亦是养殖场饲料中必不可少的成分,但控制与管理较严格。对于大陆地区肉鸡饲养中的生长激素,台湾地区则是全面禁止的。台湾地区国民党"立委"表示,大陆地区食安问题很严重,对大陆地区含瘦肉精猪可能将低价倾销到台湾表示担忧[③]。这都表明台湾当局对大陆地区的禽肉动物福利和安全情况的怀疑和担忧。此外,台湾明星伊能静通过个人微博账号,转发兔子养殖厂虐待兔子的视频,并多次呼吁拒绝穿戴真毛皮制品。小 S、阿雅、梁静茹、贾静雯、张栋梁等也通过微博等社交媒体账号,对虐待动物的行为表示愤怒和谴责。

3 美国和欧盟关于中国大陆地区农场动物福利的舆情分析

3.1 美国的舆情与影响

美国是最早颁布《动物福利法》的国家,并于 1966 年实施后进行了五次修改,是美国对动物保护对象最全面的一部福利法律。相关的动物保护法律也较为完善,如《动物食物安全法》《动物和动物产品法》等法律,各州也根据实际情况制定了州级的动物福利法律。2002 年美国启动了人道养殖认证标签,即在所提供的肉、禽、蛋、奶类产品等上粘贴人道标签,以向消费者保证提供产品的机构人道地对待畜禽等[④]。

美国动物保护的专家和组织比较活跃,对我国动物福利保护的情况一直较为关注。美国北卡罗莱纳州州立大学的退休教授——动物权利运动的代言人汤姆·睿根,在其《打开牢笼——面对动物权利的挑战》一书中对中国厨师如何残忍地杀

---

① 常纪文.动物保护法学.北京:高等教育出版社,2011:183-184.

② "台湾'修法'禁吃猫狗肉 CNN:重要里程碑",台海环球网 http://taiwan.huanqiu.com/roll/2017-04/10470043.html,最后访问时间 2017 年 8 月 12 日.

③ "开放美猪助长大陆猪倾销台湾",华夏网 http://www.huaxia.com/xw/twxw/2016/05/4826623.html,最后访问时间 2017 年 8 月 12 日.

④ 美国将启用"人道养殖"动物产品标签.中国禽业导刊,2003(12).

死猫以及在猫活着的时候将其扒皮等场景进行了描述,并表示这是他"一生之中,从未受到过的震撼"①。其中关于中国厨师烹饪猫的描写引发了国外读者对中国动物福利情况的不满,严重影响了中国在国际上的形象。休斯顿大学唐顿分校的东亚政治学教授兼国际人道协会的中国专家 Peter Li,反对中国的毛皮动物养殖②。他表示,中国对规模化动物养殖农场的动物福利关注仍不够,尽管相关的规章制度已制定,但这些法规并没有改变中国毛皮动物养殖业不人道的养殖和屠宰行为。他将中国动物福利差归因于政府的不作为,在一定程度上也揭示了我国动物福利得不到发展的原因所在。全球最大的动物权益组织(PETA)也有针对农场动物的保护工作,该组织在美国的明星成员在全球各地宣传其保护理念。如美国奥运女子游泳队队长 Amanda Beard 在 2008 年参加北京奥运会时,在北京奥运村门口亲自举起了其为该组织拍摄的全裸海报,向路人宣传拒绝穿戴毛皮③。该组织还揭露肯德基使用抗生素、所饲养的鸡缺乏应有的动物福利等行为,号召人们对肯德基采取全球性的抵制活动。2010 年美国农业部发布报告称,中国家庭式的毛皮动物养殖规模较小且饲养环境拥挤,很难保证动物基本的活动空间和卫生状况④。

3.2 欧盟的舆情与影响

欧盟的农场动物立法比较发达,立法体系也比较完善。1911 年,英国制定了《动物保护法》,其中包含多项动物福利内容,为后来的其他国家,如德国的《动物福利法案》的制定等提供了参考,并与之后颁布的《农业法》《动物保护法》《动物福利法》等近百部相关的法律,构成了一套较完整的动物保护及动物福利的法律体系。1974 年,欧盟制定的宰杀动物的法规中就规定了农场动物福利的内容,要求宰杀动物过程应使动物避免承受不必要的痛苦。在之后颁布实施的一系列有关动物包括农场动物福利法律中,具体规定了动物所应享有的基本福利内容。除法律法规层面的动物保护外,欧盟委员会食品安全署设立福利部门,专门负责动物福利;一

---

① 汤姆·睿根《打开牢笼——面对动物权利的挑战》.北京:中国政法大学,2005:317-318.
② "可怜的毛皮动物,受到如此残忍的对待!",国家地理中文网 http://www. nationalgeographic. com. cn/animals/facts/6600. html,最后访问时间 2017 年 8 月 12 日.
③ "奥运美女 Amanda 为 PETA 全裸出境",网易 2008 奥运报道 http://2008.163. com/08/0813/20/4J8MF7ID00742RA3. html♯,最后访问时间 2017 年 8 月 12 日.
④ 美国农业部网站 https://gain. fas. usda. gov/Recent% 20GAIN% 20Publications/Fur%20Animals%20and%20Products_Beijing_China%20-%20Peoples%20Republic%20of_5-25-2010,最后访问时间 2017 年 8 月 12 日.

些比较活跃的社会组织也多设立于欧洲国家。

在对中国大陆地区农场动物福利的发展上,英国的动物福利保护组织和专家一直比较关注。2005 年英国非营利性动物福利组织"关爱野生动物"(Care for the Wild)发表一篇报告,对中国毛皮动物养殖场恶劣的饲养环境,粗暴的运输过程,动物异常行为等进行了描述,并认为这都是我国农场动物福利水平低下的表现①。英国 BBC 电视台新闻节目也曾多次对中国的猫狗毛皮加工进行过特别报道,其中有一些残忍的镜头如"数十只猫狗被装进拥挤的铁丝笼子里"、"工人们一边谈笑,一边毒打动物"等。对此,前甲壳虫乐队歌星麦卡特尼表示,永不会去中国演出,并将带头抵制中国货②。不少英国公众也向电视台发去电子邮件、传真和信函,强烈表示对虐待动物的不满和愤慨,并抵制与中国进行贸易、旅游等往来③。瑞典电视 4 台多次播放关于我国农场动物遭受虐待等的视频和图片,如我国东北地区虐待动物、活剥狗皮的残忍场面,引起了瑞典社会的较大反响④。瑞典议会议员要求中国立即制止这种不人道对待动物的方式,并就保护动物问题立法。一些动物组织的保护人士还称,将要求政府抵制进口中国相关产品;之后报道的中国企业"活拔绒"的节目,也引起了较大的轰动,民众认为"活拔绒"存在虐待动物的事实,开始抵制来自中国的羽绒产品⑤。2009 年由中国网民拍摄的"糖醋活鱼"的制作过程的视频被转载至 Youtube 视频网,引起了国外公众的热议,点击量颇高。德国媒体和网友表示该种行为非常残忍,是虐待动物⑥。2015 年,中国长沙某景点举办猪高台跳河的活动被英国《每日电讯报》报道,受到了外国网友的批评⑦。外国民众对中国动物保护和福利情况表示不满,甚至上升到对中国这个国家的偏见,

① "可怜的毛皮动物,受到如此残忍的对待!",国家地理中文网 http: // www. nationalgeographic. com. cn/animals/facts/6600. html,最后访问时间 2017 年 8 月 12 日。

② 郑雅兰:"英公众对媒体报我裘皮加工业中虐待动物的反应",中华人民共和国商务部网站 http: // www. mofcom. gov. cn/article/i/jyjl/m/200512/20051200933113. shtml,最后访问时间 2017 年 8 月 12 日。

③ 曹慧:《从"肃宁活剥貉皮事件"看中国毛皮行业如何进行"危机公关"》,载《中国皮革》2005 年第 10 期,32-35 页.

④ "可怜的毛皮动物,受到如此残忍的对待!",国家地理中文网 http: // www. nationalgeographic. com. cn/animals/facts/6600. html,最后访问时间 2017 年 8 月 12 日。

⑤ 王华雄,宋保国:《从活拔绒事件看动物福利壁垒对我国出口羽绒及制品行业的影响》,载《畜牧与兽医》2010 年第 42 卷第 1 期,53-55 页.

⑥ "[新闻 1+1]糖醋活鱼:谁的糖? 谁的醋? (2009.12.09)",央视网 http: // news. cntv. cn/program/ xinwen1jia1/20100401/106595. shtml,最后访问时间 2017 年 8 月 12 日。

⑦ "长沙一景点为揽客 逼猪站桥上表演高台跳水",搜狐网 http: // cul. sohu. com/20150522/ n413592567. shtml,最后访问时间 2017 年 8 月 12 日。

这对中国在国际社会上的形象造成了严重的不良影响。

中国农场动物福利差的负面新闻不仅影响了外国民众对中国的印象,还给中国的外贸出口等带来了沉重的打击。中国由于缺乏完善的农场动物福利相关政策法规和标准,在畜禽的饲养、屠宰等方面远达不到美国和欧盟等国家的标准和要求。最初受到动物福利贸易壁垒影响的应是毛皮动物养殖业。2005 年芬兰毛皮拍卖会上,中国的水貂皮产品就遭到抵制[①]。此后也发生了我国出口的毛皮产品在一些欧洲国家遭受下架和停售的事件。2005 年后,国际上各大动物福利组织开始通过各种渠道向各国政府施压,希望能够抵制来自中国的水貂皮产品。2005 年,在哈尔滨举办的第十六届哈洽会上,欧盟一家企业因参观企业养鸡场认为鸡舍不够宽敞,危害了鸡的基本福利而停止交易。2006 年,欧盟以我国的肉用动物在饲养、运输、屠宰过程中没有按照相关的动物福利的标准执行,销毁了一大批从我国进口的肉类食品[②]。我国作为世界毛皮制品生产和出口的大国,遭遇如此的贸易壁垒,不得不让人深思。除毛皮之外,目前我国在中药生产中动物入药的一些方式因为残忍,如活熊取胆,活的野生龟鳖冷冻到零下 192 度生产龟鳖丸等,广受诟病[③]。这种生产方法一经披露就立刻遭到了海内外的强烈抗议,并开始对中药发出批评和抵制。类似事件严重损害了我国中药在国际市场上的形象,甚至影响到一些不含动物成分的中药制品的海外市场。

虽然我国农场动物福利的保护存在诸多问题,但值得肯定的是,近年来,随着我国《农场动物福利标准—猪》《农场动物福利标准—肉牛》等的颁布,国外各大媒体如全球肉类新闻网(Global Meat News)、世界农场动物福利协会(Compassion in World Farming)的首席执行官 Philip Lymbery、善待动物组织(PETA)等在各自的 Twitter 官方论坛上,对我国农场动物福利一些阶段性的进展报道,并作出肯定性的评价。我国还积极承办世界农场动物福利大会,并在会议中与动物福利发展较好的国家交流,吸取先进经验。企业也在不断改善农场动物福利,如双汇集团的养猪场圈舍宽敞干净,采用机械化处理粪便,电击等相对痛苦较小的方式击晕后宰杀等。可以说我国农场动物福利付出了巨大的努力,并取得了比较大的进展。

---

① "动物福利面临立法难题",新浪网 http://news.sina.com.cn/c/2005-04-14/10276384203.shtml,最后访问时间 2017 年 8 月 12 日.

② 周正祥.动物福利壁垒及我国应对的政策措施.财贸经济,2006(7).

③ 刘汉玲.动物福利壁垒对我国动物源产品出口贸易的影响及对策研究.合肥:安徽大学,2013.

4 中国应对农场动物福利舆情的建议

通过对我国大陆地区农场动物福利的舆情分析以及欧美国家对我国大陆地区农场动物福利保护的舆情分析,可知我国在农场动物福利立法、相关标准制定、农场动物福利保障机制等方面仍存在不足,基于此,提出以下建议:

首先,应制定全面保护农场动物福利的《农场动物福利保护法》及配套的标准。目前我国并没有针对农场动物福利保护的专门法律,仅凭行业标准及各地的地方规范和标准不足以应对在全国范围内存在的农场动物福利问题和我国在国际贸易中所遭受的困境。因此,可以借鉴《野生动物保护法》的规定,在《农场动物福利保护法》中明确规定不得虐待农场动物,并对农场动物基本的福利(如饲养、运输、屠宰等环节)的保护做原则性的规定。在此基础上,加快开展《农场动物福利要求》系列标准的制定。自 2014 年来,我国已完成了《农场动物福利要求 猪》《农场动物福利要求 肉牛》、《农场动物福利要求　肉用羊》三项标准的制定工作,规定了以上三种农场动物的养殖、运输、屠宰及加工等过程的动物福利标准和管理,填补了我国农场动物福利标准的空白。应在这一前提下继续制定其他重点农场动物的相关福利标准,做到法律法规的全面保护与标准的重点保护相结合。

其次,应建立农场动物福利保护的标签和认证制度。动物福利标签可以引起消费者对动物福利产品的关注,一方面可以加强对农场动物福利的宣传,另一方面还可以引导消费者做合理的选择,通过市场调节及消费者的价值取向进而倒逼企业加强动物福利保护。同时由行业协会或动物保护组织对动物福利标签进行认证,通过认证提升高动物福利保护企业的竞争力,在市场作用下影响更多的企业参与认证,从而使得动物福利保护成为行业自律和习惯。

再次,应做到信息公开。在规模化养殖逐渐占据市场的情况下,各养殖场应将其养殖场的养殖环境,动物的饲养、运输、屠宰及加工等各环节信息,予以及时公开,并在全国范围内联网,使社会各地公众特别是消费者了解农场动物的福利保护。加强信息公开,可以使公众更多地了解农场动物福利保护的情况,消费者在消费时也可据此作出理性选择,在一定程度上也可起到引导企业提高动物福利以增强市场竞争力的作用。

再其次,社会参与和监督,与监管部门的执法监管相结合。我国农场动物福利现状的改变,除依靠市场经济的调节,在很大程度上还需要依靠社会舆论来推动。我国对农场动物福利保护的声音还比较弱,动物保护组织的针对性不强,因此应鼓励设立专门的农场动物保护的社会组织,发挥其监督作用。同时利用如今高度发达的新闻及自媒体,宣传农场动物福利的知识,同时揭露动物福利较差的企业,以社会舆论督促企业转型,提高动物福利标准。

最后,建立农场动物福利保护的民事公益诉讼制度。我国《环境保护法》建立了环境污染的民事公益诉讼制度,对农场动物福利的保护,可借鉴这一诉讼制度,由社会组织对虐待农场动物的人或企业提起民事诉讼,通过司法手段惩戒虐待动物者,以达到对社会公众及企业的教育和警示作用。

此外,还要加强宣传教育,特别是国际宣传。虽然近几年我国在农场动物福利保护方面做了很多努力,也取得了一些进步,但国内外的公众和媒体对此关注度并不够,对我国的农场动物福利保护仍有较差的印象。因此,应充分展示我国农场动物保护取得的成就,以提高国内公众的自信心和我国在国际社会上的形象。

动物福利的哲学基础研究

李淦　　顾宪红[*]

摘要：动物福利起源于 19 世纪的英国，经过 2 个世纪的发展，已发展到成熟阶段。在世界范围内，有 100 多个国家和地区接受动物福利并制定了相关的法律。在全球化的背景下，动物福利是中国不能回避的命题。近年来，中国社会对动物福利的关注越来越多，但由于文化差距，对动物福利的理解、认同程度还有待提高。"动物福利"这个词背后蕴藏着深刻的哲学内涵，包括基督教哲学、功利主义、道义论、生命中心主义等。如果不对此加以深刻阐释，以及对东西方文化进行比较研究，动物福利难为社会所认同，动物福利更易表现为一种文化冲突。本文从历史角度，回顾了动物福利发展过程中的各个阶段，以及各阶段哲学思想的变迁。本文还比较了东西方文化差异和动物福利的发展经验，以探讨当前的中国动物福利的发展方式。

关键词：动物福利；动物权利；基督教；功利主义；道义论

---

* 基金项目：国家重点研发计划重点专项（2017YFD0502003；2016YFD0500507）；奶牛产业技术体系北京市创新团队（BAIC06—2018）；中国农业科学院科技创新工程（ASTIP-IAS07）。

作者简介：李淦（1987—）男，河南洛阳人，博士研究生，研究方向为畜禽健康养殖与动物福利，E-mail：497295394@qq.com。

通讯作者：顾宪红（1966-)女，江苏通州人，研究员，博士生导师，研究方向为畜禽应激、福利与健康养殖。E-mail：guxianhong@vip.sina.com；中国农业科学院北京畜牧兽医研究所，动物营养学国家重点实验室，北京 100193。

Authors：LI Gan，GU Xianhong，State Key Laboratory of Animal Nutrition，Institute of Animal Science，Chinese Academy of Agricultural Sciences，Beijing 100193，China.

Funding sources：National Key Research and Development Program of China （2017YFD0502003，2016YFD0500507），Beijing Dairy Industry Innovation Team Project （BAIC06-2018），The Agricultural Science and Technology Innovation Program （ASTIP-IAS07）.

Research on the Philosophical Basis of Animal Welfare

LI Gan，GU Xianhong*

Abstract：Animal welfare originated in the UK in the 19th century. The theory and practice of animal welfare has entered a maturing stage after two centuries now. Nowadays，animal welfare has been legalized in more than 100 countries. Animal welfare is not an indigenous notion in China. Whereas，in the era of globalization，China cannot ignore the challenges associated with animal welfare which is a world trend. Due to cultural differences，it is difficult for the Chinese society to completely accept animal welfare because of the lack of understanding of its philosophical basis. The philosophical ideas relating to animal welfare include Christian philosophy，Benthamism，deontology，Biocentrism and so on. It is essential to explain these ideas to the Chinese population to reduce misunderstandings. Both the history and the evolution of the philosophy concerning animal welfareis reviewed in this article. The development mode of Chinese animal welfare is also discussed based on the comparison of eastern and western cultures.

Key words：animal welfare；animal right；Christianity；Benthamism；deontology

0 引言

动物福利是当今世界的热点问题。经过两个世纪的发展，动物福利已从一种尊重动物生命价值的观念，转换为可以实际操作的手段，并被一些国家以法律的形式确立下来。当今世界已有一百多个国家制定了动物福利方面的法律；而在中国动物福利的理论与实践还处于初级阶段，目前尚未有一部专门制定的、与动物福利相关的法律，有与世界潮流脱节之嫌。近十年来，中国对动物福利的关注渐渐增多，上至政府下至民间，对动物福利有不少激烈讨论，有肯定的声音，亦有严厉的否定,莫衷一是,难成共识,距离良好实践应用尚有相当长的距离①。

然而,动物福利是时下中国难以绕开的问题。首先,动物福利是世界上主流国家的共同认知。许多发达国家已经将动物福利理念引入到国际贸易、畜牧业生产以及科学研究领域,在全球化的背景下,这些领域是很难回避的。其次,动物福利与动物健康、动物产品品质相关。现代畜牧业的集约化模式往往忽略动物的福利状况,引发一系列生产性问题,如高密度笼养的蛋鸡群焦躁和打斗、骨骼变形、胸部出现水疱与溃烂、呼吸道疾病频发等,对生产和产品品质不利;动物的运输及屠宰应激不加以有效的控制,则会增加动物的死亡率,影响肉品质,造成经济损失。随着社会生活的改善,消费者对动物产品的需求,从数量要求转向质量要求,市场需要符合动物福利的产品②。此外,动物福利有着深厚的哲学内涵,并非一些极端动物权利主义者的情绪化诉求。其倡导尊重动物的生命价值,主张约束人类自身的行为,对社会道德与伦理的进步不无裨益。

从历史角度看,19世纪,动物福利在西方圣经文化圈产生、发展、流行乃至完善。东亚文化圈与圣经文化圈迥然不同,但也有许多国家和地区接受了动物福利的观念,并制定了法律,如日本、韩国、新加坡、泰国、马来西亚、中国香港、中国台湾等。中国是东亚文化的发祥地,与上述诸国和地区有深厚的文化渊源,甚至有共同的文化根基,但是,动物福利依然难以得到我国大陆地区主流社会价值观的接受。这似乎形成了一个看似矛盾的"中国动物福利之谜"。

破解这个命题,需要厘清背后的哲学问题。否则很难理解西方人的行为逻辑。为了使动物福利以符合中国实际的方式扎根落土,有必要对这些学说进行梳理,比较中外哲学的异同,并探讨解决方案。

1　动物福利的概念和起源

"动物福利"是从英文"animal welfare"翻译而来。中文的"福利"一词与英文"welfare"的意思并不直接等同。中文"福利"意思是"幸福和利益"或"社会成员在生活上得到利益"。而英文"welfare"的意思为"a contented state of being happy and healthy and prosperous",强调"健康、舒适与愉悦的状态"。可见"动物福利"的译法并不确切。一般认为,1976年英国动物学家休斯提出了"animal welfare"的概念,定义为"动物与其环境协调一致的精神和生理完全健康的状态"③。这个

---

① 葛颖.中国动物福利争论的哲学基础研究.南京:南京农业大学,2013.
② 赵兴波.动物保护学.北京:中国农业大学出版社,2011.
③ 顾宪红.动物福利和健康养殖概述.家畜生态学报,2011(6):1-5.

概念比较抽象,但与人类的健康定义比较一致。有很多学者对动物福利进行过描述,在表述上各有千秋,总体来说,核心内容是,"给予动物高道德关怀,禁止虐待动物,给予动物高福利待遇"。动物福利的思想起源于19世纪的英国,早期的思想主要是反对虐待动物,到20世纪中叶,演变发展成现在我们所知的动物福利内涵,前后历经200余年的发展,到了比较成熟的阶段。为了避免概念混淆、论述过泛,本文将历史上西方关于农场、伴侣、工作动物的保护思想,统归为动物福利。一些激进的动物保护者主张完全禁止人类使用动物,观点极端,不属于主流动物福利,不在本文讨论范围内。早期的动物保护思想主要是"反虐待",与现在的成熟动物福利不同,本文也称其为动物福利。如果不从源头入手,理解其哲学基础的发展历程,就难以理解动物福利的基本问题。如,为何要给动物如此高的道德关怀? 为何动物有所谓"权利"?

动物福利的标志性事件是1822年英国议会通过的《关于防止残忍对待马匹和其他动物的议案》,史称《马丁法案》。该法案旨在禁止虐待马匹和其他家畜[①]。这个法律的制定,是针对英国普遍存在虐待动物的社会现实。当时的英国社会对动物缺乏基本的怜悯和同情。过度役使、殴打、以观看动物厮杀为乐的现象比比皆是。当时的英国人乐于进行残忍的逗牛、逗狗、逗熊等活动,并习惯于从动物凄厉的惨叫中得到快感。这个法案的通过有深刻的历史意义。在这之前有其他议员提出过类似法案,在议会屡遭质疑和责难,甚至被嘲笑与戏谑。而在1822年,议会终于接受了反虐待的动物伦理观。这个巨大的转变与18世纪后半叶和19世纪初的哲学发展有莫大的联系[②]。

2 十八世纪动物福利思想的兴起

基督教哲学在英国社会有主导作用。《圣经》中有多种描述人类如何对待动物的说法。第一种是,人类对动物的绝对支配地位,即人类统治、支配动物。此说法见于《旧约·创世纪》,"人要生养众多,遍满地面……也要管理海里的鱼,空中的鸟,和地上各样活物"。第二种是人类应对动物仁慈。此说见于《新约·启示录》,"有时动物也会承受痛苦……如果不是由于人类的罪恶,那么,处于人类掌控的动物就不会遭受如此的痛苦……人类应该敬畏我这个至高无上的上帝,并更加友善地对待我创造的一切生命,包括动物,由于我的存在而对动物仁慈"。

16、17世纪英国宗教改革之前,第一种观点占主导地位。13世纪英国神学家

---

① 刘宁.动物与国家:19世纪英国动物保护立法及启示.昆明理工大学学报(社会科学版),2013.

② 莽萍.为动物立法——东南亚动物福利法律汇编.北京:中国政法大学出版社,2005.

托马斯·阿奎那认为,"无理性生物不能主宰自己的行为,因而没有自由,应该受奴役;在宇宙的整体中,他们是次要的组成部分,他们的存在是为了理性生物的利益","动物是为了人而存在的,与人不是同类,因此人类取用动物是合法的,博爱不涉及动物"。阿奎那的思想属于"目的论"。"目的论"源于古希腊哲学,其观点是"世间万物的存在都有其目的性,目的不仅指自身,还指更高级的存在"。基督教诞生于罗马帝国时期,在初起、发展和形成过程中吸收了古希腊哲学的元素。阿奎那的观点与古希腊亚里士多德类似,亚里士多德认为,"……动物是为了人类而存在,驯养动物是为了给人们使用和作为人们的食品,野生动物,虽非全部,但其绝大部分都是作为人们的美味,为人们提供衣物以及各类器具而存在。如若自然不造残缺不全之物,不作徒劳无益之事,那么它必然是为人类而创造了所有动物"。根据"目的论"进行推理,由于动物是为了人类存在的,那么人类就没有责任去考虑动物的利益,而是可以任意支配和使用动物[①]。

除了基督教思想,近代科学机械自然观也支持"支配论"。16世纪以后,近代自然科学蓬勃发展,形成了机械自然观。机械自然观把世间万物,如日月星辰,看作是机械运动。机械自然观的代表人物笛卡尔把动物当作机械看待,他并不认为动物有语言和思想,而是无感觉无理性的机械。笛卡尔否认动物有感觉,也就是说动物感觉不到痛苦,那么人类任意处置动物也不会有什么不妥,因而对动物并无责任可言。尽管在现在看来,笛卡尔的观点甚是荒谬,但在机械自然观盛行的近代,影响甚大。

在当时的主流基督教教义和机械自然观的影响下,英国社会普遍缺乏对动物怜悯和保护的传统。然而,16、17世纪,英国发生了宗教改革。这个时期,第二种观点,"人对动物有责任"的观点开始兴起。英国圣公会牧师托马斯·杨在1798年引用《圣经》中的多处经文,说明上帝是关心动物的,人类关心动物亦是上帝的要求。汉弗瑞·普瑞玛特1776年在《仁慈的义务》一文中写道:"人类是所有上帝造物中最完善的。可是然后呢?每一个完善的人都肩负有照顾比他低等的物种的责任,这种责任与义务任何人都不可豁免"。经过长时间演化,基督教的教义从"支配论"逐渐转变为,"人类既有管理动物的权利,也有善待动物的责任"的观点。

此外,18世纪近代自然科学进一步发展,一批哲学家对机械自然观进行了批判。伏尔泰以狗为例,对笛卡尔的"动物无感觉论"进行批判,认为其观点严重背离了现实,"机械论者,请回答我,难道大自然在这只动物身上安排了一切感知用的弹簧,目的却是让他没有感觉吗?"。约翰·洛克认为,有些动物似乎与人类一样拥有

---

① 郭欣. 动物福利在英国发生的逻辑. 科学与社会,2015(2):98-110.

许多知识和理性。约翰·柏林布鲁克指出,动物明显与人共同拥有智能方面的一些重要特征。大卫·哈特利说,"动物像人类一样,他们智力的形成也依赖于记忆、激情、痛苦留下的印记、恐惧、疼痛以及对死亡的感觉,我们往往疏于考虑动物能够经受到痛苦与快乐"。打破机械论,承认动物与人类一样具有情感和痛苦,善待动物就有理论可循。

在承认动物拥有情感和痛苦的基础上,功利主义的创始者及哲学家杰里米·边沁对人与动物的关系进行了深入论述。边沁是法理学家,是英国法律改革运动的先驱和领袖。边沁眼中的"权利",不同于自然权利,而是由法律规定的权利①。边沁认为,权利是法律的孩子,没有法律就没有权利。边沁认为,权利和义务应当基于"服务"。所谓"服务"是指有助于增加他人快乐、消除或减少他人痛苦的行为。边沁之所以把苦乐作为评判服务的标准,是基于他对于人性的理解:每个人所能直接感受到的是自己的快乐和痛苦,所追求的是自己的幸福,所关心的是自己的利益。基于此,边沁提出了功利主义哲学,即提倡"最大幸福,最小痛苦"。由于把苦乐作为评判是否应当拥有"权利"与"义务"的标准,在功利主义语境下,"权利"的主体,应当能感知痛苦与快乐。那么"权利"的主体就不只是人类了,有情感和感知痛苦能力的动物,也自然而然从逻辑上拥有了"权利"。按照功利主义原则,制造出痛苦,便是不道德的,侵犯了"权利"。边沁说,"总有一天,其他动物也会获得只有暴君才会剥夺的那些权利。……一个人不能因为皮肤黑就要遭受任意的折磨而得不到救助。总有一天,人们会认识到,腿的数量、皮肤绒毛的形态、骶骨终端的形状都不足以作为让一个有感知能力的生命遭受类似厄运的理由。……问题不在于'他们能推理吗?',也不在于'他们能说话吗?',而在于'他们会感受到痛苦吗?'"②。人类将正当的暴行施加在拥有"权利"的动物身上。根据边沁的法理学,需要制定法律规定"权利"和"义务",因此为动物的福利制定法律,是十分必要的。边沁在英国乃至世界历史上的影响力巨大,他的哲学对后世有深远的影响。他的功利主义哲学是19世纪以后各国动物福利法律制定的基本原则基础。

在宗教改革、哲学发展以及法律体系变革三架战车齐驱的作用下,18世纪末19世纪初,英国对待动物的主流价值观从"支配论"转向了"动物有权利,人类有义务"。1822年,《马丁法案》同时在下议院与上议院通过,印证了这一历史转折。在这之后,英国并没有就此停歇,1824年,英国"反虐待动物协会"成立。1837年,维多利亚女王授予该协会"皇家"的称号。社会上保护动物的思潮萌动,运动风起云

---

① 陈晨.边沁功利主义视角下的生态伦理评述.西安:长安大学,2014.
② 杰里米·边沁.论道德与立法的原则.程立显,宇文利,译.西安:陕西人民出版社,2009.

涌。从 1822 年《马丁法案》到 1995 年《动物福利法》,英国对农场动物、实验动物、娱乐动物、伴侣动物以及野生动物的福利,分别以不同的法律作出了细致的规定。时至今日,英国的动物福利法律在全世界最完备,动物福利标准覆盖面也最广泛。同属圣经文化圈的法国、德国等其他国家纷纷效法英国,制定了本国的动物福利法律。值得一提的,在 17 世纪末 18 世纪初,黑奴也得到解放。1792 年英国民众发起 500 余次废奴请愿,参与请愿的人数达到 40 万人。随着废奴运动的蓬勃发展,终于迫使英国议会于 1807 年 3 月 25 日以 107 比 16 的显著优势通过了《废除奴隶贸易法案》。1833 年 7 月 25 日在英国完全废除了奴隶制度。奴隶的解放对"动物福利"的发展有着重大的意义。动物的权利是人的权利的一种合理的延伸。根据功利主义哲学,动物和人一样,都能感受到快乐和痛苦。那么,对奴隶的残忍,与对动物的残忍并无本质差别。既然奴隶制度是罪恶应当废除,那么人类对动物的残忍也应当禁止。人们解放了奴隶,保障了奴隶的权利,那么也就应该保障动物的合理利益,使动物免受不必要的痛苦。因此,一些废奴主义者同时也是善待动物的积极倡导者和先驱。例如伦敦废奴协会总部委员会的本杰明·米格特就坚决主张禁止对动物的残忍行为。而废奴运动的领袖威廉·威伯福斯则创立了"禁止虐待动物协会"这一组织。善待动物的观念和行为伴随着废奴运动的发展而有了新的进展,废奴运动促进了动物福利事业的兴起。由此可见,18 世纪兴起的"反残酷"并非是民众对某种动物的心血来潮,而是整个社会反躬自省、谋求进步的表现。

3 二十世纪动物福利思想的成熟

18 世纪动物福利思想是基于当时人类对待动物残酷的时代背景下产生,欧洲国家经过 1 个多世纪的立法与实践,到 20 世纪二三十年代,实现了"反虐待"的目标。在 20 世纪中后叶,动物福利思想继续向前发展,向"福利主义"发展。"福利主义"的目标是给予动物更多的生命"权利",不仅禁止人类虐待动物,还倡导给予动物高福利标准,同时反对对动物造成不必要的痛苦。这一时期,西方国家纷纷接受"动物权利"的概念,在法律上承认动物的地位,赋予动物一定的法律主体地位。出现这一现象,与哲学的发展有莫大的联系。这个时期的代表性哲学有动物解放、动物权利与生命中心伦理。

这一时期的哲学,与社会现实有很大的联系。首先,20 世纪中叶,工厂化畜牧业兴起,极大地解放了生产力,提供了数量可观、价格低廉的畜产品,但随之而来的是重效益、轻动物福利的弊端。在工厂化畜牧业生产条件下,只把动物看作生产资料,其生命价值并没有得到考虑,工厂化生产条件下,动物的生存条件恶劣,如环境肮脏、极度拥挤、行动自由的完全丧失等。此外,实验动物的使用量较 19 世纪大幅增加,实验室是"法外之地",实验动物不受保护。处置动物的方法无章可循,实验过程缺乏对动物痛苦的考虑。所以在实验室,动物遭到残忍对待,处境凄惨。工厂化畜牧业与实验动物的问题是 20 世纪的新问题,与前一个世纪迥然不同。在这个背景下,彼得·辛格提出了"动物解放"。辛格在《动物解放》一书中旗帜鲜明地反对科学实验和工厂化畜牧业对动物的摧残。"动物解放",在哲学上,实际上是边沁功利主义的延伸①。辛格认为,人类对动物有根深蒂固的"物种歧视"。导致动物与人的地位不同的原因是根植于人头脑内的偏见。辛格认为,既然动物和人一样具有感知能力,我们就没有理由在道德考虑上拒绝他们的基本利益,任何基于先天的性别、种族甚至智力的区别对待都是不道德的。这与边沁的理论基本相同。破除人类对动物的"物种歧视"的方法是给予动物"平等"的道德关怀。在辛格眼中,平等只是一种道德理念,而不是一个简单的事实断定。逻辑上,不能因为两个人之间基于能力上的事实差异而对他们的需要和权益差别对待,即为"平等"。"动物解放"主张人类应当彻底省思,要求扬弃现行社会文化脉络下的任何动物应用模式,或是力主人类应"平等"对待同样具有感知能力的非人类动物、避免动物承受不必要痛苦的思想或行动。辛格认为,"黑人解放"、"妇女解放"了,动物也应当解放。他反对按照人类划定的物种界限来划定生命权利界限。18 世纪,传媒业并不发达,边沁的理论影响力有限。20 世纪中叶,传媒业发达,辛格用畅销书的形式向大众介绍边沁功利主义哲学,痛批时弊,取得了空前的影响力。

在伦理学上,边沁和辛格的功利主义属于"后果主义",即认为一个特定行为所带来的后果是判断该行为的道德价值的合理基础。根据这一理论,能够带来好的后果的行为在道德上就是正确的行为。"动物权利"的代表人物汤姆·雷根应用康德道义论的观点,赋予动物应得到尊重的道德权利。道义论认为一个行为本身的性质和行为者的动机是判断该行为道德价值的根据。在"道义论"的语境下,所谓"权利"是每个主体拥有的、没有程度区分的"自然价值"。这一点与功利主义截然不同。功利主义主张"谋求大众福祉,牺牲小部分主体的利益"的效益原则,功利主义赋予能感知痛苦的动物以道德地位,但因"效益原则",存在为了多数牺牲少数的逻辑漏洞,也就是说动物的利益,在一些条件下可以为多数人的福祉而牺牲。比如用黑猩猩做艾滋病试验,如果试验能够成功,则拯救了数千万人的生命,那么牺牲几只黑猩猩也是理所应当的。雷根的道义论主张动物有"天赋价值",不能任意对待,一定程度上弥补了功利主义的漏洞。雷根认为,某些动物(至少是某些哺乳动物)也具有生活主体所具有的那些特征和能力,因而这些动物至少也是道德共同体

---

① 曹文斌. 彼得·辛格的动物解放思想研究. 湘潭:湘潭大学,2006.

的成员,具有内在价值,并且拥有被尊重对待的道德权利。在雷根看来,把动物视同资源是错误的。而且人类对于动物的分类与利用原本就是一种暴力,"陪伴"、"经济"、"表演"、"实验"、"野生"等动物分类本身不符合动物的"天赋价值",只是在强调动物相对于人类所具有的某部分特定的"功能",忽略了动物的主体地位。为了彻底解决人类伤害动物的行为,雷根认为,人类应当承认动物的"权利"。雷根主张完全废除把动物应用于科学研究、完全取消商业性的动物饲养业、完全禁止商业性的和娱乐性的打猎和捕猎行为,简称"三个主张"。雷根的哲学看起来太过激进,脱离现实,中国有一些学者对此持严厉批评态度。雷根的理论在欧洲影响力甚大,欧洲的一些激进的动物权利组织常秉承这"三个主张"。欧洲一些国家的政府将"动物权利"写进宪法,以迎合动物权利运动。

与雷根相比,玛丽·沃伦提出了弱势的"动物权利"论。与雷根的观点相似,沃伦认为大自然赋予了动物免受不必要痛苦的权利①。不同的是,动物拥有权利的基础不是他们拥有"天赋价值",而是他们的利益。人的权利和动物的权利是有差别的。人类的权利比动物的权利范围更广。如人具有言论、集会、结社、游行、示威等种种自由权利,而这些对动物来说毫无意义,这也是造成人与动物诸多事实不平等的原因。动物虽然拥有权利,但相对人的权利要弱一些。

除了动物解放与动物权利,生命中心主义哲学的影响力也很大。生命中心主义哲学是人类中心主义哲学的对立面。生命中心论把伦理关怀扩大到所有生物的生命,包括昆虫和植物,主张凡有生命的个体都需获得道德考虑与尊重对待,也就是史怀泽的"敬畏生命"原理。史怀泽认为,每个生命都拥有"生命意志",即渴望获得快乐和避免痛苦,而最基本的生命意志是生存②。人必须像敬畏自己的生命意志一样敬畏所有的生命。善是保存生命、促进生命,恶是伤害生命、压制生命。他的观点与佛教的观点有相似之处。这种伦理的要求与康德、雷根的道义论不同,"敬畏生命"从人类的"德性"出发,倡导人类自我约束、尊重生命。

保罗·泰勒从地球生态角度出发,阐释"生命中心主义"③。他认为,人和其他生物都起源于一个共同的进化过程,而且也面对着相同的自然环境,人要适应环境的变化,就需要与其他生物建立"同舟共济"的关系,人需要与其他自然万物合作,而不是持有一种颐指气使的姿态。人类作为一个物种,是较晚出现在地球上的,在我们到来之前,一种生命的秩序已经存在了数亿年;而人类需要依靠其他动物,而

---

① 郭琪.动物福利法的理论基础和基本原则研究.哈尔滨:东北林业大学,2015.

② 许芳.史怀泽."敬畏生命"伦理思想研究.西安:长安大学,2014.

③ 甄桂.保罗·泰勒环境伦理思想研究.合肥:合肥工业大学,2016.

动物却可以不依靠人类。其实,在地球的漫长演变历史中,人类的历史与地球大历史相比,不过是沧海一粟。那么人类与其他生物不应有什么物种优劣之分,人类应当尊重其他动物的生命价值。

尽管各位哲学家的理论各自有各自的论证逻辑,且切入的角度不同,但殊途同归,就是尊重动物的生命价值,承认动物的地位。随着动物福利运动的深入,西方各国纷纷赋予动物以法律上的主体地位,承认动物有"权利",从"不虐待"上升到"善待,并使其舒适愉悦"的高度,且详细规定了动物福利的实施方法,具备充分的实操性,这一福利实践目前仍在不断的发展之中。

值得一提的是,根据动物解放、动物权利和生命中心主义的逻辑推导,人类有善待动物的义务,却没有使用动物的权利,因为使用过程中不可避免会给动物造成伤害。人类社会离不开动物产品,停止对动物的使用不符合现实。西方社会的现实做法是,对不需要宰杀的伴侣动物给予很高的人道主义待遇,即残酷、不作为都是非法行为。对需要宰杀的农场动物,则规定了最低的福利标准,即要求在整个养殖过程和运输中减少动物的痛苦,给动物最低的适宜生存条件,在屠宰中最大限度地减少甚至完全达到无痛苦,如果达不到视为非法。为了达到农场动物福利,欧洲国家不惜牺牲生产效率。这一现象是动物福利最高诉求与现实需要不可调和的情况下,二者达到的折衷方案。

4 借鉴历史经验以发展中国动物福利

动物福利在西方有两个世纪的发展历程,至今形成了较成熟完备的体系。动物福利对中国而言,尚属新鲜事物。动物福利有着深厚的宗教、哲学积淀,仅从字面上是无法理解动物福利的,甚至会望文生义,形成扭曲、相悖的理解。比如,如前文所述,现代动物福利中所有的"动物权利"概念,是圣经文化圈"人权"概念的延伸。如果不论证其哲学基础,恐怕难为民众所接受。

有些学者把动物福利视为西方国家设置的贸易壁垒,是西方国家打击他国的贸易工具。事实上,动物福利法并非刻意针对某国而设定,而是在深厚的民意基础之上制定的,并非政客处心积虑的谋划,而且该国国内的动物生产同样受到严格的动物福利法制约[①]。形成贸易问题的根源在于中国动物福利发展状况与世界各国严重脱节,因而形成了贸易不平衡。

---

① 王金环.动物福利壁垒对我国出口贸易的影响研究.石家庄:河北大学,2011.

　　动物福利萌芽于圣经文化圈,也在该圈发展完善。中国大陆属于东亚文化圈,从文化角度来看与日本、韩国、新加坡、中国香港、中国台湾同属一脉。但是,除中国大陆以外,东亚文化圈的其他国家和地区均效仿西方国家,肯定动物的生命价值,制定了动物福利法律。已有一些学者从文化的角度,比较了东西方对待动物的观念差距。儒学观点主要以人伦关系为主,较少论及人与动物的关系。儒学,对于人与动物的关系描述主要是合理利用动物资源,也反对残酷对待动物。近代以来,儒学在民间的影响力下降,学术发展停滞,已难以起到帮助动物福利传播的作用。佛教与道教充分肯定动物的生命价值,与现代动物福利观点类似,但约束力仅限于信徒,对非宗教信仰者并无约束,且宗教人口占总人口的比重较低。尽管中国历史上有多个朝代有保护动物的传统和法规,不过由于年代久远,世殊事异,已不为现代人所知,更形不成常识。从历史上看,中国大陆从未有过现代动物福利的哲学基础,文化内涵也与圣经文化相去甚远。那么是否可以借鉴东亚其他国家或地区的经验呢?

　　从英国的经验来看,在动物福利出现之前,英国社会经历了近百年的思想洗礼,教会和哲学家做了大量的工作,弘扬善待动物的思想。在赢得大部分民众的理解与支持之后,英国又通过法律的强制力保证动物福利的实施。在首部动物福利法诞生过程中,前后经历十余年的艰难探索,几度限于低潮,发展道路曲折。在法律通过之后,教会与皇室认同以及大力宣传,英国民间的动物保护协会积极实施监督,历经半个世纪时间,将动物福利思想植入民众的价值观中。英国是纯正的基督教国家,教会的力量在动物福利的发展过程中具有举足轻重的推动作用。中国社会与之大相径庭,借鉴价值有限。那么,东亚文化圈的经验可能更加有意义。

　　下面谈谈中国台湾地区的经验。台湾民众素无动物福利的意识。援引台湾《动物保护法》2003 年第四次修正案的内容,台湾民众对待动物的态度是,"大多数民众对于动物的态度仍是基于'为我所有'和'为我所需'的功利主义和实用主义观念之上。人们对动物的保护通常仅限于自家的犬、猫,对于流浪动物及他人宠物所遭遇的福利问题通常显得冷漠、不关心"①。在 1963 年之前,台湾并没有所谓"动物福利"精神的法律。1963 年 6 月 29 日,台湾"行政院"颁布有明显动物福利精神的《保护牲畜办法》条文规定"反虐待"事项:装运牲畜不得倒提倒挂或叠压;牵引驱策牲畜不得任意施以暴力鞭策;犬猫不得任意宰杀;肉用牲畜贩卖时不得灌塞泥沙

---

　　① 刘志萍.台湾地区动物福利事业的哲学研究——以台湾动物福利立法为线索的考察.南京:南京农业大学,2012.

杂物、不得强喂过量食物、不得以残忍方式杀害;对于役使牧畜不得使其过劳或超载等。然而,该法在执行层面遇到了很大阻力,法律本身并无罚则,没有执行效力。在这之后,一直到 1992 年,台湾流浪狗问题暴发,发生恶狗咬人事件,这才为动物保护法的制定提供了动力。然而,1992—1997 年,动物保护法备受民众争议,无法进入立法程序。1997 年 2 月,台湾动物收容所内狗吃狗的惨状曝光,国际舆论给予台湾严厉而持久的压力。1997 年 3 月,台湾暴发弃狗杀狗潮,流浪狗成为必须尽快解决的问题,由此大大加快推进了动物保护法审核速度。1997 年 9 月,"立法院"开始审核动物保护法草案,当时会议主席苏焕智坦言,"对动物保护法,本席所注重的并非对动物之爱或动物基本权利等伟大情操,而是公共卫生的考虑,这才是最为优先、迫切的问题"。草案审核经历了 1 年时间。在内外压力推动下,1998 年9 月 30 日,动物保护法终于通过初审,同年 11 月 4 日正式公布实施。然而,台湾流浪狗的问题并没有因动物保护法颁布而得到解决。2000 年 11 月期间,动物保护法进行第二次修改,以保护动物不受虐待。从台湾的经验可见,台湾民众和政府并非接受了动物福利的哲学洗礼而支持动物保护法,而是为了解决现实需要以及应对来自西方国家的舆论压力而制定法律。不过,随着时间的推移,一些偶发的事件逐渐改变了台湾民众的看法。2006 年 6 月 25 日,台北发生举众哗然的"虐猫事件",虐猫者将猫虐杀后,在网络论坛上公然挑战《动物保护法》,其自夸"熟知相关法律,虐待动物并没有违反刑事法规,就算公安、警察也对他无可奈何"。此事件引起民众大为反感,舆论沸腾。因此事,动物保护法全面修正,规定虐待动物可入罪。台湾民众的动物保护意识,亦随着民间动物保护组织的活动、法规的完善以及动保思想的普及而改善。2007 年以后的第 6 次到第 8 次《动物保护法》修正案,有了"福利主义"的色彩,逐步提高了动物的福利标准[①]。从中国台湾地区的经验来看,由于文化的差异,动物福利思想落地生根是艰难曲折的。但是经过 20 余年的立法、普法、执法和思想传播,民众的动物福利思想逐渐从无到有、从抵触到接受。动物福利中的"反虐待"、"反残忍"的核心思想,也符合常识,容易为民众所接受。

    中国大陆的文化与中国台湾同源同质,动物福利在大陆落地早期不为民众所接受也有史可鉴。在短时间内就实现保护动物的高级阶段"福利化",并不现实。虽然大陆和西方在文化属性上有差异,但动物福利的初级阶段"反虐待"、"反残忍",中外文化是一致的。那么大陆动物福利的发展可借鉴台湾"多步走"的实施方

---

① 刘志萍.台湾地区动物福利事业的哲学研究——以台湾动物福利立法为线索的考察.南京:南京农业大学,2012.

式,即先实现动物福利的初级阶段,为民众普遍接受之后,再向高级阶段过渡。

台湾在推动动物福利的过程中,并未强调动物福利的哲学基础,而是在内部危机、外力压迫下用法律解决问题。然而,哲学并不只隶属于某个国家、民族、文化圈,而是属于全人类。动物福利的哲学基础功利主义、道义论、生命中心主义都是人类哲学思想的精华,有助于推动社会进步和文明演进。在这一点上,大陆可以走出自己独特的道路,即在法治的同时,普及哲学知识,使动物保护思想植根于民众的文化常识之中。

动物福利科学学术期刊文章发表之注意事项与指南

Kenneth Shapiro[*]

摘要:本文指出并探讨与动物福利科学的研究论文发表相关的实际问题。其中一些方面涉及所有领域的科学论文,如对某一领域的贡献,给相关学术期刊投稿等。其他涉及的方面是专门针对动物福利科学文章发表的问题。期刊的选择涉及以下考虑因素,期刊的影响因子和拒绝率以及特定考虑因素,如选择专门针对动物福利的期刊或专门针对特定动物内容领域(牛、猪、家禽)的期刊。动物福利学的其他相关方面包括在研究中如何对待动物,动物是否遭受痛苦、应激或伤害;用于描述动物的语言,如使用普通代词或非人格代词;以及讨论研究结果对相关现行动物福利政策和实践的影响。本文简要讨论动物福利研究领域的范围、历史和当前发展趋势,并提供研究课题选题以及如何撰写研究论文投稿给期刊的指导意见。

关键词:动物福利科学;文章发表;学术刊物

Researching Animal Welfare and How to Get Published

Kenneth Shapiro

Abstract: This paper identifies and addresses practical issues related to the publication of studies in animal welfare science. Some of these are relevant to any scientific paper-contribution to the field, placement within relevant literature, while others pertain specifically to publishing in animal welfare science. For example, the choice of journal involves general considerations such as impact factor and rejection rate as well as specific considerations such as selecting a journal dedicated to welfare or a journal specializing in a particular

* Dr Kenneth Shapiro, President of the Animals and Society Institute (国际动物与社会研究学会)会长,国际学术期刊 Society & Animals 和 Journal of Applied Animal Welfare Science 总编。

content area（cattle，swine，poultry）. Other issues peculiar to animal welfare science include the treatment of the animals in the study-whether pain or distress or harm is involved；language used to describe animals-use of personal or impersonal pronouns；and discussion of the welfare implications of the results of the study for relevant current policies and practices. The paper includes a brief discussion of the scope，history，and current trends in the field as background and further guidance in the choice of study topic and preparation of the article for publication.

Key words：animal welfare science；publishing；academic journals

0　导论

本文目的在于识别和解决在学术期刊上发表动物福利研究论文涉及的一些实际问题。有一些问题涉及普通的科学论文，而另一些则专门针对动物福利科学论文。在一定程度上，笔者也会解答与在线期刊、付费阅读、自费出版期刊等当前出版趋势相关的问题。我们从学科速览——动物福利学的范围和历史开始介绍。

1　学科范围

动物福利科学是研究对动物福利有影响的人类与动物交汇的学科。如定义所述，其与人类-动物研究关系密切，实际上是人类-动物研究的分支学科，人类-动物研究学是研究所有场景（野外、动物园、实验室、家庭和农场）下人和动物之间关系的学科。这里我们研究的内容是各种形式农业中涉及动物的问题：密集集约式养殖（即圈养农业饲养方式）或其他非密集但仍然属于工业化形式的生产模式，以及传统或自给式畜牧。除了实践和政策以外，还包括各类利益关系人（生产者、消费者、倡议者、研究人员）对动物态度的研究，以及有关动物的直接研究。前者的一个例子是消费者为提高动物福利而"愿意买单"。

2　动物福利学的历史和构成

与动物福利相关的著作出版以及倡导动物福利人士呼吁动物福利改革的时间可追溯至 1970 年代，作为一个有专业学术期刊和课程的学术领域，动物福利科学创建于 1990 年代。加拿大英属哥伦比亚大学于 1997 年率先开展动物福利专业的学术项目，这是当时世界上最早的课程之一。第一本专业学术期刊 *Animal*

Welfare《动物福利》创刊于 1997 年,另一本专业期刊 *Journal of Applied Animal Welfare Science*《应用动物福利科学期刊》紧随其后,创刊于 1997 年。之后,主流的动物科学期刊增加了动物福利论文的篇幅,甚至设置动物福利专栏。从目前情况看,在普通动物学方面,特别在农业科学研究上,针对动物福利的研究的需求日益加大。

动物福利科学与其他几个学科和领域相互交汇交叉:认知动物行为学和比较心理学研究证实了其他动物常见的、极为复杂的智力和社会能力;哲学方面的研究则出现人类如何对待其他动物的道德理论,学术以外,动物保护方面的社会正义运动、政府政策以及消费者均开始关注动物福利科学。所有这些均彼此影响。

随着这一学科的发展以及相互影响的复杂作用,动物福利学本身范围得以拓宽。与动物福利相关的问题从简单的关注疼痛拓展至导致功能丧失的损害,悲痛、恐惧和厌倦等心理情绪状态,以及认为动物有感受痛苦的能力的观点。此外,另一个已被接受的观点是,动物福利不仅仅是减少负面的因素,还包括增加正面的因素,包括提供丰富、可变和新奇的环境,以及控制和预测生活和饲养条件的机会。

鉴于我们在动物福利方面的思维拓展,学者在撰写相关动物福利研究的论文时必须参考当前和近期的文献。

3 出版刊物(英文)

动物福利学科在其正式存续的三十年间快速发展,这也反映在目前此类出版刊物的数量上。

3.1 专业期刊

以上提及的《动物福利》和《应用动物福利科学期刊》是动物保护组织的发起出版的刊物,此类组织以加强动物福利为使命,因此建议投稿的学者在其论文中明确全面阐述其研究对动物福利的意义,例如,论文中所描述的研究如何论证或评价当前的实践做法,研究有哪些创新点等。

3.2 有福利专栏的期刊

Journal of Dairy Science《乳品科学期刊》,*Poultry Science*《家禽科学》,*Livestock Science*《家畜科学》,以及 *Small Ruminant Research*《小型反刍动物研究》。所有这些主流期刊都有较高影响力,影响因子从 1.1 到 2.8 不等。

3.3　定期刊登动物福利研究成果的普通动物学期刊

Journal of Animal Science《动物科学杂志》和 *Applied Animal Behaviour Science*《应用动物行为科学》。这些都是有名的期刊,影响因子超过 2.0。

影响因子是对文章在其他文献中引用次数的评量。有关各期刊的影响因子,请参见 http://www.scijournal.org/。现在学者开始日益重视另一种评估学术期刊的方式:替代计量(Altmetric,https://www.altmetric.com/),即对已发表文章的所有刊出形式包括公共媒体、博客和政策文件等的总体评分。

4　出版过程的基本要点

对于拟投稿的期刊,需要仔细阅读该期刊的目标、范围和作者指南。

很多期刊要求在提交论文时附上说明信,说明论文没有在其他地方投稿;遵守与使用动物相关的适用政府政策,以及如果适用,该研究经过相应的动物伦理委员会审查通过。说明信中必须包括上述信息,还可以在说明信中简要说明该研究的重要性。这里无需谦虚。

大多数期刊要求在线提交论文,且审核/修改过程也通过在线完成,例如 Editorial Manager 或 ScholarOne 等程序。确保已全面了解流程。大部分期刊提供此类程序使用方面的指南。

使用专业的编辑公司对原稿进行版面编辑(不仅是校对),包括正文、参考书目、表格和图片。这一点非常重要,因为期刊出版方和编辑审核格式和修改语言的时间有限。总而言之,提交论文过程中,都以尽量减轻期刊方本身的工作负担为目标。很多编辑和编辑助理都是无偿工作或仅获得极低酬劳。一般而言,收到的稿件数量远远超过其所能录用的数量。实际上,高拒稿率也是衡量期刊杂志的指标之一。不要让他们有太多的理由而轻易拒绝你的投稿。

大部分印刷刊物并不收取作者费用,有一部分期刊会要求在投稿时支付费用(例如 *Journal of Animal Science*《动物科学杂志》)。大多数开架阅读的期刊在出版前都要求作者支付费用。开架阅读期刊是一种在线出版的商业模式,对读者免费,但是向作者收费。除了费用外,更潜在的问题是无德的诱惑自费期刊越来越多,这些不是正规期刊。学者应查阅 Directory of Open Access Journals《开架阅读期刊目录》或 the Journal Citation Reports《期刊引用报告》上的正规学术刊物名单。

新期刊更趋向仅在网上发布。迄今为止,这对动物福利学刊物尚未造成太大影响。

5 典型审稿评估标准

5.1 对文献的贡献

此类学术贡献可以是实践做法、方法或理论。例如,对于实践的贡献可以是减少产蛋鸡压力的程序研究;对于研究方法的贡献可以是评估当前动物福利评量方式或阐述福利的创新评量方式;对理论的贡献可以是动物福利不同定义的概念分析。在文中要明确说明你的学术贡献,并将你的贡献同当前相关文献中列明。

5.2 福利意义

大部分相关期刊,尤其是动物福利科学的专业期刊,要求说明你的研究对当前动物福利实践和政策研究的意义,例如,你的研究对加强相关动物福利的作用是什么。

5.3 盲审

所有的正规学术期刊都有"盲审"政策,不透露作者姓名和工作单位。但必须注意,由于动物福利学方面的学者人数相对较少,审核人将会是你研究领域分学科的专家,因此通常可能会知道研究来源。

6 文献回顾

在你的文章中对当前文献进行完整回顾,并确定你的研究在此类文献中所处位置。这表明你的研究准备充分,同时也避免出现你的审稿人所写的文章和研究被你在投稿中忽略没有引用。毕竟一个领域中可能的审稿人是有限的。

7 语言问题

原稿必须"干净"。论文格式应符合你所要投稿的目标期刊的版面要求和风格。请选择适当的商业版面编辑服务。尤其是当你向专业动物福利学期刊投稿时,最好使用尊重动物的语言。例如使用人称代名词("他"或"她",而不是"它"),表明认同动物是有性别的自主个体。

8 研究中对所用的动物的待遇

所有发表动物福利学文章的期刊都有对研究所用动物的待遇的政策说明,上面提到的两份专业动物福利期刊的要求更为严格。这里列举此类部分政策,例如,有关动物疼痛、应激、损害或损伤的限制直接说明(请注意,很多期刊包括《应用动物福利科学期刊》在此类限制中不包括不涉及额外的动物或对动物没有造成额外痛苦或损伤的研究(因程序造成的痛苦或伤害已发生的情形下);遵守有关动物处理的政府政策;获得相关动物伦理委员会的批准;遵守 3Rs(优化、减少、替换)规则;证明动物为之付出的代价低于人类可能获得的利益;包括杀死动物的程序说明。请注意各个期刊对此类限制程度的要求有所不同。

● *Animal Welfare*《动物福利》:该期刊不接受研究过程涉及给动物造成不必要疼痛、应激、痛苦或持续损害的论文。

● *JAAWS*《应用动物福利科学期刊》:该期刊专注于提高动物福利,编辑拒绝发表其认为涉及给动物造成严重痛苦、应激、损害或损伤的研究。必须严格遵守所有适用的有关利用人体和非人类动物研究的相关政府和机构指南。

● *Animals*《动物》:编辑要求,会给动物造成伤害的研究,对动物所带来的潜在利益必须远大于动物为此付出的代价,且所使用的程序不会招致大部分读者的反感。投稿作者应特别确保其研究遵守公认的"3Rs"规则。

● *Journal of Dairy Science*《乳品科学期刊》:作者必须写明其实验的操作方式采用了适当的管理方式和实验技术,避免使动物产生不必要的不舒服感。

● *Poultry Science*《家禽科学》:必须在文中说明杀死实验动物的方式。在描述手术程序时,必须说明麻醉剂的类型和剂量。

● *Livestock Science*《家畜科学》:不接受动物实验中出现给动物造成不必要残忍做法的研究。

9 当前研究课题和议题

农场动物福利只有在近几年才成为动物福利学的研究焦点,在此之前先是重视实验动物福利,然后是伴侣动物福利。

你的研究内容可以使用符合当前研究焦点课题的内容(在文献回顾中说明你的研究所处位置),同时也可以研究在某个区域当地的动物福利问题以及减少动物福利问题的课题,非密集型和工业化主流的农场动物生产系统实践中存在的福利问题。上面提到的两份专业动物福利学期刊尤其如此,愿意接受此类课题的文章。

以《动物福利》和《应用动物福利科学期刊》最新发表文章题目为例,有以下几类课题。

9.1 评估

除了已谈到的范围扩大的动物福利研究外,目前的研究还在探讨动物福利的基本概念。此类探究有三类主题:

- 动物的健康和生物机能:通过测量生长率和繁殖率让动物免受疾病和伤害之苦;
- 自然性:为动物物种提供天然环境和饮食从而让动物展示自然行为;
- 正面和负面情感心理状态。建议学者在此研究类中进行评估研究。

9.2 屋舍大型修改

- 采用不同的屋舍-室内/室外。

9.3 优化

- 笼型、屠宰方式

9.4 情绪心理状态评估

- 恐惧评估、应激评估、厌倦、使用非类固醇抗炎镇痛剂。

9.5 丰富性(福利的正面要素)

- 环境、饲料、社交。

9.6 态度

- 利益关系人对动物和动物福利的态度。

9.7 以下为两份动物福利专业期刊最近文章的标题

9.7.1 *Animal Welfare*《动物福利》

- 放养产蛋鸡在不同室外环境中的行为
- 在安乐死奶羊崽时使用非穿透型固定螺栓的效果
- 符合清真屠宰规则的现代屠宰技术
- 欧洲有关农场动物保护的法律实施:对法国的检验进行案例研究以制定提高合规性的解决方案
- 养牛牧场工人和兽医对于在小牛断角术后镇痛中使用非类固醇类抗炎药物(NSAIDs)的态度和意见

- 肉鸡运输至屠宰场时的健康评估
- 鹅肝生产中的鸭福利
- 美国养殖貂的行为需求
- 热带牛的动物福利评估
- 高山农场的奶牛福利评估

9.7.2 *Journal of Applied Animal Welfare Science*《应用动物福利科学期刊》

- 为猪提供丰富新奇刺激:恐惧评估
- 荷兰消费者为肉鸡福利买单的意愿:态度
- 改良饮水槽:水槽颜色是否影响奶牛的洗好?将喜好作为评估标准
- 评估南非比勒陀利亚采用传统方式屠宰山羊时的福利问题
- 有关安第斯山脉地区豚鼠屠宰方式是否人道的调查
- 牧场工人和公众对羊羔养殖系统的态度
- 笼型对于繁殖期内雄兔排泄物皮质脂酮浓度的影响
- 有关治疗型蹄块对健康奶牛的运动、行为和生产影响的观察研究
- 影响穿透性螺栓枪性能的因素
- 用定性行为评估法评量运输途中绵羊福利的有效性验证

另一项有用的策略是对于刚开始发表学术论文的研究者,可以先不发表正式的完整学术文章。很多期刊除了刊登完整文章外,还发表简短的研究报告。这些可以是前导性的实验研究或创新实践的初始评估。此类研究报告的审核可能没有正式论文审稿那么严格(一名外部评审,而正常情况下正式文章需两名评审),而且也无需复杂和严格的研究方法。

10 结论

笔者对动物福利科学论文发表过程进行概述并提出具体建议。在此需要补充的是,鼓励和欢迎大家参与这一新生领域的研究,这一学科将继续发展并将凝聚全世界学者的智慧和心血。

素食、农场动物福利及人体健康

Deborah Cao*

摘要：素食主义在中国文化中具有悠久的历史。佛教和道教都提倡素食和不杀生，两者都有历史悠久的素食烹饪文化，既是生活方式，其烹调中很多做法也被视为艺术。豆腐是 2 000 多年前在汉朝由中国人发明的。但如今即使在北京和上海等大城市，素食餐馆并非随时可见，尽管近年来越来越多的素菜馆不断出现。本文首先通过有关纵观中国素食文化的问卷调查数据来探讨当代中国素食状况和特点，然后描述西方素食主义的发展历史和动物福利的关系，因为动物福利已经成为当今素食的重要原因。不论在西方还是在中国，素食的另一个主要原因是身体健康的考虑，因此文章最后总结了医学界有关食肉对健康不利的研究成果，这对在中国近年食肉消费增长趋势可能是一个警示，也同时说明了素食的健康益处。

关键词：素食；人类健康；农场动物福利；食肉

Vegetarianism，Farm Animal Welfare and Human Health

Deborah Cao

Abstract：Vegetarianism has a long tradition in Chinese culture. Both Buddhism and Daoism promote vegetarian diet and the teaching of non-killing of lives（both human and non-human），and both have had a long and fine vegetarian cuisine culture that has been passed on as a healthy lifestyle and a cuisine art form. *Doufu*，or bean curd，was invented by the Chinese in Han Dynasty about 2 000 years ago. However，if you visit China today，it is not easy to find a vegetarian restaurant，even in major cities such as Beijing and

---

* Deborah Cao（曹菡艾），澳大利亚格里菲斯大学教授，Griffith University，Australia。

Shanghai although more are appearing in recent years. This paper first discusses the vegetarian situation in contemporary China through survey data collected in 2017. Given the major reasons for vegetarianism today are animal welfare and human health，the paper outlines a brief history of vegetarianism in Western culture in relation to ethical consideration for animals. It then highlights the latest medical research findings in the world specifically related to meat and vegetarian diet，that is，the harmful effects of meat and the benefits of vegetarian food. Given the growing meat consumption by the Chinese in recent times，these findings may provide some sobering lessons health-wise for the Chinese.

Key words：vegetarianism；human health；farm animal welfare；meat eating

0 前言

素食主义在中国文化中具有悠久的传统。佛教和道教都提倡素食和不杀生（这里生，即生命，包含人和非人动物），两者都有历史悠久的素食烹饪文化，既是生活方式，其烹调中很多做法也被视为艺术。豆腐是 2000 多年前在汉朝由中国人发明的。但如今即使在北京和上海等大城市，素食餐馆并非随处可见，尽管近年来越来越多的素菜馆不断出现，在中国现实生活中，遇到不吃肉的中国人并不常见。本文首先通过 2017 年有关中国素食文化的问卷调查数据来探讨当代中国素食状况和特点。鉴于如今动物福利已成为选择素食的重要原因，文章描述西方素食主义的发展历史和农场动物福利的关系。选择素食的另一个日益重要的原因是出于身体健康的考虑，因此文章总结概括了当今医学界有关食肉、食素与健康的研究成果，这对在中国近年食肉消费增长趋势可能提供一个警示。

1 中国素食文化调查

为获知有关中国公众对素食的实践及看法的信息，本文作者在中国发起了一项问卷调查，问卷共十个问题，涉及受访者的年龄、对素食相关问题的看法、素食的原因、对素食的好处和坏处的看法等。主要相关具体数据总结如下。

此次有关中国素食文化的网上问卷调查于 2017 年 9 月至 12 月进行，为匿名调查,题为《中国素食文化调查》。收回的问卷结果共 501 份,即 501 人参与。问卷设计系统根据参与者的 IP 地址只准许每个 IP 地址参与一次,因此避免了一人多次或重复参与,确保了 501 份问卷为不同受访人的答案。

首先,有关问卷受访者,问卷结果表明,在年龄分段上,本次问卷调查受访者的年龄在 50 岁以下者比例达 97.4%,其中 35 岁以下者为 72.85%,35～50 岁者达 24.55%。51 岁以上者仅为 2.59%。这很大程度上也反映了中国普通上网人口组成的趋势,即年轻人为多。此外,在 501 人中,89 人为男性(占 17.76%),412 人为女性(占 82.24%)。这些受访者来自中国各地,没有询问具体城市的信息。

对于受访者是否为素食者,在 501 人中,62 人为素食者,占受访总人数的 12.38%,非素食者人数为 439 人,占 87.5%。在非素食者人群中,食肉较少者(每周一次或更少)人数为 157,占 35.8%。此外,受访的非素食者中,有 309 人表示今后可能成为素食者。另有受访者表示,不能成为素食者的客观原因是在家庭成员均为荤食者的情况下,家庭饮食结构固定,难以改变,"尤其一家子一起吃饭,给我单做素菜,难免会想念荤菜"。

对于"你认为食素的原因"(可多选,即每个被调查者可选择多种原因)这一问题,270 人次(53.89%)认为是人们选择素食是出于关心动物福利,199 人次(39.72%)认为信教是其中一个原因,243 人次(48.5%)认为由于健康原因,另有107 人次(21.36%)认为还有其他原因导致人们选择素食(图 1)。这个问题不是专门问素食者本身选择素食的原因,而是问受访者认为人们选择素食可能的原因。

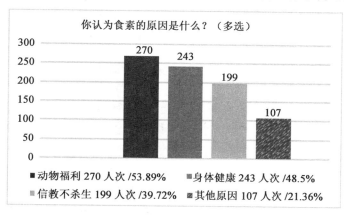

图 1　针对选择食素原因的调查问卷结果

多名受访者还具体说明了选择素食的原因,例如,因为看过很多动物被宰杀的视频,所以坚持吃素;不想看到他们受到伤害,希望可以平等对待他们;素食可以拯救世界;之前不是素食者,关注动保后才素食的,自从素食后体质变得更健康了;佛教是不能杀生的。被调查人提供的其他食素原因还包括:个人喜好;地球环境危机;现在社会营养的摄取有很多途径,不一定通过肉类;减肥;肉可有可无;不爱吃肉;和谐互爱;众生平等;保护地球。

有关素食与健康,对于问题"你认为食素对人的身体健康有好处还是有坏处?",有 409 人(81.64%)表示食素有好处,有 92 人(18.36%)表示素食对人体健康有坏处。

对于食素的好处,被调查者认为:人体健康:362 人次(73.28%),不杀生:334人次(67.61%),环保:241 人次(48.79%),其他好处:100 人次(20.24%)(图 2)。因此,健康被视为是素食的最为重要的好处和优势。

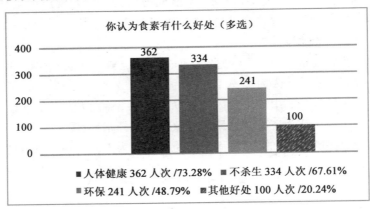

图 2 针对食素的好处的调查问卷结果

问卷还具体询问了食素的好处,一些受访者举例食素的好处包括:素食食物容易消化,素食养生,尤其对于肠胃不好和身体素质较差者;素食会长寿;健康状况良好;瘦身,肉食现在并不健康;吃素比较清淡,可以避免一些疾病;减少身体负担;血脂不会高,不容易发胖;可能对血管大脑之类的病有益;纯净的血液、无污染的肠道、不肝郁气滞的心态;有益于身体健康;减少油脂摄入;多吃蔬菜可以补充维生素;减少热量摄入;更健康;易消化;肉类多激素;不便秘;对健康有好处具体不知道,好像和脾气有关系,素食脾气好;身心体轻松,健康,无负担,无负罪感;适当吃素食对人体有好处;素食不仅能调整人的体质,增强抗病能力,还能提高人的素养;

增加维生素和环保;不会有高血脂之类的疾病。也有被访者表示现在很多人都在吃素,但不懂为什么人们选择不吃肉而吃素。

对于素食同环保的关系和对环保的好处,受访者提到以下素食的好处:环保、消耗较少水、人力等资源、选择低碳、环保生活、节省资源;地球是大家的,也是动物的;现在已经证实养殖食用动物会消耗大量自然能源,严重危害我们的环境,保护环境等。此外,被调查者还指出素食的其他好处:因果报应;从我做起,拒绝恶循环;减少浪费;人道;和谐世界。

对于"你认为食素有什么坏处"的问题,这是一个多选题,且不是必选题。473人(94.41%)回答了此问题,28人(5.59%)跳过没回答。其中,认为素食不利于人体健康的 有 158 人次(占 33.4%);认为素食让饮食和烹调受限制的,有 204 人次(43.13%);认为素食会让人出去吃饭比较麻烦的,有 273 人次(57.72%);认为有其他坏处的,有 91 人次(19.24%)。还有人怀疑素食可能会让营养跟不上。此外,一些受访者认为具体的坏处包括:没有脂肪和蛋白质;营养不均衡;饮食单一;缺少脂肪;需要某些氨基酸;不吃肉无法补充蛋白质;营养不良;蛋白质摄入不足;对人生长所需营养无法满足;人是杂食动物,均衡饮食更好。其中,营养不均衡是很多人提到的。

有关中国的素菜馆,问受访者在中国居所附近是否有素食餐馆,259 人(51.7%)说有,242 人(48.3%)说没有。有受访者举例,在中国的一个西北地区的中小型城市(省会),人口大约三百多万,那里大概只有 5 家素餐馆。有多位受访者表示素餐馆很少,在西北地区的回族自治区有斋饭。还有人说没见过素餐馆,只有寺庙才有素菜馆。另有人表示,中国现在有很多素食主题餐厅,该人自己曾想过开素食馆。也有人说没有素菜馆不是问题,因为在普通餐馆可以点素菜。还有人提到了素百味自助餐厅、功德林、水萝卜素食等素菜馆。有关食肉和食素在消费费用的问题,有 242 人(48.3%)认为在中国食肉更贵,163 人(32.53%)认为食素更贵,还有 19 人(19.16%)说不知道。

鉴于以上的调查结果,我们可以总结出以下几个值得思考的方面。第一,这一调查结果为我们提供的重要信息是:关心动物福利已经成为当今中国社会(至少在受访人群中)选择食素的一个重要原因,而且在受访者中,关心动物福利是食素的最为主要的原因,为 53.89%,占多数以上。传统上,中国人素食最为主要的原因是宗教原因,特别是佛教和道教的不杀生的理念和实践。本次调查显示,宗教仍然是一个主要原因,但已不是最为重要的原因。本次问卷调查证实了之前的其他研究,即越来越多中国人选择食素的理由是因为动物福利,而非宗教因素:"新世纪的北京,出现一种新的素食主义。与因宗教信仰而选择素食的传统素食者不同,这些新素食者和纯素食者选择素食有多种动机,包括主要从西方引入的健康、环境和动物福利等概念。结合了西方素食主义和中国的佛教,这一理念完美地融入中国本土文化。素餐馆等商业实体帮助提高了公众的素食意识,但是这一生活方式仍未成为主流。如果素食进一步商业化运作,素食主义可能会被主流群体接受[①]。"

第二,此调查显示,健康的考虑也是人们选择素食的最主要原因之一。认为素食有利于健康被视为食素的最大好处。但同时,也有相当一部人认为食素不健康,缺乏营养。

第三,此调查也表明,在中国食素的主要障碍是饮食会造成困难,不方便。同时,受访者也普遍认为中国的素食餐馆不够多。第四,虽然多数人食素比食肉便宜,但是消费费用好像不是食素的主要考虑。

需要说明的是,本次问卷调查可从一个角度反映中国公众对素食的了解和看法,但由于问卷采用网络调查方式,受到受访人数及受访人背景等的限制,所以,不能将此调查结果全部推论至中国公众,尤其是不经常使用网络的公众的意见和看法。这一调查参与者年龄较为年轻,素食者比例高,这也不能被推论代表中国素食者的人数或比例。

2 素食主义和农场动物福利之间的关系

如上所述,人们选择不吃肉的理由多种多样。有宗教、健康以及动物福利等原因。在西方国家,大部分传统素食者的出发点是动物福利,而现在,很多人减少肉类摄入的原因完全是健康问题,他们认为吃太多的肉不利于健康。近年来,很多人因为环境问题而成为素食者。这是因为生产肉类对环境造成的影响大于其他食物。相比植物源食品,农场动物养殖需要更多的土地、食物、水和能源以及运输的能源。大规模集约式养殖工厂消耗大量的水和化石燃料等有限资源。这些工厂化的农场排放的废弃物会污染附近地区的水、土和空气,损害人类健康和生活质量。据估计导致全球变暖的温室气体排放有 14.5% 来自于饲养的农业动物,超过了交

---

① Wang Y. Diet, lifestyle, ideology: Vegetarians in modern Beijing. *Cambridge Journal of China Studies*, 2016,11(1):105.

通运输带来的温室气体排放。

传统上东方国家的素食者不吃肉主要是因为宗教信仰或健康原因，而西方国家的大部分素食者选择植物源饮食的关键原因是关怀动物[1]。后一类的素食者，也称之为道德素食者，关心与平等以及动物福利相关的道德问题而选择不吃动物产品。这里简要介绍一下西方国家的素食史[2]。

西方文明有记录的素食史可追溯至古希腊[3]，在亚历山大大帝（公元前 356—前 323 年）与古印度人的接触之前。毕达哥拉斯（公元前 570—前 495 年）被认为是西方哲学素食主义之父[4]。柏拉图（公元前 427—前 347 年）写道，曾经出现过素食主义流行的黄金时代[5]，尽管古希腊人除了宗教和政治仪式外，一般情况下不吃肉[6]。实际上，柏拉图把他的"共和国"社会想象为一个基于"和平"黄金时代原则的素食城市[7]，在这个城市里不杀动物，因为杀生行为的根源是"不公平、残暴和堕落"[8]。柏拉图的学生，亚里士多德（公元前 384—前 322 年），撰写很多有关动物和人类异

[1] Rosenfeld D L, Burrow A L. Vegetarian on purpose: Understanding the motivations of plant-based dieters. *Appetite*, 2017, 116: 456-463; Boer J, Schösler H, Aiking H. Towards a reduced meat diet: Mindset and motivation of young vegetarians, low, medium and high meat-eaters. *Appetite*, 2017, 113: 387-397; Janssen M, Busch C, Rödiger M, et al. Motives of consumers following a vegan diet and their attitudes towards animal agriculture, *Appetite*, 2016, 105: 643-651; Ruby M B. Vegetarianism: A blossoming field of study. *Appetite*, 2012, 58 (1): 141-150; Izmirli S, Phillips C J C. The relationship between student consumption of animal products and attitudes to animals in Europe and Asia. *British Food Journal*, 2011, 113(3): 436-450; Fox N, Ward K. Health, ethics and environment: A qualitative study of vegetarian motivations. *Appetite*, 2008, 50: 422-429.

[2] 曹菡艾. 有关西方国家动物保护理念和法律的历史和演变. 动物非物: 动物法在西方. 北京: 法律出版社, 2007; Cao D. *Animal Law in Australia*, Sydney: Thomson Reuters, 2015.

[3] Preece R. *The Sins of the Flesh: A History of Ethical Vegetarian Thought*, Vancouver: UBC Press, 2008; Spencer C. *The Heretic's Feast: A History of Vegetarianism*, New York: Fourth Estate, 2008; Stuart T. *The Bloodless Revolution: A Cultural History of Vegetarianism from 1 600 to Modern Times*, New York: WW Norton & Company, 2008; Walters K S, Portmess L. *Ethical Vegetarianism from Pythagoras to Peter Singer*, New York: University of New York Press, 1999.

[4] Preece, ibid. 30; Violin M A. Pythagoras: The First Animal Rights Philosopher, *Between the Species*, 1990, 6: 122; Wilson W T. *The Sentences of Sextus*, Atlanta: Atlanta Society of Biblical Literature, 2012: 146.

[5] Preece, 2008, 100.

[6] Preece, 2008, 94.

[7] Dombrowski D. *The Philosophy of Vegetarianism*, Amherst: University of Massachusetts Press, 1984: 62-63.

[8] *Ovid's Metamorphosis*, 1632. George Sandys trans, http://etext.virginia.edu/.

同的文章①。他不是素食者,但是他的学生,狄西阿库斯以及继任者泰奥弗拉斯托斯(公元前 371—前 287 年)②都因人类社会与动物之间的社会关系而主动选择成为素食者。③ 当时,波菲利(公元约 232—304 年)④也出于道德原因而宣扬素食主义⑤,并著有影响巨大的素食论著《戒除动物食品》⑥。

希腊和罗马有关黄金时代的经典传说类似原始和谐的圣经故事,传说中的黄金时代不屠宰动物⑦。圣经第一章是西方文明的奠基石之一,叙述的就是基督教前时代戒肉的传统。在后来的西方文明中,文艺复兴是一个理性时代,根据笛卡尔(1596—1650 年)的自然机械论,开始大量对自然世界的实证研究⑧。还有达芬奇(1452—1519 年),挑战之前有关自然世界的理解,并根据其有关伦理的独特思想,将动物伦理与有原则的素食主义相结合,是古希腊后第一人。人们开始意识到动物并不是人类的附属品,而是带有自己属性、特点和权利的独立生物,这一思想是文艺复兴的核心,并流行了几个世纪。其他主张动物权利的人还包括英国诗人和早期女权主义者、纽卡斯尔公爵夫人玛格丽特·卡文迪什(1623—1673 年),是第一位谴责动物存世的意义仅为人类所利用这一观点的女性;自由主义哲学家约翰·洛克(1632—1704 年)坚持认为动物有一定程度的理性;大卫·休谟(1711—1776 年)主张动物依靠想象力积累有用知识,根据经验判定其所处环境的真实情形⑨。

素食主义在十八世纪取得重大进展,乔治·切恩(1671—1743 年)成为英国最有影响力的素食者。这一时代,被称为启蒙时期或浪漫主义时期,越来越多的传统和正统理念和机构被质疑。波西·比希·雪莱(1792—1822 年)和其他文学名人对素食主义的美好未来的宣传有巨大贡献,尤其是在英美两国⑩。当时探讨人和动物之间

① Taylor,A. 2003. *Animals and Ethics*,Peterborough:Broadview Press:33-35.

② *Theophrastus*,<https://www.iep.utm.edu/theophra/>.

③ Preece,2008:101-106.

④ Taylor,2003:35.

⑤ Preece,2008:104.

⑥ Stuart,2008:42.

⑦ Preece,2008:118;Stuart,2008:10.

⑧ Skirry,J. *Descartes*,Internet Encyclopedia of Philosophy < https://www.iep.utm.edu/descarte/>.

⑨ Taylor,2003:41-43.

⑩ Preece,2008:234.

互动的重要思想家包括：康德（1724—1804 年），他主张人类对动物有直接的义务[①]；英国哲学家边沁（1748—1832 年），他写了影响深远的重要语句："问题并不是，他们是否有理性？或是他们能说话？问题是他们是否感到痛苦"[②]。还有达尔文（1809—1882 年）。

到了工业革命时代，很多重要思想家认为，那些买不起肉类但需长期艰苦工作的人更应该选择素食。这些改革家还认为，屠杀动物会助长人类不良的习惯[③]。这一想法不仅获得亨利·萨尔特（1851—1939 年）[④]等英国道德素食者的拥护，还有俄国的列夫·托尔斯泰（1828—1910 年）、法国的伏尔泰（1694—1778 年）、美国的亨利·大卫·梭罗、霍华德·摩尔（道德素食主义的主要倡导者）和布朗森·奥尔科特，以及印度的甘地等人的支持，他们谴责食用动物肉，倡导饮食以素食为主[⑤]。同时在这一时期，开始出现素食协会，1847 年，英国素食协会成立。

20 世纪后半叶，反对以食用为目的屠宰动物的思想活动复苏，支持素食主义哲学论证的文献不断出现，包括"反物种歧视、反肉食主义、关注动物屠宰、动物权利以及对动物世界的社会感和认同感"[⑥]。例如，哲学家彼得辛格，基于哈里森《动物机器》[⑦]一书中的思想，提出主张"工厂化养殖动物的痛苦让人排除消费大部分的肉类产品"[⑧]。这些思想引起了大部分西方国家大约 3% 人口的共鸣[⑨]。辛格是当代动物解放运动的领袖，认为出于食用目的而养殖杀动物属不道德行为。因为他们也会感觉到痛苦，人类平等的道理也适用于非人类动物。大量证据表明，为人类食用而养殖和屠宰动物使动物遭受严重的折磨，辛格主张，食用动物即代表我们

---

① Taylor，2003：44；Walters and Portmess，1999：267-270.

② Bentham J. *An Introduction to the Principles of Morals and Legislation*，London：Athlone Press，1789/1970，283N.

③ Walters and Portmess，1999：75.

④ Salt H. *Animal Rights：Considered in Relation to Social Progress*，Society for Animal Rights，1892/1980；Salt H. *The Logic of Vegetarianism：Essays and Dialogues*，The Ideal Publishing Union，1898；曹菡艾.有关萨尔特的论述，动物非物：动物法在西方. 北京：法律出版社，2007：128-136.

⑤ Taylor，2003：93；Walters and Portmess，1999：75，114.

⑥ Clark S R L. *The Moral Status of Animals*，Oxford：Oxford University Press，1984.

⑦ Harrison，R. 1964/ 2013. *Animal Machines*，Wallingford：CABI.

⑧ Taylor，2003：96，citing Peter Singer，Killing humans and killing animals，*Inquiry* 22：145.

⑨ Ruby，2012：141.

参与了"对其他存世的物种最严重的剥削",我们有道德方面的义务放弃食肉①。辛格再次申明,通过素食以及其他方法,个人就可以对工厂化养殖以及被屠宰食用动物的数量造成实质影响,降低对肉类的需求,即可降低动物养殖工业的盈利,从而减少恶劣条件下养殖和屠宰动物的数量②。如辛格所述:"成为素食者是终止杀戮非人类动物、终止其所经历痛苦的最实用有效的方法……尽管我们无法知道我们成为素食者后可以挽救哪个动物个体,但是我们认为,同其他已拒食肉类的人们一起,我们的饮食将会对工厂化养殖以及被屠宰食用动物的数量造成一定的影响。我们的这种观点是理性的,因为养殖和屠宰动物的数量取决于这一过程的盈利率,且其利润则部分依赖于对产品的需求。需求越小,价格和利润越低。利润越低,养殖和屠宰的动物数量越少。这是基础经济学③。"

这一论点被认为是本质上的实利主义:实利主义者对动物受难的态度与素食主义之间的关系比较简单明了。同时也承认,鉴于动物产业的庞大商业规模,基于功效的素食主义者,就因果关系而言,无法减少养殖食用动物的总数量④。

如前所述,在西方国家和中国,越来越多的人开始认为养殖和屠宰动物为人食用,尤其是工厂化养殖动物不人道,与动物福利背道而驰⑤。其中一个具体的关注方面是,现在供人类食用的养殖动物大部分是经密集型集约化大型工厂化农场养殖。例如,美国超过99%的农场动物是工业化工厂养殖的,它们主要注重利润和效率而忽略动物福利。简而言之,集约化养殖的问题包括以下方面:集约式工厂化养殖残忍,部分原因是每个养殖场动物的庞大数量。每个养殖场的圈养的猪、牛达数千头,禽类达数百万只。过于拥挤的环境加重了动物的应激,降低其免疫力,一旦出现禽流感等疾病,疾病将快速蔓延。工厂化农场的动物几乎终其一生都无法感受晒着阳光踩着青草的滋味。他们在长达数月的时间内被塞在简陋甚至是无窗的畜棚内,踩在自己的粪尿上,呼吸着长年累月废弃物产生的有毒的、令人窒息的雾气。日常管理会在动物饲料和水中添加抗生素,但是对预防疾病收效甚微。抗

---

① Singer,Peter,2009,*Animal Liberation*,London:Pimlico:95.

② Singer,2009:161-164.

③ Singer,2009:161-164.

④ Garrett J R. Utilitarianism,vegetarianism,and human health:a response to the causal impotence objection. *Journal of Applied Philosophy*,2007,24(3):223-237.

⑤ Anomaly J. What's wrong with factory farming? *Public Health Ethics*,2015,8(3):46-254;Reagan T. *Utilitarianism*,*Vegetarianism and Animal Rights*,*Philosophy and Public Affairs*,1980,9(4):305;Williams N M. Affected ignorance and animal suffering:Why our failure to debate factory farming puts us at moral risk. *Journal of Agricultural and Environmental Ethics*,2008,21:371.

生素能保证动物在不卫生的环境中存活并加快动物生长过程。研究表明,集约式工厂化农场广泛使用抗生素的结果是产生耐抗生素菌,致命的超级细菌,同时威胁人类和动物的健康。

3　素食和健康

现在,不论在中国还是西方,健康日益成为素食的一个重要原因。食素通常被认为能够减少与饮食相关的非传染性慢性疾病,并具有其他健康益处。而食肉对人体健康有各种不良影响,素食的防护效应和好处,这些均有医学证据支持。从以下五个主要健康方面——癌症、2 型糖尿病、心血管健康、肥胖和总死亡率,食素和食肉对人体的影响可见一斑。

3.1　癌症

越来越多的证据表明食肉和癌症存在关联,这使得世界卫生组织癌症研究机构将红肉分类为"对人体可能致癌",并将加工过的红肉分类为"对人体致癌"[①]。其专家工作组审核了 800 多项有关癌症和食肉之间关联的流行病学研究,发现存在有限的证据证实食用红肉会导致人体癌症,有力的证据表明存在致癌性,以及足够的证据表明食用加工过的红肉会导致结直肠癌。研究结果表明,每日摄取 50 g 的加工过的肉类,罹患结直肠癌的风险会增加 18%。这些结果与世界癌症研究基金会以及美国癌症研究所的研究成果一致,即食用红肉可能导致结直肠癌,而食用加工过的红肉确实会导致结直肠癌[②]。

与之相反,有证据表明植物源饮食对癌症具有保护性作用。美国安息日健康研究-2 项目调查了 69 120 名参与者的癌症总发病率,结果表明素食可以防癌,尤其是纯素食可以减少女性特有的癌症的发病率[③]。英国的牛津素食研究以及 EPIC-牛津组织共计 76 569 名参与者的调研结果也是如此,即素食者和食鱼者的

　　① Bouvard V, et al. Carcinogenicity of consumption of red and processed meat. *The Lancet Oncology*, 2015,16(6):1599-1600. Their definition of processed meat was 'meat that has been transformed through salting, curing, fermentation, smoking, or other processes to enhance flavor or improve preservation'

　　② World Cancer Research Fund/American Institute for Cancer Research. *Continuous Update Project Report: Diet, Nutrition, Physical Activity and Colorectal Cancer*, 2017.

　　③ Tantamango-Bartley Y, et al. Vegetarian diets and the incidence of cancer in a low-risk population. *Cancer Epidemiology, Biomarkers and Prevention* (online), 2012.

癌症总发病率远低于肉食者①。在德国,通过分析素食者和肉食者的血样发现防癌机制的可能原因是素食者的血液中具有杀灭癌细胞功能的特殊白细胞含量更高②。

2017年一项系统性研究发现,素食对所有癌症都具有强大的抵抗作用(-8%);选择纯素食后,这一风险甚至更低(-15%)③。

3.2　2型糖尿病

观察法和干预研究结果表明,素食有助于预防和治疗2型糖尿病④。在美国和台湾展开的大规模调查结果表明,素食者糖尿病的患病率远低于肉食者。安息日健康研究-2项目针对素食和2型糖尿病发病率之间的关联性调查了近61 000人。结果表明,减少食用动物产品后,糖尿病的发病率大为降低,发病率:杂食者为7.6%,半素食者为6.1%,鱼素食者为4.8%,奶蛋素食者为3.2%,纯素食者为2.9%。研究结果在调整身体质量指数等变量后,即证实了该预防效果⑤。在中国台湾的研究则是在4 384名台湾佛教志愿者中评估饮食和糖尿病/空腹血糖受损(IFG)之间的关联性,并对医疗记录和空腹血糖进行综合评估以确定糖尿病/空腹血糖受损病例。结果表明,在控制各种潜在的干扰因素和风险因素后,中国台湾的素食饮食对于糖尿病/空腹血糖受损有显著的预防作用⑥。在美国,对植物源膳食结构和2型糖尿病的发病率进行了最大规模的前瞻性研究,结合了三组健康专家团体的研究成果。2016年的研究结果表明,高质量植物源食物比例高的素食饮食可有效降低患2型糖尿病的风险,而动物源食物比例高的饮食则正好相反⑦。无

---

① Key T J, Appleby P N, Spencer E A, et al. Cancer incidence in British vegetarians. *British Journal of Cancer*, 2009, 101(1):192-197.

② Malter M, Schriever G, Eilber U. Natural killer cells, vitamins, and other blood components of vegetarian and omnivorous men. *Nutrition and Cancer*, 1989, 12:271-278.

③ Dinu M, et al. Vegetarian, vegan diets and multiple health outcomes: A systematic review with meta-analysis of observational studies. *Critical Reviews in Food Science and Nutrition*, 2017, 57(17) (online).

④ McMacken M, Shah S. A plant-based diet for the prevention and treatment of type 2 diabetes. *Journal of Geriatric Cardiology*, 2017, 14(5):342-354.

⑤ Tonstad S, Butler T, Yan R, et al. Type of vegetarian diet, body weight, and prevalence of type 2 diabetes. *Diabetes Care*, 2009, 32:791-796.

⑥ Chiu T H T, et al. Taiwanese vegetarians and omnivores: Dietary composition, prevalence of diabetes and IFG. *PLoS One*, 2014. https://doi.org/10.1371/journal.pone.0088547

⑦ Satija A, et al. Plant-based dietary patterns and incidence of Type 2 diabetes in US men and women: Results from three prospective cohort studies. *PLoS Medicine*, 2016, 13(6) https://doi.org/10.1371/journal.pmed.1002039

独有偶,2017 年的系统性研究以及 14 项观察研究的统合分析结果也表明,素食饮食能降低糖尿病风险[1]。2010 年中国的一项研究发现,北京的素食者更不易患糖尿病[2]。

　　研究发现,素食不仅有助于预防 2 型糖尿病,还有助于治疗糖尿病。2014 年临床对照试验的系统性研究针对素食在糖尿病治疗的干扰作用展开调查,发现素食改善了血糖控制[3]。植物源饮食有益的原理据信是素食中的营养成分可以改善胰岛素抵抗,包括"调正至健康体重,增加纤维素和植物营养素、食物-微生物相互作用、减少饱和脂肪、高级糖基化终末产物、亚硝胺和血红素铁[4]。"

3.3　心血管健康

　　研究显示,肉食与心血管不健康有关。有证据表明食用红肉,尤其是加工过的红肉会增加中风的风险[5]。反之,据报告称素食对心血管健康有利[6]。素食尤其可以降血脂(包括胆固醇)[7]、降血压[8],以及降低缺血性心脏病和中风导致的死亡率[9]。

---

① Lee Y, Park K. Adherence to a vegetarian diet and diabetes risk:A systematic review and meta-analysis of observational studies. *Nutrients*, 2017,9(6):603.

② Zhang L,et al. Prevalence of risk factors for cardiovascular disease and their associations with diet and physical activity in suburban Beijing, *China Journal of Epidemiology*, 2010:237-243.

③ Yokoyama Y, Barnard N D, Levin S M, et al. Vegetarian diets and glycemic control in diabetes: a systematic review and meta-analysis. *Cardiovascular Diagnosis and Therapy*, 2014,4:373-382.

④ McMacken M, Shah S. A plant-based diet for the prevention and treatment of type 2 diabetes. *Journal of Geriatric Cardiology*, 2017,14(5):342-354.

⑤ Campbell T. A Plant-based diet and stroke. *Journal of Geriatric Cardiology*, 2017,14(5):321-326; Yang C, et al. Red meat consumption and the risk of stroke:A dose-response meta-analysis of prospective cohort studies. *Journal of Stroke and Cerebrovascular Diseases*, 2016,25(5):1177-1186; Micha R, Wallace S K, Mozaffarian D. Red and processed meat consumption and risk of incident coronary heart disease, stroke, and diabetes mellitus:a systematic review and meta-analysis. *Circulation*, 2010,121:2271-2283.

⑥ Key T J,Appleby P N, Rosell M S. Health effects of vegetarian and vegan diets. *Proceedings of the Nutrition Society*, 2006,65:35-41.

⑦ Zhang Z,et al. Comparison of plasma triacylglycerol levels in vegetarians and omnivores:A meta-analysis,*Nutrition*, 2013,29(2):426-430; Wang F, et al. Effects of vegetarian diets on blood lipids:A systematic review and meta-analysis of randomized controlled trials. *Journal of the American Heart Association*, 2015,doi:10. 1161/JAHA. 115. 002408.

⑧ Yokoyama Y, et al. Vegetarian diets and blood pressure:a meta-analysis. *JAMA Intern Med*, 2014,174(4):577-587.

⑨ Campbell T. A plant-based diet and stroke. *Journal of Geriatric Cardiology*, 2017,14(5):321-326.

1990 年代的临床干预研究发现低脂肪的植物源饮食能够逆转缺血性心脏病病人的动脉硬化病变[1]。最近,新西兰研究人员在 2017 年进行一项随机对照试验,利用植物源饮食对身体质量指数高且患有 2 型糖尿病、缺血性心脏病、高血压或高胆固醇血(高血脂)的病人进行干预,发现素食能够极大改善体重、降低胆固醇和其他风险因素[2]。2014 年对素食和心血管疾病风险及总死亡率之间关联的系统性研究和统合分析发现,素食对心血管健康有一定的益处[3]。但 2017 年的系统性研究发现,素食有显著的预防作用,素食者被诊断患有或者死于缺血性心脏病的风险比食肉者低 25%[4]。

并不仅仅是西方国家有这样的研究结果。2010 年,中国的研究人员对北京心血管疾病风险因素的普遍率以及与饮食习惯和体育活动之间的关系进行的研究发现,素食者的超重/肥胖、糖尿病、高血压、血脂异常和多发性硬化风险较低[5]。同样,印度的研究人员 2014 年在印度四个区域对素食和心血管疾病风险因素之间的关系进行评估,发现与食肉相比,素食对心血管疾病更有益[6]。

3.4　肥胖预防和治疗

有证据表明,植物源饮食有助于达到健康的体重。观察研究和临床实验均表明,植物源膳食有利于预防和应对体重过重问题,选择植物源膳食的人员比杂食对照组更容易达到较低的身体质量指数,选择植物源膳食被证实可以达到有效减重

---

①　Esselstyn C B Jr, Gendy G, Doyle J, et al. A way to reverse CAD? *Journal of Family Practice*, 2014,63(7):356-364b; Ornish D, Scherwitz L W, Billings J H, et al. Intensive lifestyle changes for reversal of coronary heart disease. *JAMA*, 1998,280:2001-2007.

②　Wright N, Wilson L, Smith M. et al. The BROAD study:A randomised controlled trial using a whole food plant-based diet in the community for obesity, ischaemic heart disease or diabetes. *Nutrition and Diabetes*, 2017,7:e256.

③　Kwok C S, et al. Vegetarian diet, Seventh Day Adventists and risk of cardiovascular mortality:A systematic review and meta-analysis. *International Journal of Cardiology*, 2014,176(3):680-686.

④　Dinu M, et al. Vegetarian, vegan diets and multiple health outcomes:A systematic review with meta-analysis of observational studies. *Critical Reviews in Food Science and Nutrition*, 2017, 57(17) (online).

⑤　Zhang L,et al. Prevalence of risk factors for cardiovascular disease and their associations with diet and physical activity in suburban Beijing, China. Journal of Epidemiology,2010:237-243.

⑥　Shridhar K,et al. The association between a vegetarian diet and cardiovascular disease(CVD)risk factors in India:The Indian migration study. *Plos One*, 2014, 9 (1) https://doi.org/10.1371/journal.pone.0110586.

的效果①。中国研究人员 2010 年的研究注意到,北京的素食者更不易肥胖②。

2017 年新西兰研究人员在随机对照试验中发现,植物源膳食对过高的身体质量指数有显著的治疗作用,研究发现"与其他不限制能量摄入或必须定期锻炼的人相比,采用植物源膳食的 6 个月和 12 个月减重效果更佳。③"

3.5 总死亡率

西方国家的研究发现素食者和非素食者的总死亡率差别不大④。但是,新加坡华人健康研究对 52 584 名新加坡华人进行研究后发现,与以肉类和淀粉类食物为主的饮食相比,以蔬菜、水果和豆制品为主的中国饮食降低了全死因死亡率以及按照死因分类的死亡率(心血管疾病、癌症和呼吸道疾病)⑤。

4 结束语

鉴于越来越多的人关心农场动物福利,也由于人们日益意识到食肉对自身健康不利,选择食素的人不断增加。近年来,几家美国公司开始研制人造肉,称为"干净肉"(clean meat)。这种人造肉是从动物干细胞的培育出的肉,生产过程全部在实验室内完成,不需要实际饲养动物和屠宰。据报道,此类新的人造肉蛋白质等营养均匀,而且不含集约养殖出的动物含有激素和抗生素成分以及食品添加剂和细

① Barnard N D, Levin S M, Yokoyama Y. A systematic review and meta-analysis of changes in body weight in clinical trials of vegetarian diets. *Journal of the Academy of Nutrition and Dietetics*, 2015, 115(6):954-969; Turner-McGrievy G, Mandes T, Crimarco A. A plant-based diet for overweight and obesity prevention and treatment. *Journal of Geriatric Cardiology*, 2017, 14:369-374

② Zhang L, et al. Prevalence of risk factors for cardiovascular disease and their associations with diet and physical activity in suburban Beijing, China. *Journal of Epidemiology*, 2010:237-243.

③ Wright N, Wilson L, Smith M, et al. The BROAD study: A randomised controlled trial using a whole food plant-based diet in the community for obesity, ischaemic heart disease or diabetes. *Nutrition and Diabetes*, 2017, 7:e256.

④ Mihrshahi S, Gale D D J, Allman-Farinelli M, et al. Vegetarian diet and all-cause mortality: Evidence from a large population-based Australian cohort-the 45 and Up Study. *Preventative Medicine*, 2017, 97:1-7; Key T J, Fraser G E, Thorogood M, et al. Mortality in vegetarians and nonvegetarians: detailed findings from a collaborative analysis of 5 prospective studies. *American Journal of Clinical Nutrition*, 1999, 70(Suppl), 516S-524S; Key T J, Appleby P N, Davey G K, et al. Mortality in British vegetarians: review and preliminary results from EPIC-Oxford. *American Journal of Clinical Nutrition*, 2003, 78(Suppl):533S-538S.

⑤ Odegaard A O, Koh W, Yuan J, et al. Dietary patterns and mortality in a Chinese population. *American Journal of Clinical Nutrition*, 2014, 100(3):877-883.

菌,不会像普通的肉类给人体带来疾病,也不会破坏环境。这种人造肉在培育和生产程中不耗费饲料和水,也不需要垃圾废物处理,预测该生产过程可将有害温室气体排放量减少 96%,耗费的能源减少 45%,占地使用减少 99%,耗费的水减少 96%。据推测,在今后五到十年中这种人造肉将推向市场。也许那时想食素的人可能继续食素,而继续想吃肉但又顾及动物和关心自身健康的人也可以心安理得地吃肉,毕竟很多食肉者也不希望看到农场动物被杀遭受痛苦,因为给动物造成不必要的痛苦让很多世人良心有愧①。

---

① 有关不同国家保护动物包括农场动物的法律措施,参见 Cao, Deborah, and White, Steven, eds. 2015. *Animal Law and Welfare：International Perspective*，New York：Springer. 有关中国各类动物的法律和案例法的英文论述,见 Cao, Deborah, 2015. *Animals in China：Law and Society*. London：Macmillan.